高等职业教育机电类专业“十二五”规划教材

数控编程与加工技术

雷晓柱　刘瑞娟　主　编
任黎明　李卫民　副主编

中国铁道出版社
CHINA RAILWAY PUBLISHING HOUSE

内容简介

本书根据高等职业技术院校培养高端技能型人才的需求，突出职业教育的特点，重点加强技能训练，强化应用。本书共6个项目，包括认知数控机床；学习数控加工程序编制所用基本知识；数控车床编程与操作；数控铣床和加工中心编程与操作；数控机床维护与保养；CAD/CAM在数控机床上的应用等内容。从简单零件加工过渡到复杂零件的加工，突出实用性，可操作性，概念清楚准确，叙述层次分明，插图清晰易懂，以便教师教学和学生自学。书中每个项目都有实例和习题，以便于叙述编程及操作练习。

本书适合作为高职高专和各类职业技术学校的机械、数控、机电、汽车等专业的教材，也可以作为工程技术人员的参考书和自学用书。

图书在版编目（CIP）数据

数控编程与加工技术/雷晓柱，刘瑞娟主编.—北京：中国铁道出版社，2015.2
高等职业教育机电类专业“十二五”规划教材
ISBN 978-7-113-19703-2

Ⅰ.①数…　Ⅱ.①雷…　②刘…　Ⅲ.①数控机床—程序设计—高等职业教育—教材②数控机床—加工—高等职业教育—教材　Ⅳ.①TG659

中国版本图书馆CIP数据核字（2015）第021901号

书　　名：数控编程与加工技术
作　　者：雷晓柱　刘瑞娟　主编

策　　划：何红艳　　　　读者热线：400-668-0820
责任编辑：何红艳
编辑助理：钱　鹏
封面设计：付　巍
封面制作：白　雪
责任校对：汤淑梅
责任印制：李　佳

出版发行：中国铁道出版社（100054，北京市西城区右安门西街8号）
网　　址：http://www.51eds.com
印　　刷：三河市航远印刷有限公司
版　　次：2015年2月第1版　　2015年2月第1次印刷
开　　本：787 mm×1 092 mm　1/16　印张：14　字数：340千
书　　号：ISBN 978-7-113-19703-2
定　　价：27.00元

FOREWORD 前 言

数控技术是一门集计算机技术、自动化控制技术、测量技术、现代机械制造技术、微电子技术、信息处理技术等多门学科交叉的综合技术，是近年来应用领域中发展十分迅速的一项综合性的高新技术。它是为适应高精度、高速度、复杂零件的加工而出现的，是实现自动化、数字化、柔性化、信息化、集成化、网络化的基础，是现代机床装备的灵魂和核心，有着广泛应用领域和广阔的应用前景。随着数控机床的飞速发展，对数控人才的需求也越来越大。本书是为满足培养高端技能型人才并适应数控技术发展的新形势和教学改革不断深入的需要，结合我们多年来数控编程与加工技术课程教学实践和经验，针对加强学生基础理论和实践能力而编写。

本书共6个项目，项目1的内容为认知数控机床；项目2内容为学习数控加工程序编制所用基本知识；项目3重点介绍数控车床编程与操作；项目4重点介绍数控铣床和加工中心编程与操作；项目5介绍数控机床维护与保养；项目6介绍CAD/CAM在数控机床上的应用。

本书重点是数控机床编程和加工，每个项目都有任务、习题，书后附有数控车技能测试题库。项目中的任务循序渐进，内容直观易懂，注重结合实际操作，在编写中强调实用性和系统性，力求让读者做中学、学中做。以任务为教学目的，通过任务的完成突出了加工工艺、编程和数控加工操作的相互结合，突出职业教育特色；在零件的加工过程中，有针对性地解决在工艺编制、程序编制和数控机床操作中遇到的一些常见问题；任务的选择是把提高学生的职业能力培养放在重要的位置，加强了实训和生产实习教学环节，突出学生对所学知识的应用能力和综合能力，增加了数控加工机床的维护与保养项目，使学生真正成为符合企业生产一线需求的高素质人才。

本书实例丰富，代表性强。学习完本教材，读者可以举一反三，从而更加熟练掌握数控编程与加工技术。

本书由唐山职业技术学院雷晓柱、刘瑞娟任主编，任黎明、李卫民任副主编，其中项目1和项目2由雷晓柱编写，项目3由刘瑞娟编写，项目4由任黎明编写，项目5和项目6由李卫民编写。全书由雷晓柱统稿。

本书适合作为高职高专和各类职业技术学校的机械、数控、机电、汽车等专业的教材，也可以作为工程技术人员的参考书和自学用书。在编写过程中得到有关老师的支持和帮助，并为本书提出许多宝贵意见，在此表示诚挚的谢意。

由于时间仓促，加之编者水平有限，书中难免存在疏漏和不足之处，恳请广大读者批评指正。

编 者

2014年11月

CONTENTS | 目 录

项目❶ 认知数控机床

数控机床的发展体现在数控功能、数控伺服系统、编程方法、数控机床的检测和监控功能、自动调整和控制技术等方面。数控机床能较好地解决形状复杂、精密、小批量零件的加工问题,具有适应性强,加工精度高和生产效率高的优点。

任务　分析机床各组成部分功能

通过该任务的学习,了解数控机床的组成、结构特点、结构对象、数控机床的传动系统,熟悉数控机床的工作原理。

相关知识

一、数控机床的组成

数控技术是指采用数字信号构成的控制程序对某一对象进行控制的一门技术,简称 NC(Numerical Control)、它不仅可以控制位移、角度、速度等机械量,还可以控制温度、压力、流量等其他量,是一种典型的控制、操作一体化产品。

数控机床一般由输入、输出设备、CNC 装置(又称 CNC 单元)、伺服单元、驱动装置(又称执行机构)、可编程控制器 PLC 、电气控制装置、辅助装置、机床本体及测量装置组成。图 1-1 为数控机床的组成框图,其中除机床本体之外的部分统称为计算机数控(CNC)系统。

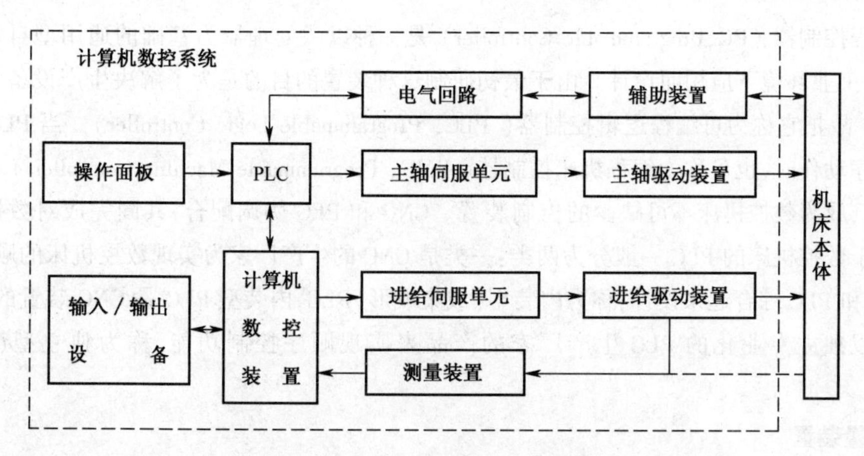

图 1-1　数控机床的组成框图

1. 机床本体

CNC 机床由于切削用量大、连续加工发热量大等因素对加工精度有一定影响,加之在加工中是自动控制,不能像在普通机床上那样由人工进行调整、补偿,所以其设计要求比普通机床更严格,制造要求更精密,采用了许多加强刚性、减小热变形、提高精度等方面的措施。

2. CNC 装置

CNC 装置是 CNC 系统的核心,主要包括微处理器 CPU、存储器、局部总线、外围逻辑电路以及与 CNC 系统的其他组成部分联系的接口等。数控机床的 CNC 系统完全由软件处理数字信息,因而具有真正的柔性化,可处理逻辑电路难以处理的复杂信息,使数字控制系统的性能大大提高。

3. 输入/输出设备

键盘、磁盘机等是数控机床的典型输入设备。除上述以外,还可以用串行通信的方式输入。数控系统一般配有 CRT 显示器或点阵式液晶显示器,显示的信息较丰富,并能显示图形。操作人员可通过显示器获得必要的信息。

4. 伺服单元

伺服单元是 CNC 装置和机床本体的联系环节,它把来自 CNC 装置的微弱指令信号放大成控制驱动装置的大功率信号。根据接收指令的不同,伺服单元有脉冲式和模拟式之分,而模拟式伺服单元按电源种类又可分为直流伺服单元和交流伺服单元。

5. 驱动装置

驱动装置把经放大的指令信号变为机械运动,通过简单的机械连接部件驱动机床,使工作台精确定位或按规定的轨迹作严格的相对运动,最后加工出图纸所要求的零件。和伺服单元相对应,驱动装置有步进电动机、直流伺服电动机和交流伺服电动机等。伺服单元和驱动装置可合称为伺服驱动系统,它是机床工作的动力装置,CNC 装置的指令要靠伺服驱动系统付诸实施,所以,伺服驱动系统是数控机床的重要组成部分。从某种意义上说,数控机床功能的强弱主要取决于 CNC 装置,而数控机床性能的好坏主要取决于伺服驱动系统。

6. 可编程控制器

可编程控制器(PC,Programmable Controller)是一种以微处理器为基础的通用型自动控制装置,专为在工业环境下应用而设计。由于最初研制这种装置的目的是为了解决生产设备的逻辑及开关控制,故把它称为可编程逻辑控制器(PLC,Programmable Logic Controller)。当 PLC 用于控制机床顺序动作时,也可称为编程机床控制器(PMC,Programmable Machine Controller)。

PLC 已成为数控机床不可缺少的控制装置。CNC 和 PLC 协调配合,共同完成对数控机床的控制。用于数控机床的 PLC 一般分为两类:一类是 CNC 的生产厂家为实现数控机床的顺序控制,而将 CNC 和 PLC 综合起来设计,称为内装型(或集成形)PLC,内装型 PLC 是 CNC 装置的一部分;另一类是以独立专业化的 PLC 生产厂家的产品来实现顺序控制功能,称为独立型(或外装型)PLC。

7. 测量装置

测量装置又称反馈元件,通常安装在机床的工作台或丝杠上,功能相当于普通机床的刻度盘和人的眼睛,它把机床工作台的实际位移转变成电信号反馈给 CNC 装置,供 CNC 装置与指令值比较产生误差信号,以控制机床向消除该误差的方向移动。按有无测量装置,CNC 系统可分为开环与闭环数控系统,而按测量装置的安装位置又可分为闭环与半闭环数控系统。开环数控系统的控制精度取决于步进电机和丝杠的精度,闭环数控系统的控制精度取决于测量装置的精度。因此,测量装置是高性能数控机床的重要组成部分。此外,由测量装置和显示环节构成的数显装置,可以在线显示机床移动部件的坐标值,大大提高了工作效率和工件的加工精度。

二、数控机床的特点

数控机床的操作和监控全部在 CNC 设置数控单元中完成,它是数控机床的大脑。与普通机床相比,数控机床有如下特点:

1. 加工精度高,具有稳定的加工质量

数控设备是按照预定的程序自动工作的,消除了操作者人为产生的误差,因而产品的生产质量十分稳定,而且数控设备的机械部分具有较高的动态精度,数控装置的脉冲当量(分辨率)可达 0.001mm,还可通过实时检测反馈正误差或补偿获得更高的精度,因此,数控设备可以获得比设备自身精度还高的加工精度。

2. 可进行多坐标的联动,能加工形状复杂的零件

数控设备几乎可以实现任意轨迹的运动和任何形状的空间曲面的加工,如用普通机床难以加工的螺旋桨、汽轮机叶片等空间曲面,可采用数控机床完成加工。

3. 加工零件改变时,一般只需要更改数控程序,可节省生产准备时间

数控设备在生产过程中是按照数控指令进行加工的,当生产对象改变时,只须改变数控设备的工作程序及配备所需的生产工具,而不改变机械部分和控制部分的硬件。这一点不仅满足了当前产品更新快的市场竞争需要,而且解决了单件、小批量及新产品试制的自动化生产问题。适应性强是数控设备最突出的优点。

4. 机床精度高、刚性大,可选择有利的加工用量,生产率高(一般为普通机床的 3~5 倍)

产品的生产时间主要包括工艺时间和辅助时间,数控设备可有效地减少这两部分时间。就数控机床而言,可采用大功率高速切削,缩短工艺时间;还可配备自动换刀装置、检测装置及交换工作台,减少了工件的装卸次数和其他辅助时间,从而明显地提高了生产效率。

5. 机床自动化程度高,可以减轻劳动强度

数控设备在生产过程中不需要人工干预,又可在恶劣的环境下自动进行工作,从而降低了工人的劳动强度,并极大地改善了劳动条件。

6. 对操作人员的素质要求较高

数控机床对维修人员的技术要求更高。

三、掌握数控机床的分类

数控机床的种类很多,从不同角度对其进行考查,就有不同的分类方法,通常有以下几种不同的分类方法。

1. 数控机床按工艺用途分类

切削加工类:数控镗铣床、数控车床、数控磨床、加工中心、数控齿轮加工机床、FMC 等。

成形加工类:数控折弯机、数控弯管机等。

特种加工类:数控线切割机、电火花加工机、激光加工机等。

其他类型:数控装配机、数控测量机、机器人等。

2. 数控机床按控制运动的方式分类

(1) 点位控制数控系统

仅能实现刀具相对于工件从一点到另一点的精确定位运动;对轨迹不作控制要求;运动过程中不进行任何加工。适用范围:数控钻床、数控镗床、数控冲床和数控测量机。点位控制示意图如图 1-2所示。

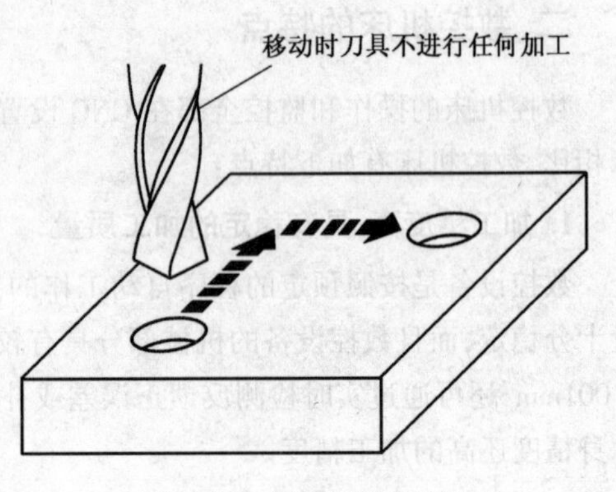

图 1-2　点位控制示意图

(2) 点位直线控制数控机床

如图 1-3 所示,点位直线控制是指数控系统除需要准确控制直线轨迹的起点和终点的定位外,还要控制刀具在这两点之间以指定的进给速度进行直线切削。采用这类控制的有数控铣床、数控车床和数控磨床等。

(3) 轮廓控制数控系统

轮廓控制(连续控制)系统:具有控制几个进给轴同时谐调运动(坐标联动),使工件相对于刀具按程序规定的轨迹和速度运动,并在运动过程中进行连续切削加工,如图 1-4 所示。适用范围:数控车床、数控铣床、加工中心等用于加工曲线和曲面的机床。现代的数控机床基本上都是装备的这种数控系统。

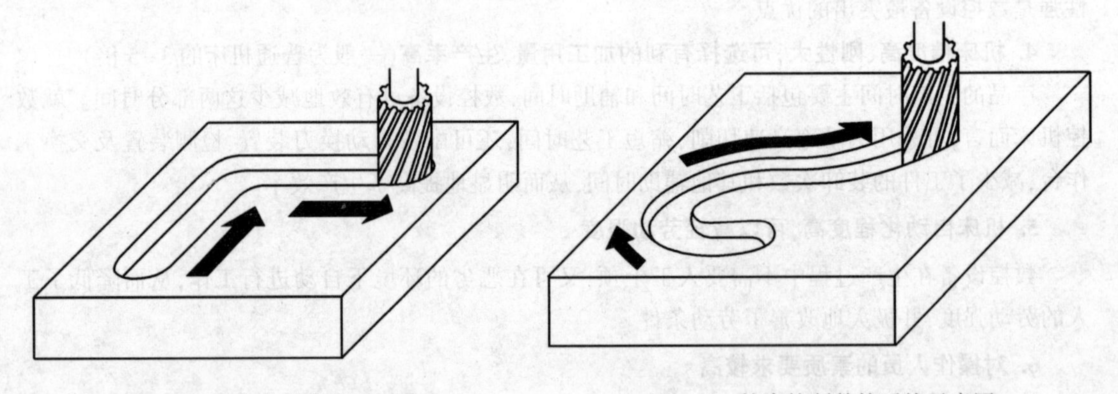

图 1-3　点位直线控制示意图

图 1-4　轮廓控制数控系统示意图

3. 按控制轴数分类

数控机床的移动部件较多,现多按直角坐标系对机床移动部件的运动进行分类和数字控制。数控机床的坐标数目或轴数是指数控装置控制机床移动部件的联动坐标数目。按控制轴数分类可分为两轴联动(平面曲线)、三轴联动(空间曲面,球头刀)、四轴联动(空间曲面)、五轴联动及六轴联动(空间曲面)数控机床,联动轴数越多数控系统的控制算法就越复杂。

4. 按伺服系统分类

按数控系统的进给伺服子系统有无位置测量装置可将数控系统分为开环数控系统和闭环数控系统，在闭环数控系统中根据位置测量装置安装的位置又可分为全闭环和半闭环两种。

(1) 开环数控系统(见图1-5)

开环数控系统没有位置测量装置，信号流是单向的(数控装置→进给系统)，故系统稳定性好；因为没有位置反馈，所以精度相对闭环系统来讲不高，其精度主要取决于伺服驱动系统和机械传动机构的性能和精度；一般以功率步进电动机作为伺服驱动元件；这类系统具有结构简单、工作稳定、调试方便、维修简单、价格低廉等优点，在精度和速度要求不高、驱动力矩不大的场合得到广泛应用。一般用于经济型数控机床。

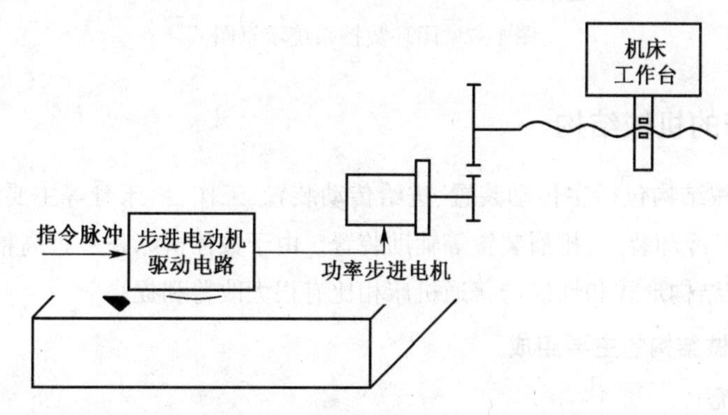

图1-5 开环数控系统示意图

(2) 半闭环数控系统(见图1-6)

半闭环数控系统的位置是从驱动装置(常用伺服电动机)或丝杠引出，采用旋转角度进行检测，并不直接检测运动部件的实际位置；半闭环环路内不包括或只包括少量机械传动环节，因此可获得稳定的控制性能，其系统的稳定性虽不如开环系统，但比闭环系统要好。由于丝杠的螺距误差和齿轮间隙引起的运动误差难以消除，因此，其精度较闭环差，较开环好。但可对这类误差进行补偿，因而仍可获得满意的精度；半闭环数控系统结构简单、调试方便、精度也较高，因而在现代CNC机床中得到了广泛应用。

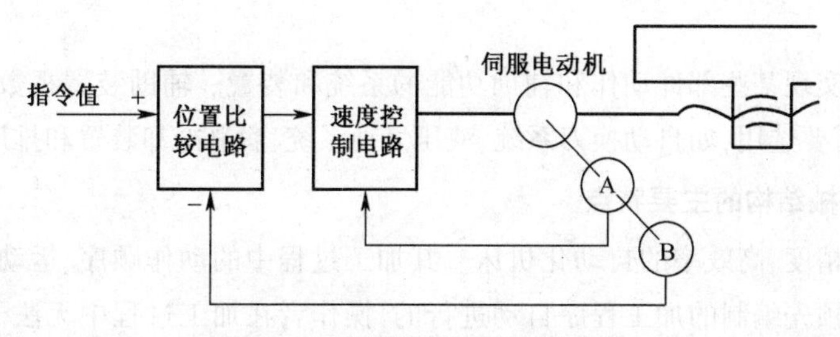

图1-6 半闭环数控系统示意图

(3) 全闭环数控系统

全闭环数控系统的位置采样点如图1-7所示，可直接对运动部件的实际位置进行检测；从理论上讲，可以消除整个驱动和传动环节的误差、间隙和矢动量。具有很高的位置控制精度；由于位置环内的许多机械传动环节的摩擦特性、刚性和间隙都是非线性的，故很容易造成系统不稳定，使闭环系统的设计、安装和调试都相当困难;该系统主要用于精度要求很高的镗铣床、超精车床、超精磨床以及较大型的数控机床等。

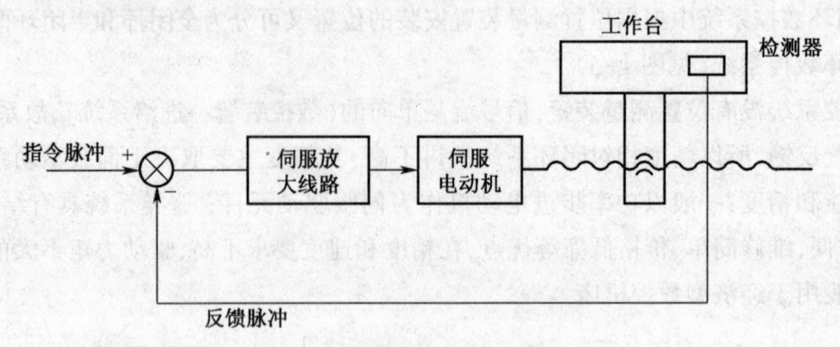

图 1-7 闭环数控系统示意图

四、数控机床的机械结构

数控机床的机械结构包括主传动装置、进给传动装置、工作台、床身等主要部件及刀库、自动换刀装置、润滑装置、冷却装置、排屑装置等辅助装置。由于数控机床是一种高精度和高生产率的自动化机床,其机械结构形式和性能与普通机床相比有很大改善和提高。

1. 数控机床机械结构的主要组成

(1) 主传动系统

它包括动力源、传动件及主运动执行件(主轴)等,其功用是将驱动装置的运动及动力传给执行件,以实现主切削运动。

(2) 进给传动系统

它包括动力源、传动件及进给运动执行件(工作台、刀架)等,其功用是将伺服驱动装置的运动与动力传给执行件,以实现进给切削运动。

(3) 基础支承件

它是指床身、立柱、导轨、滑座、工作台等,是整台机床的基础和框架,用于支承机床的各主要部件,并使它们在静止或运动中保持相对正确的位置。

(4) 辅助装置

辅助装置是指实现某些部件动作和辅助功能的系统和装置。辅助装置视数控机床的不同而异,按机床的功能需要选用,如自动换刀系统、液压气动系统、润滑冷却装置和排屑防护装置等。

2. 数控机床机械结构的主要特点

数控机床是高精度、高效率的自动化机床。其加工过程中的动作顺序、运动部件的坐标位置及辅助功能都是按预先编制的加工程序自动进行的,操作者在加工过程中无法干预,不能像在普通机床上加工零件那样,对机床本身的结构和装配的薄弱环节进行人为的调整和补偿。所以,数控机床几乎在任何方面均要求比普通机床设计得更为完善,制造得更为精密。数控机床的结构设计已形成独立的体系,其结构特点主要有以下几个方面。

(1) 很高的静、动刚度及良好的抗振性能

机床刚度是指机床结构抵抗变形的能力。机床在静态力作用下所表现的刚度称为机床的静

刚度;机床在动态力作用下所表现的刚度称为机床的动刚度。数控机床要在高速和重载荷条件下工作。机床床身、底座、立柱、工作台、刀架等支承件的变形都会直接或间接地引起刀具和工件之间的相对位移,从而引起工件的加工误差。因此,这些支承件均应具有很高的静、动刚度及良好的抗振性能。提高数控机床结构刚度的措施有:

①提高数控机床构件的静刚度和固有频率。合理地进行结构设计,改善受力情况,以减少受力变形。例如,机床的基础大件采用封闭箱形结构;数控车床上加大主轴支承轴径,尽量缩短主轴端部的受力悬伸长度,以减少所受弯矩;采用合理布置的肋板结构,以便在重力较小的情况下具有较高的静刚度和适当的固有频率;数控机床的主轴箱或滑枕等部件,可采用卸荷装置来平衡载荷,以补偿部件引起的静力变形,常用的卸荷装置有重锤和平衡液压缸;改善构件间的接触刚度和机床与地基连接处的刚度等。

②改善数控机床结构的阻尼特性。改善机床结构的阻尼特性是提高机床动刚度的重要措施。可在大件内腔充填砂芯和混凝土等阻尼材料,也可采用阻尼涂层法,即在大件表面喷涂一层具有高内阻尼和较高弹性的黏滞弹性材料(如沥青基制成的胶泥减振剂、高分子聚化物和油漆腻子等),涂层厚度越大,阻尼越大。阻尼涂层常用于钢板焊接的大件结构。采用间断焊缝,也可以改变连接处的摩擦阻尼。间断焊缝虽使静刚度略有下降,但阻尼比大为增加。

③采用新材料和钢板焊接结构。长期以来,机床大件材料主要采用铸铁。现部分机床大件已采用新材料代替。主要的新材料是聚化物混凝土,它具有刚度高、抗振好、耐腐蚀和耐热的特点。用丙烯酸树脂混凝土制成的床身,其动刚度比铸铁高6倍。用钢板焊接结构件替代铸铁构件的趋势也在不断扩大,从应用于单件和小批量生产的重型机床和超重型机床,逐步发展到应用于有一定批量的中型机床。钢板焊接结构既可以增加静刚度,减小结构质量,又可以增加构件本身的阻尼,因此,近年来在一些数控机床上采用了钢板焊接结构的床身、立柱、横梁和工作台。

(2)良好的热稳定性

机床在切削热、摩擦热等内外热源的影响下,各个部件将发生不同程度的热变形,使工件与刀具之间的相对位置关系遭到破坏,从而影响工件的加工精度。为减弱热变形的影响,使机床热变形达到稳定状态,常常要花费很长的时间来预热机床,这又影响了生产率。对于数控机床来说,热变形的影响就更突出。一方面,因为工艺过程的自动化及其精密加工的发展,对机床的加工精度和精度的稳定性提出了越来越高的要求;另一方面,数控机床的主轴转速、进给速度以及切削量等也大于传统机床的切削用量,而且常常是长时间连续加工,产生的热量也多于传统机床。因此,要特别重视采取措施减少热变形对加工精度的影响。

(3)较高的灵敏度

数控机床通过数字信息来控制刀具与工件的相对运动,它要求在相当大的进给速度范围内都能达到较高的精度,因而运动部件应具有较高的灵敏度。导轨部件通常采用滚动导轨、塑料导轨、静压导轨等,以减少摩擦力,使其在低速时无爬行现象。工作台、刀架等部件的移动由交流或直流伺服电动机驱动,经滚珠丝杠传动,减少了进给系统所需要的驱动扭矩,从而提高了定位精度和运动平稳度。

数控机床在加工时,各坐标轴的运动都是双向的,传动元件之间的间隙会影响机床的定位精度及重复定位精度,因此,必须采取措施消除进给传动系统中的间隙,如齿轮副、丝杠螺旋副的间隙。

近年来，随着新材料、新工艺的普及与应用，高速加工已经成为目前数控机床的发展方向之一。快进速度达到了每分钟数十米甚至上百米，主轴转速达到每分钟上万转甚至十几万转，采用电主轴、直线电动机、直线滚动导轨等新产品、新技术已势在必行。

(4) 高效化装置、高人性化操作

由于数控机床是一种高速、高效机床，在一个零件的加工时间中，辅助时间也就是非切削时间占有较大比重，因此，压缩辅助时间可大大提高生产率。目前，已有许多数控机床采用多主轴、多刀架及自动换刀等装置，特别是加工中心，可在一次装夹下完成多工序的加工，以节省大量装夹换刀的时间。

五、数控机床的主运动、进给运动

1. 数控机床主传动系统的变速方式

数控机床主轴的调速是按照控制指令自动执行的，因此，变速机构必须适应自动操作的要求。在主传动系统中，目前多采用交流主轴电动机和直流主轴电动机无级调速系统。为扩大调速范围，满足低速大扭矩的要求，也经常应用齿轮有级调速和电动机无级调速相结合的调速方式。

数控机床主传动系统主要有4种变速方式，如图1-8所示。

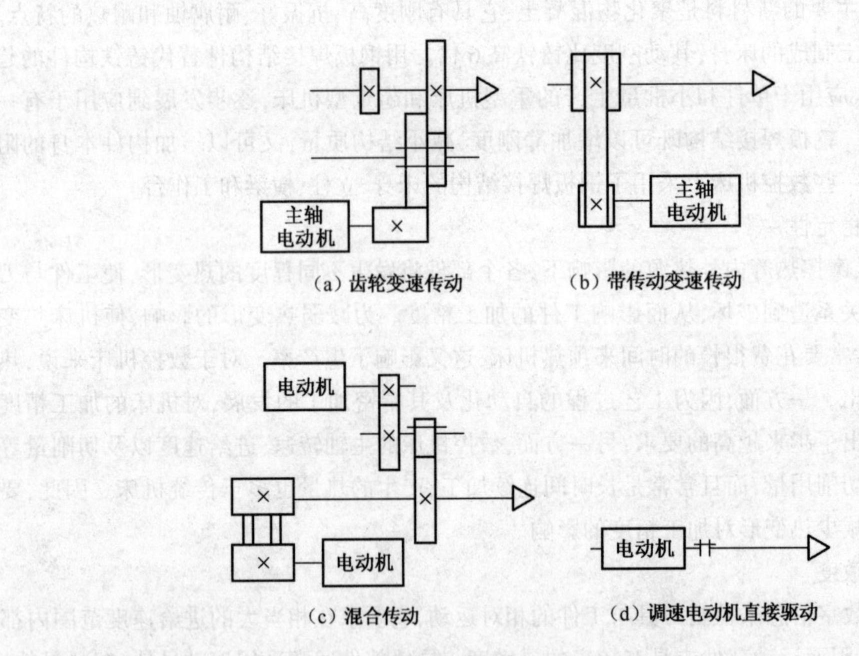

(a) 齿轮变速传动　(b) 带传动变速传动

(c) 混合传动　(d) 调速电动机直接驱动

图1-8　数控机床主传动系统

(1) 带有变速齿轮的主传动

大、中型数控机床多采用这种变速方式。如图1-8 (a) 所示，通过少数几对齿轮降速，扩大输出扭矩，以满足主轴低速时对输出扭矩特性的要求。数控机床在交流或直流电动机无级变速的基础上配以齿轮变速，可实现分段无级变速。滑移齿轮的移位大都采用液压缸加拨叉，或者直接由液压缸带动齿轮来实现。

(2) 通过带传动的主传动

如图1-8(b)所示,这种传动主要应用在转速较高、变速范围不大的机床上。电动机本身的调速就能够满足要求,不用齿轮变速,可以避免齿轮传动引起的振动与噪声,它适用于高速、低转矩特性要求的主轴。常用的是三角带和同步齿形带。

(3) 用两个电动机分别驱动主轴

图1-8(c)所示为上述两种方式的混合传动,具有上述两种性能。高速时,电动机通过带轮直接驱动主轴旋转;低速时,另一个电动机通过两级齿轮传动驱动主轴旋转,齿轮起到降速和扩大变速范围的作用,这样就使恒功率区增大,扩大了变速范围,克服了低速时转矩不够且电动机功率不能充分利用的问题。但两个电动机不能同时工作,也是一种浪费。

(4) 由调速电动机直接驱动的主传动

如图1-8(d)所示,调速电动机与主轴用联轴器同轴连接,这种方式大大简化了主传动系统的结构,有效地提高了主轴部件的刚度,但主轴轴出扭矩小,电动机发热对主轴精度影响较大。近年来,出现另外一种内装式电主轴,即主轴与电动机转子合二为一。其优点是主轴部件结构更紧凑,质量小,利于控制振动和噪声;缺点同样是热变形问题。由调速电动机直接驱动的主传动惯性小,可提高启动、停止的响应特性,因此,温度控制和冷却是使用内装式电主轴的关键问题。

2. 数控机床主传动系统的特点

与普通机床相比较,数控机床主传动系统共有下列特点:

(1) 转速高、功率大

数控机床的主传动系统能使数控机床进行大功率切削和高速切削,从而实现高效率加工。

(2) 变速范围宽

数控机床的主传功系统有较宽的调速范围,一般 $R>100$,以保证加工时能选用合理的切削用量,从而获得最佳的生产率、加工精度和表面质量。

(3) 主轴变换迅速、可靠

数控机床的变速是按照控制指令自动进行的。因此,变速机构必须适应自动操作的要求。并由于直流和交流主轴电动机的调速系统日趋完善,使机床不仅能够方便地实现宽范围无级变速,而且减少了中间传递环节,提高了变速控制的可靠性。

(4) 主轴组件的耐磨性高

主轴组件的耐磨性高能使传动系统长期保证精度。凡有机械摩擦的部位,如轴承、锥孔等都有足够的硬度,轴承处还有良好的润滑。

3. 主轴部件的支承与润滑

机床主轴带动刀具或夹具在支承中作回转运动,应能传递切削转矩承受切削抗力,并保证必要的旋转精度。目前,数控机床主轴的支承配置形式主要有3种,如图1-9所示。

①前支承采用双列圆柱滚子轴承和60°角接触双列向心推力球轴承组合,后支承采用成对安装的角接触球轴承。这种配置形式使主轴的综合刚度大幅度提高,可以满足强力切削的要求,因此普遍应用于各类数控机床主轴中。

②前轴承采用高精度的双列角接触球轴承,后支承采用单列(或双列)角接触球轴承。这种配置具有良好的高速性能,主轴最高转速可达4 000 r/min,但它承载能力小,因而适用于高速、轻载

和精密的数控机床主轴。在加工中心的主轴中,为了提高承载能力,有时应用3个或4个角接触球轴承组合的前支承,并用隔套实现预紧。

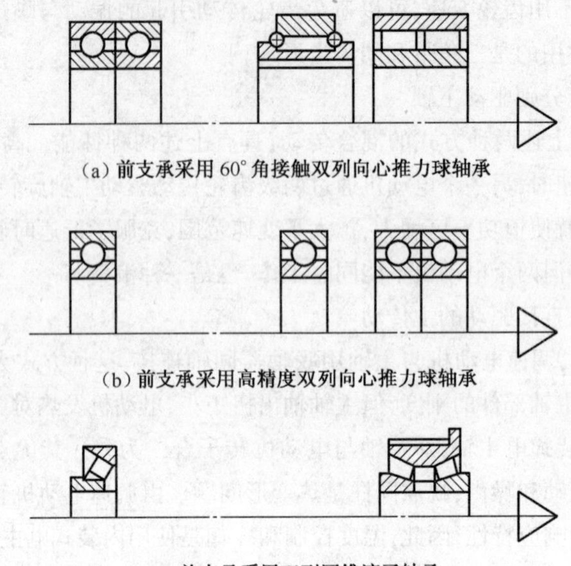

(a) 前支承采用60°角接触双列向心推力球轴承

(b) 前支承采用高精度双列向心推力球轴承

(c) 首支承采用双列圆锥滚子轴承

图1-9 数控机床主轴的支承配置

③前后轴承采用双列和单列圆锥轴承。这种配置径向和轴向刚度高,能承受重载荷,尤其能承受较强的动载荷,安装与调整性能好。但这种配置限制了主轴的最高转速和精度,因此适用于中等精度,低速与重载的数控机床主轴。为了尽可能减少主轴部件温升热变形对机床工作精度的影响,通常利用润滑油的循环系统把主轴部件的热量带走,使主轴部件与箱体保持恒定的温度。在某些数控镗、铣床上采用专用的制冷装置,比较理想的实现了温度控制。近年来,某些数控机床的主轴轴承采用高级油脂,用封入方式进行润滑,每加一次油脂可以使用7~10年,简化了结构,降低了成本且维护保养简单。为了防止润滑油和油脂混合,通常采用迷宫密封方式。

4. 主轴准停装置

在数控镗床、数控铣床和以镗铣为主的加工中心上,为了实现自动换刀,使机械手准确地将刀具装入主轴孔中,刀具的键槽必须与主轴的键位在周向对准;在镗削加工退刀时,要求刀具向刀尖反方向径向移动一段距离后才能退出,以免划伤工件,这都需要主轴具有周向定位功能;另外,一些特殊工艺要求情况下,如在通过前壁小孔镗内壁的同轴大孔,或进行反倒角等加工时,也要求主轴实现准停,使刀尖停在一个固定的方位上,以便主轴偏移一定尺寸后,使大切削刃能通过前壁小孔进入箱体内对大孔进行镗削,所以在主轴上必须设有准停装置。

目前,主轴准停装置很多,主要分为机械式和电气式两种。

传统的做法是采用机械挡块等来定向。图1-10为V形槽轮定位盘准停装置原理图,在主轴上固定一个V形槽轮定位盘,使V形槽与主轴上的端面键保持所需要的相对位置关系。当主轴需要停车换刀时,发出降速信号,主轴转换到最低速运转,延时继电器开始动作,并在延时4~6 s后,无触点开关1接通电源,当主轴转到图1-10所示位置即V形槽轮定位盘3上的感应块2与无触点开关1相接触后发出信号,使主轴电动机停转。另一延时继电器延时0.2~0.4 s后,压力油进入定位液压缸

4右腔,使定向活塞向左移动,当定向活塞上的定向滚轮5顶入定位盘的V形槽内时,行程开关LS2发出信号,主轴准停完成。若延时继电器延时1 s后行程开关LS2仍不发信号,说明准停没完成,须使定向活塞6后退,重新准停。当活塞杆向右移到位时,行程开关LS1发出定向滚轮5退出凸轮定位盘凹槽的信号,此时主轴可启动工作。机械式主轴准停装置准确可靠,但结构较复杂。现代数控机床一般采用电气式主轴准停装置,只要数控系统发出指令信号,主轴就可以准确的定向。

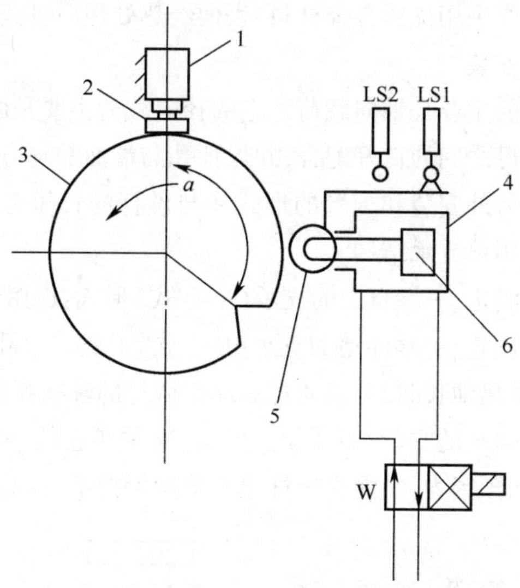

图1-10 V形槽轮定位盘准停装置原理图

1—无触点开关;2—感应块;3—V形槽轮定位盘;

4—定位液压缸;5—定向滚轮;6—定向活塞

5. 滚珠丝杠螺旋副

滚珠丝杠螺旋副是数控机床中将回转运动转换为直线运动常用的传动装置。它以滚珠的滚动代替丝杆螺旋副中的滑动,摩擦力小,具有良好的性能。

(1) 滚珠丝杠螺旋副组成及工作原理

①组成:主要由丝杆、螺母、滚珠和滚道(回珠器)、螺母座等组成,如图1-11所示。

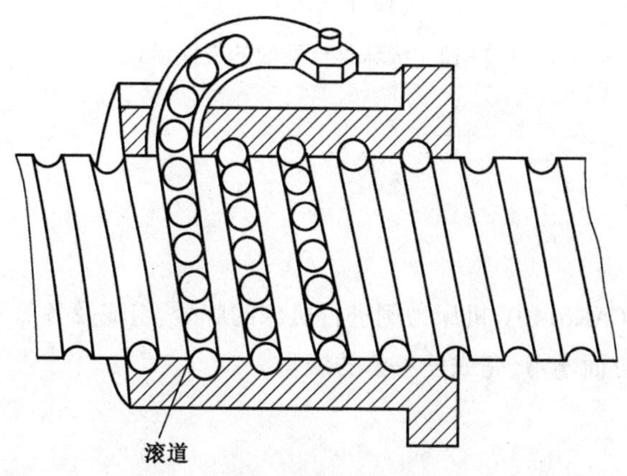

图1-11 滚珠丝杠螺旋副的结构原理

②工作原理:在丝杆和螺母上加工有弧形螺旋槽,当它们套装在一起时便形成螺旋滚道,并在

滚道内装满滚珠。而滚珠则沿滚道滚动,并经回珠管作周而复始的循环运动。回珠管两端还起挡珠的作用,以防滚珠沿滚道掉出。

(2) 特点

传动效率高:机械效率可高达 92%~98%;摩擦力小,主要是用滚珠的滚动代替了普通丝杆螺旋副的滑动;轴向间隙可消除:也是由于滚珠的作用,提高了系统的刚性。经预紧后可消除间隙;使用寿命长、制造成本高:主要采用优质合金材料,表面经热处理后可获得高的硬度。

(3) 滚珠丝杆螺旋副的安装

滚珠丝杆螺旋副所承受的主要是轴向载荷。它的径向载荷主要是卧式丝杆的自重。安装时,要保证螺母座的孔与工作螺母之间的良好配合,并保证孔与端面的垂直度等。这时主要是根据载荷的大小和方向选择轴承。另外安装和配置的形式还与丝杆的长短有关,当丝杆较长时,采用两支承结构;当丝杆较短时,采用单支承结构。

图 1-12(a)所示为一端固定,一端自由的支承(F-O 式)形式:适用于短丝杆及垂直丝杆。

图 1-12(b)所示为一端固定,一端浮动的支承(F-S 式)形式:一端同时承受轴向力和径向力,另一端承受径向力,当丝杆受热伸长时,可以通过一端作微量的轴向浮动。

图 1-12(c)所示为两端固定的支承(F-F 式)形式:通常在它的一端装有碟形弹簧和调整螺母,这样既能对滚珠丝杆施加预紧力,又能在丝杆热变形后保持不变的预紧力。

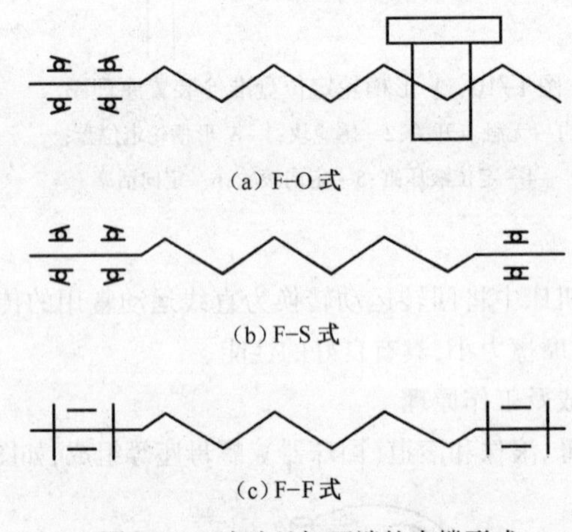

图 1-12　滚珠丝杠两端的支撑形式

任务操作

一、任务描述

如图 1-13 所示,以 CAK6140V 机床为例进行机床的牌号、组成及各部分功用、运动控制、机床主要部件的结构特点等方面学习,完成任务单的填写。

二、任务实施

通过对 CAK6140V 机床的牌号、组成及各部分功用、运动控制、机床主要部件的结构特点等学习,对数控机床有一定认知,填写学习任务单。

图 1-13　CAK6140V 外形

学习任务单

<table>
<tr><td rowspan="2">学习项目：</td><td rowspan="2">姓名：</td><td>组别：</td><td rowspan="2">成绩</td><td rowspan="2"></td></tr>
<tr><td>日期：</td></tr>
<tr><td>1. 数控铣床的组成及特点</td><td colspan="4">3. 滚珠丝杠螺旋副结构特点</td></tr>
<tr><td>2. 数控铣床的刀架和导轨的布局形式</td><td colspan="4">4. 开环控制系统、闭环控制系统的应用场合</td></tr>
<tr><td>学生自评：</td><td colspan="4" rowspan="2">教师评语：</td></tr>
<tr><td>学生互评：</td></tr>
</table>

习　题

1. 与普通车床相比,数控机床的主传动系统有何特点?
2. 数控机床主轴变速方法有哪些？各有什么特点?
3. 数控机床的进给传动系统主要有哪些特点?
4. 数控设备主要由哪些部分组成?
5. 数控设备的伺服系统分为几类？各有什么特点?
6. 数控机床使用的导轨与普通机床的有何区别?
7. 什么是闭环控制系统?
8. 滚珠丝杠螺旋副有何特点?

项目❷ 学习数控加工程序编制所用基本知识

通过学习，熟悉数控机床工件坐标系的建立，确定对刀点、换刀点位置，掌握程序的组成及程序段的组成，并为学习项目3打好基础。

任务1　准确写出零件各点的坐标值

不同的数控机床有着不同的运动形式，为了在编程时对机床运动进行描述，简化程序的编制及保证程序的通用性，编程时应采用的标准坐标系。

相关知识

数控加工是指利用数控机床对零件进行加工的一种工艺方法，与其他加工机床所不同的是数控机床是严格按照从外部输入的程序来自动对工件进行加工。数控机床加工零件的主要过程如图2-1所示。

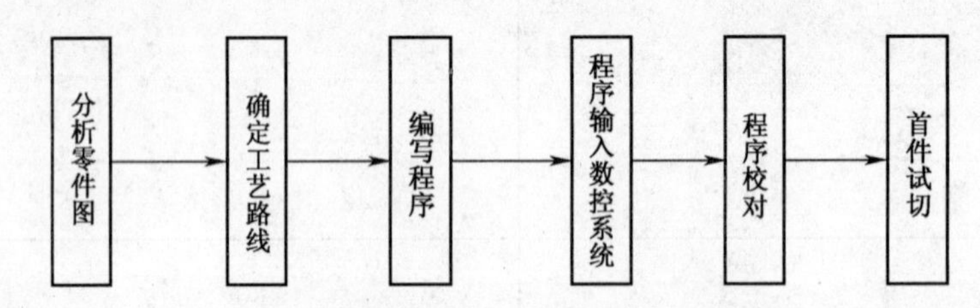

图2-1　数控机床加工零件的主要过程

一、程序编制的基本内容

数控编程的主要内容有：分析零件图、确定加工工艺过程、数值计算、编写零件加工程序、程序输入数控系统、校对程序及首件试切。

1. 分析零件图

通过分析零件的材料、形状、尺寸、精度以及零件毛坯、热处理要求等，确定加工所用机床及零件加工表面，对零件数控加工的适应性进行验证。

2. 确定加工工艺过程

在分析零件图的基础上，确定零件加工所用工夹具、装夹定位方式和加工路线，选择加工刀具及切削用量，应尽量缩短加工路线，减少刀具空程移动时间，使数值计算简单，程序段数量少，以减少编程，要根据工件的结构要求、工件的安装方式、工件的加工工艺性、数控机床的性能以及工厂生产组织与管理等因素灵活掌握，力求合理。

3. 数学处理

在确定了工艺方案后,就需要根据零件的几何尺寸、加工路线等,计算刀具中心运动轨迹,以获得刀位数据。数控系统一般均具有直线插补与圆弧插补功能,对于加工由圆弧和直线组成的较简单的平面零件,只需要计算出零件轮廓上相邻几何元素交点或切点的坐标值,得出各几何元素的起点、终点、圆弧的圆心坐标值等,就能满足编程要求。当零件的几何形状与控制系统的插补功能不一致时,就需要进行较复杂的数值计算,一般需要使用计算机辅助计算,否则难以完成。

4. 编写零件加工程序

在完成上述工艺处理及数值计算工作后,即可编写零件加工程序。程序编制人员使用数控系统的程序指令,按照规定的程序格式,逐段编写加工程序。程序编制人员应对数控机床的功能、程序指令及代码十分熟悉,才能编写出正确的加工程序。

5. 程序检验

将编写好的加工程序输入数控系统,就可控制数控机床的加工工作。一般在正式加工之前,要对程序进行检验。通常可采用机床空运转的方式,来检查机床动作和运动轨迹的正确性,以检验程序。在具有图形模拟显示功能的数控机床上,可通过显示走刀轨迹或模拟刀具对工件的切削过程,对程序进行检查。对于形状复杂和要求高的零件,也可采用铝件、塑料或石蜡等易切材料进行试切来检验程序。通过检查试件,不仅可确认程序是否正确,还可知道加工精度是否符合要求。若能采用与被加工零件材料相同的材料进行试切,则更能反映实际加工效果,当发现加工的零件不符合加工技术要求时,可修改程序或采取尺寸补偿等措施。

二、程序编制的基本方法

数控加工程序的编制方法主要有两种:手工编制程序和自动编制程序。

1. 手工编程

手工编程指主要由人工来完成数控编程中各个阶段的工作。一般对几何形状不太复杂的零件,所需的加工程序不长,计算比较简单,用手工编程比较合适。手工编程的特点:耗费时间较长,容易出现错误,无法胜任复杂形状零件的编程,编程时间较长。

2. 计算机自动编程

自动编程是指在编程过程中,除了分析零件图样和制订工艺方案由人工进行外,其余工作均由计算机辅助完成。

采用计算机自动编程时,数学处理、编写程序、检验程序等工作是由计算机自动完成的,由于计算机可自动绘制出刀具中心运动轨迹,使编程人员可及时检查程序是否正确,需要时可及时修改,以获得正确的程序。又由于计算机自动编程代替程序编制人员完成了繁琐的数值计算,可提高编程效率几十倍乃至上百倍,因此解决了手工编程无法解决的许多复杂零件的编程难题。因而,自动编程的特点就在于编程工作效率高,可解决复杂形状零件的编程难题。

目前计算机自动编程采用图形交互式自动编程,即计算机辅助编程。这种自动编程系统是CAD(计算机辅助设计)与CAM(计算机辅助制造)高度结合的自动编程系统,通常称为CAD/CAM系统。

CAM编程是当前最先进的数控加工编程方法,它利用计算机以人机交互图形方式完成零件几何形状计算机化、轨迹生成与加工仿真到数控程序生成全过程，操作过程形象生动，效率高、出错几率低。而且还可以通过软件的数据接口共享已有的CAD设计结果，实现CAD/CAM集成一体化，实现无图纸设计制造。

为适应复杂形状零件的加工、多轴加工、高速加工，一般计算机辅助编程的步骤如下：

(1) 零件的几何建模

对于基于图纸以及型面特征点测量数据的复杂形状零件数控编程，其首要环节是建立被加工零件的几何模型。

(2) 加工方案与加工参数的合理选择

数控加工的效率与质量有赖于加工方案与加工参数的合理选择，其中刀具、刀轴的控制方式、走刀路线和进给速度的优化选择是满足加工要求、保障机床正常运行和延长刀具寿命的前提。

(3) 刀具轨迹生成

刀具轨迹生成是复杂形状零件数控加工中最重要的内容，能否生成有效的刀具轨迹直接决定了加工的可能性、质量与效率。刀具轨迹生成的首要目标是使所生成的刀具轨迹能满足无干涉、无碰撞、轨迹光滑、切削负荷光滑并满足要求、代码质量高。同时刀具轨迹生成还应满足通用性好、稳定性好、编程效率高、代码量小等条件。

(4) 数控加工仿真

由于零件形状的复杂多变以及加工环境的复杂性，要确保所生成的加工程序不存在任何问题十分困难，其中最主要的是加工过程中的过切与欠切、机床各部件之间的干涉碰撞等。对于高速加工，这些问题常常是致命的。因此，实际加工前采取一定的措施对加工程序进行检验并修正是十分必要的。数控加工仿真通过软件模拟加工环境、刀具路径与材料切除过程来检验并优化加工程序，具有柔性好、成本低、效率高且安全可靠等特点，是提高编程效率与质量的重要措施。

(5) 后置处理

后置处理是数控加工编程技术的一项重要内容，它将通用前置处理生成的刀位数据转换成适合于具体机床数据的数控加工程序。其技术内容包括机床运动学建模与求解、机床结构误差补偿、机床运动非线性误差校核修正、机床运动的平稳性校核修正、进给速度校核修正及代码转换等。因此后置处理对于保证加工质量、效率与机床可靠运行具有重要作用。

不同的数控机床有着不同的运动形式，为了在编程时对机床运动进行描述，简化程序的编制及保证程序的通用性，编程采用统一的标准坐标系。

三、程序编制坐标系

1. 标准坐标系及其运动方向

数控机床的坐标轴和方向的命名制订有统一的标准，规定直线进给运动的坐标轴用 X、Y、Z 表示，常称标准坐标轴。标准的机床坐标轴系是右手笛卡儿坐标系，用右手螺旋法则判定，如图 2-2所示。右手的拇指、食指、中指互相垂直，并分别代表+X、+Y、+Z 轴。围绕+X、+Y、+Z 轴的回转运动分别用+A、+B、+C 表示，其正向用右手螺旋法则判定。与+X、+Y、+Z、+A、+B、+C 相反的方向加“′”，即使用+X'、+Y'、+Z'、+A'、+B'、 +C'表示。

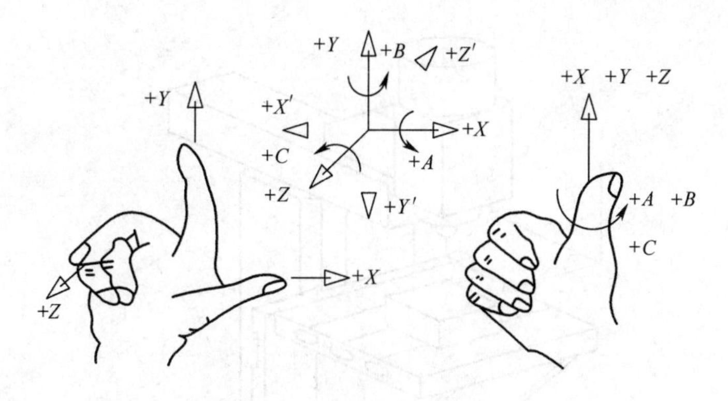

图2-2　右手笛卡儿直角坐标系

2. 刀具运动坐标与工件运动坐标

数控机床的坐标系是机床运动部件进给运动的坐标系。由于进给运动可以是刀具相对工件运动(如数控车床),也可以是工件相对刀具的运动(如数控铣床),所以统一规定:用字母不带“′”的坐标表示刀具相对工件“静止”的刀具运动坐标;用字母带“′”的坐标表示工件相对刀具“静止”的刀具运动坐标。规定使刀具与工件距离增大方向为运动的正方向。

3. 坐标轴确定的方法及步骤

(1) *Z*轴

一般取产生切削力的主轴轴线为*Z*轴,刀具远离工件的方向为正向,如图2-3、图2-4所示。

(2) *X*轴

*X*轴一般位于平行工件装夹面的水平面内。对于工件作回转切削运动的机床(如车床、磨床等),在水平面内取垂直工件回转轴线(*Z*轴)的方向为*X*轴,刀具远离工件的方向为正向,如图2-3所示。

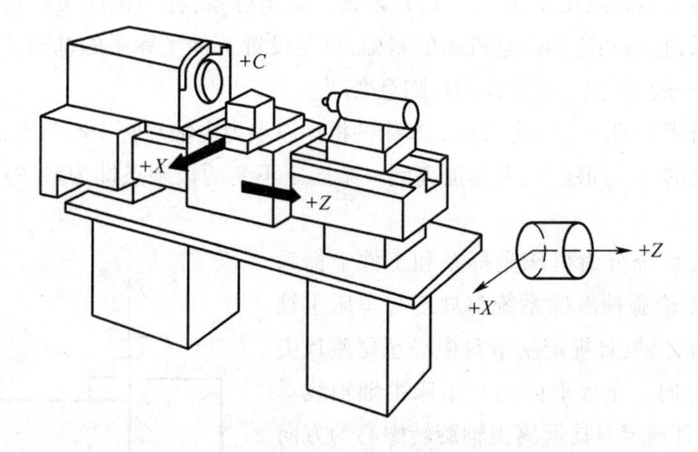

图2-3　数控车床坐标系

对于刀具作回转切削运动的机床(如铣床、镗床等),当*Z*轴垂直时,面对主轴,向右为+*X*方向,如图2-4所示;当*Z*轴水平时,则向左为+*X*方向。

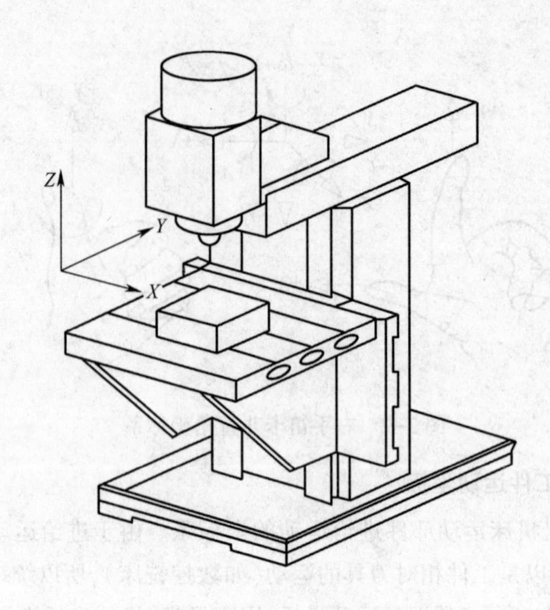

图 2-4　数控铣床坐标系

（3）Y 轴

根据已确定的 Z 轴和 X 轴，按右手笛卡儿直角坐标系确定 Y 轴。

（4）A、B、C 轴

A、B、C 轴为回转进给运动坐标轴，可根据已确定的 X、Y、Z 轴，按右手螺旋法则确定。

四、编程参考点

1. 机床坐标系

以机床原点为坐标原点建立起来的 X、Y、Z 轴直角坐标系，称为机床坐标系。机床坐标系是机床固有的坐标系，它是制造和调整机床的基础，也是设置工件坐标系的基础。机床坐标系在出厂前已经调整好，一般情况下，不允许用户随意变动。

机床原点为机床上的一个固定的点。车床的机床原点为主轴旋转中心与卡盘后端面的交点。参考点也是机床上的一个固定点，刀具退离到一个固定不变的极限点即为参考点，其位置由机械挡块来确定。

数控车床坐标系统分为机床坐标系和工件坐标系（编程坐标系）。无论哪种坐标系统都规定与车床主轴轴线平行的方向为 Z 轴，且规定从卡盘中心至尾座顶尖中心的方向为正方向。在水平面内与车床主轴轴线垂直的方向为 X 轴，且规定刀具远离主轴旋转中心的方向为正方向。图 2-5 所示为数控机床坐标系的建立。

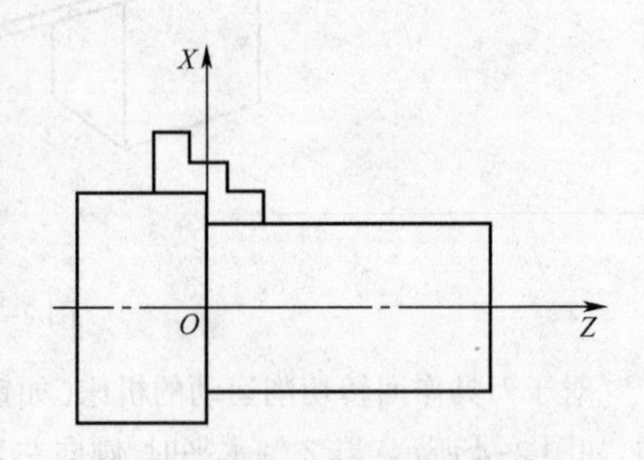

图 2-5　数控车机床坐标系的建立

数控铣床的坐标系（XYZ）原点 M 位于机床原点，即机床移动部件沿其坐标轴正向移动的极限位置。图 2-6 所示为数控铣机床坐标系的建立。

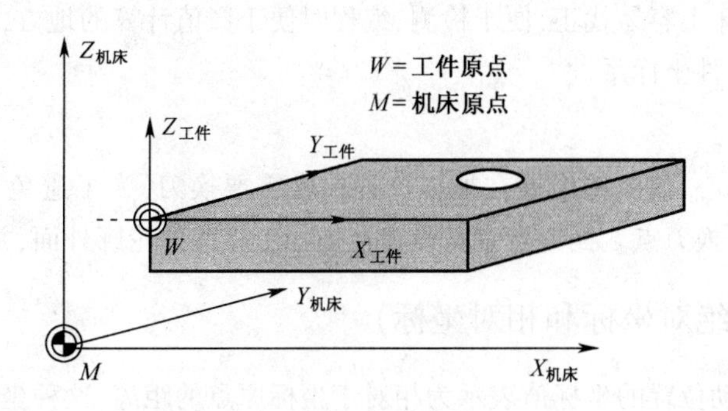

图2-6　数控铣机床坐标系的建立

2. 工件坐标系(编程坐标系)

工件坐标系是编程时使用的坐标系,所以又称编程坐标系。数控编程时,应该首先确定工件坐标系和工件原点。

零件在设计中有设计基准。在加工过程中有工艺基准,同时要尽量将工艺基准与设计基准统一,该基准点通常称为工件原点。

以工件原点为坐标原点建立的X、Z轴直角坐标系,称为工件坐标系。工件坐标系是依据图样要求人为设定的,从理论上讲,工件原点选在任何位置都是可以的,但实际上,为了编程方便以及使各尺寸较为直观,应尽量把工件原点的位置选得合理些。图2-7所示为数控车床工件坐标系的原点,图2-8所示为数控铣床工件坐标系的原点。

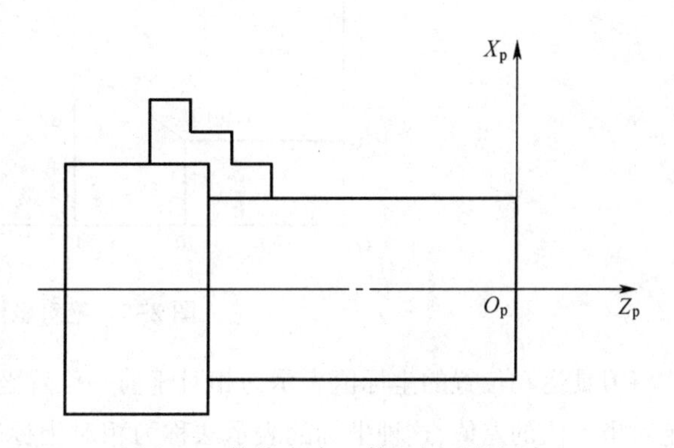

图2-7　数控车床工件坐标系的原点

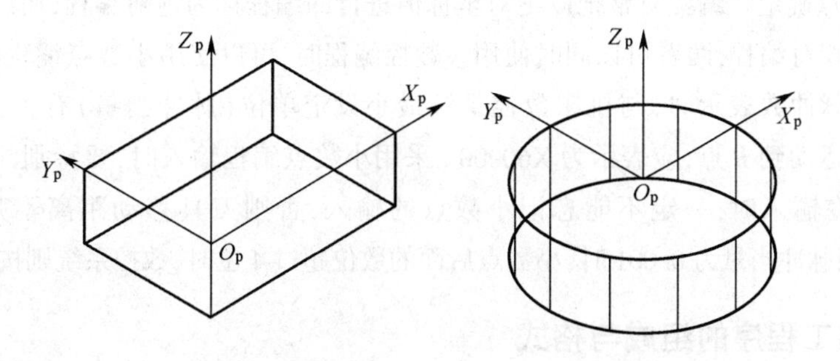

图2-8　数控铣床工件坐标系的原点

3. 对刀点

在数控机床上加工零件时刀具相对零件运动的起始点称为对刀点。它是零件程序加工的起始点,所以对刀点又称程序起点。对刀的目的是确定工件原点在机床坐标系中的位置,即工件坐标系与机床坐标系的关系。

对刀点应选在机床上容易找正、便于检测、编程时便于数值计算的地方，通常把设定该点的过程称为对刀，或建立工件坐标系。

4. 换刀点

数控车床、加工中心、数控铣床等在加工过程中常需要换刀，为了避免刀具与工件或夹具相碰，编程时要设置一个换刀点。换刀点常常设置在被加工零件的轮廓外面，并留有一定的安全量。

五、编程方式（绝对坐标和相对坐标）

编程时将刀具运动位置的坐标值表示为相对于坐标原点的距离，这种坐标的表示法称为绝对坐标表示法。如图2-9所示，点*A*、*B*、*C*的坐标值是相对坐标原点*O*计算的。

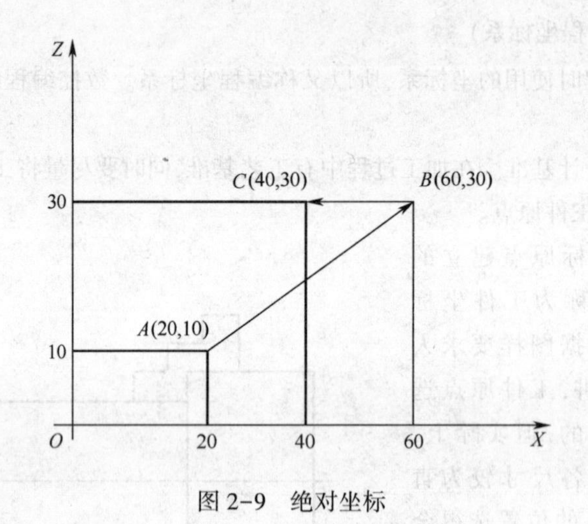

图2-9　绝对坐标

将刀具运动位置的坐标值表示为相对于前一位置坐标的增量，即为目标点绝对坐标值与当前点绝对坐标值的差值，这种坐标的表示法称为相对坐标表示法。图2-10所示为相对坐标。增量坐标常使用与*X*、*Y*、*Z*平行且同向的坐标*U*、*V*、*W*来表示，图2-10中*B*点坐标值相对*A*点确定，*C*点坐标值相对*B*点确定。编程时常把以绝对坐标值进行的编程称为绝对编程，而以相绝对坐标值进行的编程称为相对编程，两者可以同时使用。数控编程时，可以使用小数点编程，也可以使用脉冲数编程。当用脉冲数表示时，与机床数控系统最小设定单位（脉冲当量）有关，当脉冲当量为0.001时，从*A*点运动到*B*点，应表示为X60000。采用小数点编程输入时，要特别注意小数点的输入，例如X60.0，在输入时，一定不能忘记小数点的输入，否则刀具移动距离不是60 mm，而是0.06 mm。此外当脉冲当量为0.001时，小数点后面的数位超过4位时，数控系统则按四舍五入处理。

六、数控加工程序的组成与格式

1. 程序的结构组成

数控加工中零件加工程序的组成形式与采用的数控系统形式不同而略有不同。数控系统中加工程序分主程序和子程序，无论是主程序还是子程序，每一个程序都是由若干个程序段组成的。程序段是由一个或若干个字（字是由表示地址的字母和数字）组成的，它是控制数控机床完成一定功能的具体指令，表示数控机床为完成某一特定动作而需要的全部指令。例如：

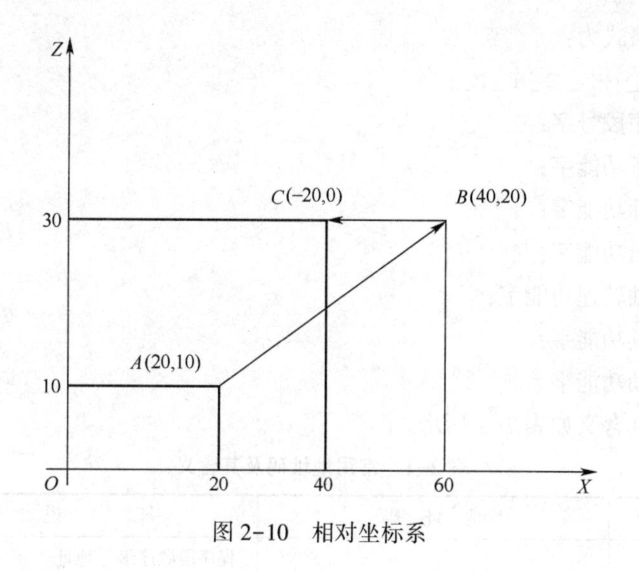

图 2-10　相对坐标系

```
O1234
N10 G99 M03 S400;
N20 T0101;
N30 G00 X40 Z20;
…
N100  M05;
N110  M30;
%
```

每一行为一个程序段，如 N20、T0101、G99、M03……都是一个字。其中第一个程序段 O0001 是整个程序的程序号，又称程序名，由地址码 O 和四位数字组成。每一个独立的程序都应有程序号，它可作为识别、调用该程序的标志。

不同的数控系统，程序号地址码可不相同。如 FANUC 系统用 O，AB8400 系统用 P，而西门子系统用%。编程时应根据说明书的规定使用，否则系统将不接受。

每个程序段以程序段号“N××××”开头，用“；”表示程序段结束（有的系统用 LF、CR 等符号表示），每个程序段中有若干个指令字，每个指令字表示一种功能，所以又称功能字。功能字的开头是英文字母、其后是数字，如 G90、G01、X100.0 等。一个程序段表示一个完整的加工工步或加工动作。

一个程序的最大长度取决于数控系统中零件程序存储区的容量。现代数控系统的存储区容量已足够大，一般情况下足够使用。

2. 程序段格式

程序段格式是指一个程序段中指令字的排列顺序和表达方式。在国际标准 ISO6983-I-1982 和我国的 GB/T 8870.1—2012 标准中都作了具体规定。目前数控系统广泛采用的是字地址程序段格式。

字地址程序段格式由一系列指令字或称功能字组成，程序段的长短、指令字的数量都是可变的，指令字的排列顺序没有严格要求。各指令字可根据需要选用，不需要的指令字以及与上一程序段相同的指令字可以不写。这种格式的优点是程序简短、直观、可读性强、易于检验、修改。字地址程序段的一般格式为：

N_ G_ X_ Y_ Z_ …F_ S_ T_ M_;

其中 N——程序段号字；

G——准备功能字；

X、Y、Z——坐标功能字；

F——进给功能字；

S——主轴转速功能字；

T——刀具功能字；

M——辅助功能字。

常用地址码及其含义如表 2-1 所示。

表 2-1　常用地址码及其含义

机　能	地址码	说　明
程序段号	N	程序段顺序编号地址
坐标字	X,Y,Z,U,V,W,P,Q,R; A,B,C,D,E; R; I,J,K	直线坐标轴 旋转坐标轴 圆弧半径 圆弧圆心相对起点坐标
准备功能	G	准备功能
辅助功能	M	辅助功能
补偿值	H 或 D	补偿值地址
切削用量	S F	主轴转速 进给量或进给速度
刀具号	T	刀库中的刀具编号

例如：N10 G01 X30 Z-36 F100 S300 T0202 M03;

程序段内各字的说明如下：

①程序段序号（简称顺序号）：用以识别程序段的编号。用地址码 N 和后面的若干位数字来表示。如 N20 表示该语句的语句号为 20。

②准备功能 G 指令：是使数控机床作某种动作的指令，用地址 G 和两位数字所组成，从G00~G99 共 100 种。G 功能的代号已标准化。

③坐标字：由坐标地址符（如 X、Y 等）、+、-符号及绝对值（或增量）的数值组成，且按一定的顺序进行排列。坐标字的“+”可省略。

各坐标轴的地址符按下列顺序排列：X、Y、Z、U、V、W、P、Q、R、A、B、C、D、E。

3. 进给功能字

进给功能 F 指令，通常用来指定各运动坐标轴及其任意组合的进给量或螺纹导程。该指令是模态指令，有两种表示方法：

①代码法即 F 后跟两位数字，这些数字不直接表示进给速度的大小，而是机床进给速度数列的序号，进给速度数列可以是算术级数，也可以是几何级数。从 F00~F99 共 100 个等级。

②直接指定法即 F 后面跟的数字就是进给速度的大小。按数控机床的进给功能，它也有两种

速度表示法。一是以每分钟进给距离的形式指定刀具切削进给速度(每分钟进给量),用 F 字母和它后继的数值表示,单位为 mm/min,如 F100 表示进给速度为 100mm/min。对于回转轴如 F12 表示每分钟进给速度为 12°。二是以主轴每转进给量规定的速度(每转进给量),单位为 mm/r。直接指定方法较为直观,因此现在大多数机床均采用这一指定方法。

主要事项:编写程序时,第一次遇到 G01、G02/G03 插补指令时,必须编写进给功能 F 指令,如果没有编写 F 指令,CNC 采用 F0;F 功能为模态指令,实际进给率可以通过 CNC 操作面板上的加工倍率旋钮,在 0~150%之间调整。

4. 主轴转速功能字 S 指令

S 指令用来指定主轴的转速,由地址码 S 和在其后的若干位数字组成。有恒转速(单位为 r/min)和表面恒线速(单位为 m/min)两种运转方式。如 S800 表示主轴转速为 800 r/min;对于有恒线速度控制功能的机床,还要用 G96 或 G97 指令配合 S 代码来指定主轴的速度。如 G96S200 表示切削速度为 200 m/min,G96 为恒线速控制指令;G97S2000 表示注销 G96,主轴转速为 2 000 r/min。

5. 刀具功能字 T 指令

T 指令主要用来选择刀具,也可用来选择刀具偏置和补偿, 由地址码 T 和若干位数字组成。如 T18 表示换刀时选择 18 号刀具,如用作刀具补偿时,T18 是指按 18 号刀具事先所设定的数据进行补偿。若用四位数码指令时,例如 T0102,则前两位数字表示刀号,后两位数字表示刀补号。由于不同的数控系统有不同的指定方法和含义,具体应用时应参照所用数控机床说明书中的有关规定进行。

6. 辅助功能字 M 指令

数控编程中常用 M 指令是控制数控机床“开、关”功能的指令,主要用于完成加工操作时的辅助动作。M 指令有模态和非模态之分,常用 M 指令的功能及应用如下:

(1) 程序停止

指令:M00。

功能:执行完包含 M00 的程序段后,机床停止自动运行,此时所有存在的模态信息保持不变,用循环启动使自动运行重新开始。

(2) 选择停止

指令:M01。

功能:与 M00 类似,执行完包含 M01 的程序段后,机床停止自动运行,只是当机床操作面板上的选择停开关压下时,这个代码才有效。

(3) 主轴正转、反转、停止

指令:M03、M04、M05。

功能:M03、M04 可使主轴正、反转,与同段程序其他指令一起开始执行。M05 指令可使主轴在该程序段其他指令执行完成后停止转动。

格式:
```
M03 S;
M04 S;
M05;
```

(4) 冷却液开、关

指令:M08、M09。

功能:M08 表示开启冷却液,M09 表示关闭冷却液。

(5) 程序结束

指令:M02 或 M30。

功能:该指令表示主程序结束,同时机床停止自动运行,CNC 装置复位。M30 还可使控制返回到程序的开始,故程序结束使用 M30 比 M02 方便些。

7. 程序段结束

写在每个程序段之后,表示程序结束。当用 EIA 标准代码时结束符为 CR,用 ISO 标准代码时结束符为 NL 或 LF,有时使用符号“;”。

8. 主程序和子程序

编制加工程序有时会遇到这种情况:一组程序段在一个程序中多次出现,或者存在几个程序需要使用它。我们可以把这组程序段摘出来,命名后单独储存,这组程序段就是子程序。子程序是可由适当的机床控制指令调用的一段加工程序,它在加工中一般具有独立意义。调用第一层子程序的指令所在的加工程序称为主程序。调子程序的指令也是一个程序段,它一般由子程序调用指令、子程序名称和调用次数等组成,具体规则和格式随系统的不同而不同,例如同样是“调用 55 号子程序一次”,FANUC 系统用 M98 P55。

子程序可以嵌套,即一层套一层。上一层与下一层的关系,跟主程序与第一层子程序的关系相同。最多可以套多少层,由具体的数控系统决定。子程序的形式和组成与主程序大体相同:第一行是子程序号(名),最后一行则是“子程序结束”指令,它们之间是子程序主体。不过,主程序结束指令的作用是结束主程序、让数控系统复位,其指令已经标准化,各系统都用 M02 或 M30;而子程序结束指令的作用是结束子程序、返回主程序或上一层子程序,各系统指令不统一,如 FANUC 系统使用 M99 指令。

在数控加工程序中可以使用用户宏(程序)。所谓宏程序就是含有变量的子程序,在程序中调用宏程序的指令称为用户宏指令,系统可以使用用户宏程序的功能称为用户宏功能。执行时只须写出用户宏命令,就可以执行其用户宏功能。

用户宏的最大特征是可以在用户宏中使用变量、演算式、转向语句及多种函数,并可以用用户宏命令对变量进行赋值。

数控机床采用成组技术进行零件的加工,可扩大批量、减少编程量、提高经济效益。在成组加工中,将零件进行分类,对这一类零件编制加工程序,而不需要对每一个零件都编一个程序。在加工同一类不同尺寸零件时,使用用户宏的主要方便之处是可以用变量代替具体数值,实际加工时,只须将此零件的实际尺寸数值用用户宏命令赋予变量即可。

任务操作

一、任务描述

如图 2-11 所示,根据所学知识,首先建立工件坐标系,以工件右端面与轴心线交点为坐标原点,直径方向为 X 轴,长度方向为 Z 轴,远离工件方向为正向,然后分析零件图结构特点,读懂零件图的意义,最后确定各点坐标值。

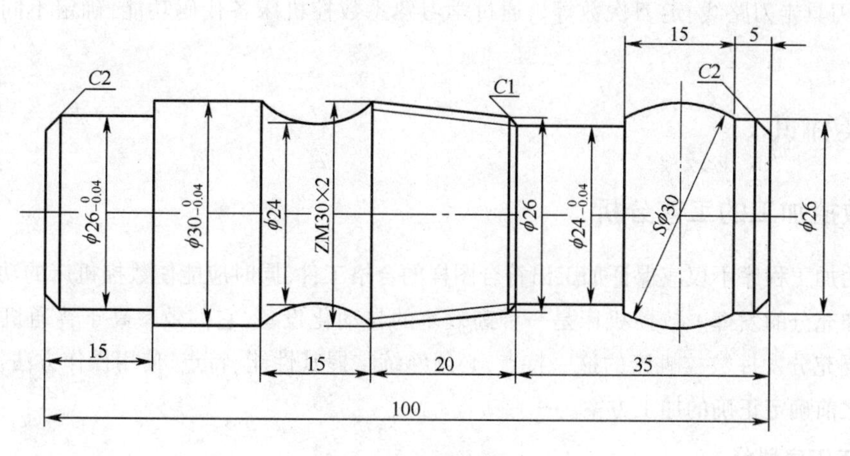

图 2-11　零件图

二、任务实施

分析被加工零件的几何形状、结构特点及技术要求，合理选择坐标系、对刀点、换刀点，准确填写学习任务单。

学习任务单

<table>
<tr><td rowspan="2">学习项目：</td><td rowspan="2">姓名：</td><td>组别：</td><td rowspan="2">成绩</td><td rowspan="2"></td></tr>
<tr><td>日期：</td></tr>
<tr><td>1. 坐标轴确定的方法及步骤

2. 对刀点、换刀点的区别</td><td colspan="4">3. 写出图中标注的各点坐标值</td></tr>
<tr><td>学生自评：</td><td colspan="4" rowspan="2">教师评语：</td></tr>
<tr><td>学生互评：</td></tr>
</table>

任务 2　合理确定零件加工路线

数控机床在加工过程中，整个动作过程都是事先由编程人员按规定的指令格式确定的，如机床的开停、刀具走刀路线、走刀次数等。通过学习熟悉数控机床各代码功能，确定不同零件加工路线。

一、数控加工的工艺分析

理想的加工程序不仅应保证加工出符合图样的合格工件，同时应能使数控机床的功能得到合理的应用和充分的发挥。数控机床是一种高效率的自动化设备，它的效率高于普通机床的2~3倍，所以，要充分发挥数控机床的这一特点，必须熟练掌握其性能、特点、使用操作方法，同时还必须在编程之前确定正确的加工方案。

1. 加工工序划分

在数控机床上加工零件，工序可以比较集中，一次装夹应尽可能完成全部工序。与普通机床加工相比，加工工序划分有其自己的特点，常用的工序划分原则有以下两种。

(1) 保证精度的原则

数控加工要求工序尽可能集中，常常粗、精加工在一次装夹下完成，为减少热变形和切削力变形对工件的形状、位置精度、尺寸精度和表面粗糙度的影响，应将粗、精加工分开进行。对轴类或盘类零件，将各处先粗加工，再留少量余量精加工，以保证表面质量要求。同时，对一些箱体工件，为保证孔的加工精度，应先加工表面后加工孔。

(2) 提高生产效率的原则

数控加工中，为减少换刀次数，节省换刀时间，应将需用同一把刀加工的加工部位全部完成后，再换另一把刀来加工其他部位。同时应尽量减少空行程，用同一把刀加工工件的多个部位时，应以最短的路线到达各加工部位。实际中，数控加工工序要根据具体零件的结构特点、技术要求等情况综合考虑。

2. 工步顺序安排的原则

(1) 先粗后精

对于粗精加工在一道工序内进行的加工内容，应先对各表面进行粗加工，然后再进行半精加工和精加工，以逐步提高加工精度。此工步顺序安排的原则要求：粗加工在较短的时间内将工件各表面上的大部分加工余量切掉，一方面提高金属切除率，另一方面满足精加工的余量均匀性要求。若粗加工后所留余量的均匀性满足不了精加工的要求，则要安排半精加工，为精加工作准备。为保证加工精度，精加工一定要一刀切出。此原则的实质是在一个工序内分阶段加工，这有利于保证零件的加工精度，适用于精度要求高的场合。

(2) 先近后远

先近后远即在一般情况下，离对刀点近的部位先加工，离对刀点远的部位后加工，以缩短刀具移动距离，减少空行程时间。对车削而言，先近后远还可以保持工件的刚性，有利于切削加工。例如，加工图2-12所示零件，如果按$\phi38$ mm→$\phi36$ mm→$\phi34$ mm的次序安排车削，不仅会增加刀具返回对刀点的空行程时间，而且一开始就削弱了工件的刚性，还可能使台阶的外直角处产生毛刺(飞边)。对这类直径相差不大的台阶轴，宜按$\phi34$ mm→$\phi36$ mm→$\phi38$ mm的次序车削。

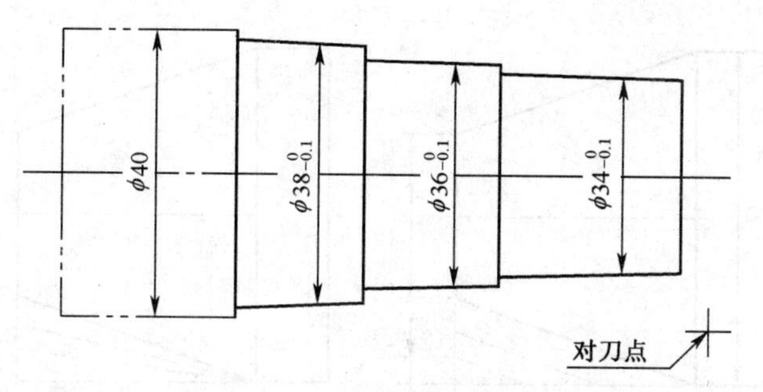

图2-12　先近后远零件加工

（3）先内后外、内外交叉

先内后外、内外交叉的原则是指粗加工时先进行内腔、内形粗加工，后进行外形粗加工；精加工时先进行内腔、内形精加工，后进行外形精加工。这是因为控制内表面的精度较困难，刀具刚性较差，加工中清除切屑较困难等。内、外表面的加工应交叉进行，不要将零件上的一部分表面加工完后再加工其他表面。

二、加工路线的确定

在数控加工中，刀具（严格说是刀位点）相对于工件的运动轨迹和方向称为加工路线，即刀具从对刀点开始运动起，直至结束加工程序所经过的路径，包括切削加工的路径及刀具引入、返回等非切削空行程。加工路线的确定首先必须保证被加工零件的尺寸精度和表面质量，其次应考虑数值计算简单，走刀路线尽量短，效率较高等。

下面举例分析数控机床加工零件时常用的加工路线。

1. 车圆锥的加工路线分析

在数控车床上车外圆锥，假设圆锥大径为D，小径为d，锥长为L，车圆锥的加工路线如图2-13所示。

按图2-13(a)的阶梯切削路线，二刀粗车，最后一刀精车；二刀粗车的终刀距S要作精确的计算，可由相似三角形求得。

在车床上车外圆锥时可以分为车正锥和车倒锥两种情况，而每一种情况又有两种加工路线，如图2-13所示为车正锥的两种加工路线。按图2-13(a)车正锥时，需要计算终刀距S。假设圆锥大径为D，小径为d，锥长为L，背吃刀量为a_p，则由相似三角形可得：

$$(D-d)/2L=a_p/S$$

则：$S=2La_p/(D-d)$，按此种加工路线，刀具切削运动的距离较短。

当按图2-13(b)的走刀路线车锥时，则不需要计算终刀距S，只要确定了背吃刀量a_p，即可车出圆锥轮廓，编程方便。但在每次切削中背吃刀量是变形的，且刀切削运动的路线较长。

2. 车圆弧的加工路线分析

应用G02（或G03）指令车圆弧，若用一刀就把圆弧加工出来，这样吃刀量太大，容易打刀。所以，实际切削时，需要多刀加工，先将大部分余量切除，最后才车得所需圆弧。下面介绍车圆弧常用的加工路线。

图2-14所示为车圆弧的切削路线。即用不同半径圆来车削，最后将所需圆弧加工出来。此

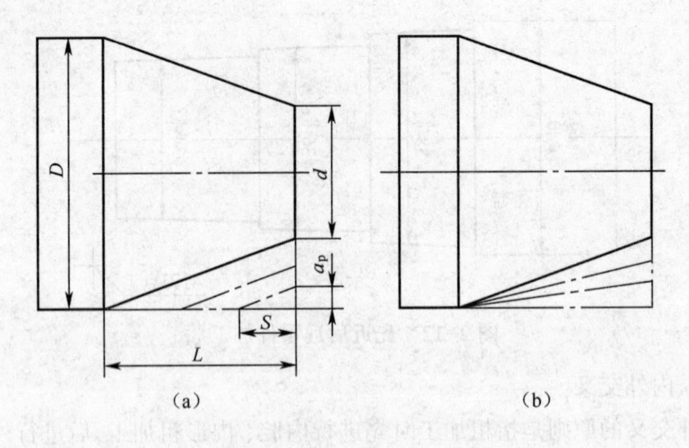

图 2-13　车圆锥的两种加工路线

方法在确定了每次背吃刀量 a_p 后，较易确定圆弧的起点、终点坐标。图 2-14(a)所示的走刀路线较短，但图 2-14(b)所示加工的空行程时间较长。此方法数值计算简单，编程方便，适用于较复杂的圆弧。

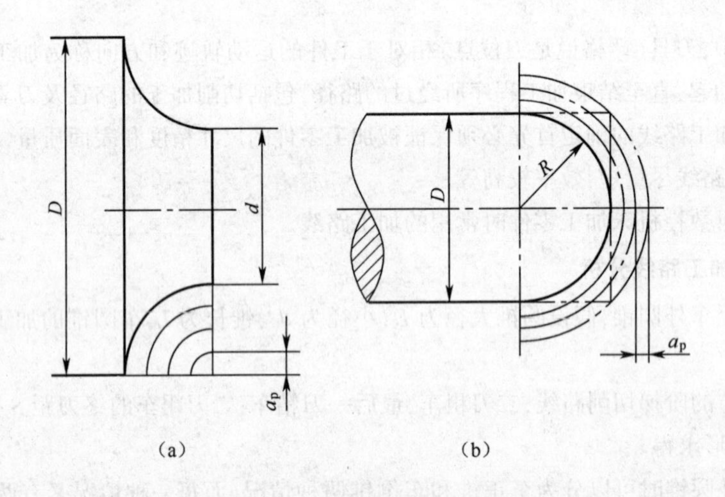

图 2-14　车圆法车削圆弧路线

图 2-15 所示为圆弧的车锥法切削路线，即先车一个圆锥，再车圆弧。但要注意车锥时的起点和终点的确定。若确定不好，则可能损坏圆弧表面，也可能将余量留得过大。确定方法是连接 OB 交圆弧于 D，过 D 点作圆弧的切线 AC。由几何关系得：

$$CD=DB=OB-OD=\sqrt{2}R-R=0.414R$$

此为车锥时的最大切削余量，即车锥时，加工路线不能超过 AB 线。由 CD 与 ΔABC 的关系，可得：

$$AB=BC=\sqrt{2}CD=0.586R$$

这样可确定出车锥时的起点和终点。当 R 不太大时，可取 $AB=BC=0.5R$

此方法数值计算较繁琐，但其刀具切削路线较短。

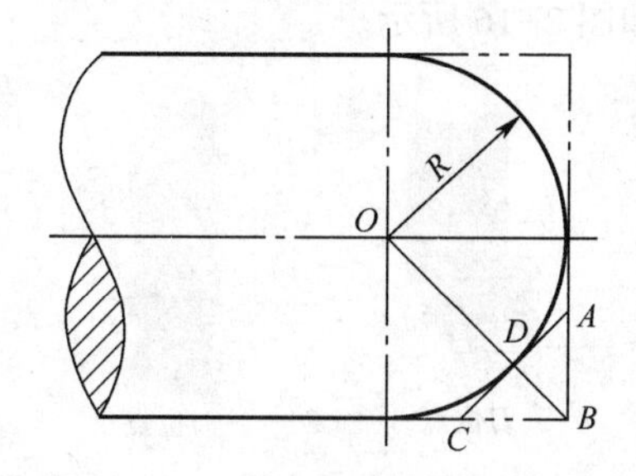

图 2-15 车锥法车削圆弧的路线

3. 车螺纹时轴向进给距离的分析

车螺纹时,刀具沿螺纹方向的进给应与工件主轴旋转保持严格的速比关系。考虑到刀具从停止状态到达指定的进给速度或从指定的进给速度降至零,驱动系统必有一个过渡过程,沿轴向进给的加工路线长度,除保证加工螺纹长度外,还应增加 δ_1(2~5 mm)的刀具引入距离和 δ_2(1~2 mm)的刀具切出距离(详细讲解见螺纹加工),这样保证切削螺纹时,在升速完成后使刀具接触工件,刀具离开工件后再降速。

以上通过举例分析了数控加工中常用的加工路线,实际生产中,加工路线的确定要根据零件的具体结构特点综合考虑、灵活运用。而确定加工路线的总原则是:在保证零件加工精度和表面质量的条件下,尽量缩短加工路线,以提高生产率。

三、对刀点和换刀点的确定

1. 对刀点

对刀点就是在数控机床上加工零件时,刀具相对于工件运动的起点。由于程序从该点开始执行,所以对刀点又称程序起点或起刀点。

2. 对刀

对刀就是将刀位点置于对刀点上,以便建立工件坐标系。该操作是工件加工前必需的步骤,即在加工前采用手动的办法,移动刀具或工件,使刀具的刀位点与工件的对刀点重合。

3. 对刀点的选择原则

①便于用数字处理和简化程序编制。

②在机床上找正容易,加工中便于检查。

③引起的加工误差小。

④可选择在工件上,也可在工件外,但必须与零件的定位基准有尺寸关系。

⑤尽量选择在零件的设计基准或工艺基准上,以提高加工精度。

⑥对刀点既是程序起点,也是程序的终点。

4. 换刀点

换刀点指刀架转位换刀时的位置,可以是固定点,也可以是任意点。换刀点以不碰工件及其他部件为原则。

5. 刀位点

刀位点是指刀具的定位基准点。如车刀、镗刀的刀尖;钻头的钻尖;立铣刀、端铣刀刀头底面的中心；球头铣刀的球头中心，如图 2-16 所示。

图 2-16　不同刀具的刀位点

四、刀具和切削用量的确定

1. 车刀的各种角度常识

车刀的主要角度如图 2-17 所示

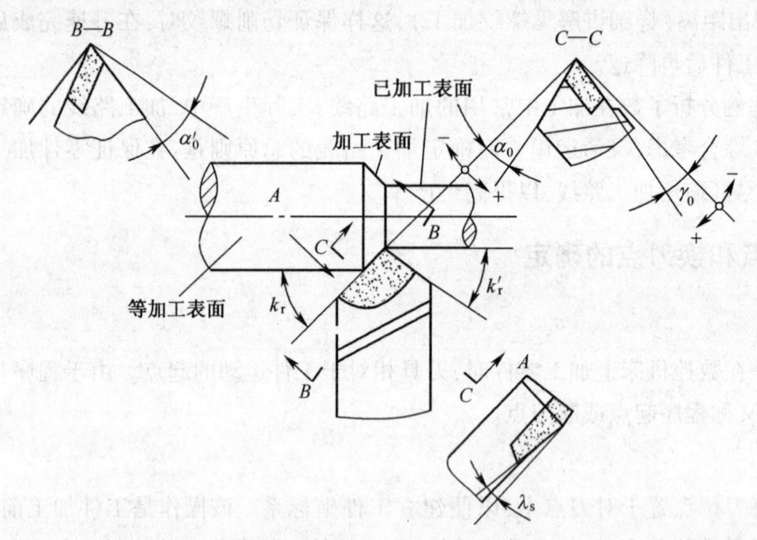

图 2-17　车刀的主要角度

前角 γ_0：在主剖面 P_0 内测量的前面与基面之间的夹角。前角表示前面的倾斜程度，有正、负和零值之分，其符号规定如图 2-17 所示。

后角 α_0：在主剖面 P_0 内测量的主后面与切削平面之间的夹角。后角表示主后面的倾斜程度，一般为正值。

主偏角 k_r：在基面内测量的主切削刃在基面上的投影与进给运动方向的夹角。主偏角一般为正值。

副偏角 k_r'：在基面内测量的副切削刃在基面上的投影与进给运动反方向的夹角。副偏角一般为正值。

刃倾角 λ_s：在切削平面内测量的主切削刃与基面之间的夹角。当主切削刃呈水平时，$\lambda_s=0$；刀尖为主切削刃最低点时，$\lambda_s<0$；刀尖为主切削刃上最高点时，$\lambda_s>0$，如图 2-17 所示。

2. 新型陶瓷刀具简介

新型陶瓷刀具的出现，是人类首次通过运用陶瓷材料改革机械切削加工的一场技术革命的成果。早在20世纪初,德国与英国已经开始寻求采用陶瓷刀具取代传统的碳素工具钢刀具。陶瓷材料因其高硬度与耐高温特性成为新一代的刀具材料,但陶瓷也由于人所共知的脆性受到局限,于是如何克服陶瓷刀具材料的脆性,提高它的韧性,成为近百年来陶瓷刀具研究的主要课题。陶瓷的应用范围亦日益扩大。

工程技术界努力研制与推广陶瓷刀具的主要原因有:①可以大大提高生产效率;②构成高速钢与硬质合金的主要成分钨资源在全球范围内已濒临枯竭。20世纪80年代初估计,全世界已探明的钨资源仅够使用50年时间。钨是世界上最稀缺的资源之一,但其在切削刀具材料中的消耗却很大,从而导致钨矿价格不断攀升,几十年中上涨好多倍,这在一定程度上也促进了陶瓷刀具的研制与推广,陶瓷刀具材料的研制开发取得了令人瞩目的成果。

到目前为止,用作陶瓷刀具的材料已形成氧化铝陶瓷,氧化铝-金属系陶瓷、氧化铝-碳化物陶瓷、氧化铝-碳化物金属陶瓷、氧化铝-氮化物金属陶瓷及最新研究成功的氮化硼陶瓷刀具。就世界范围讲,德国陶瓷刀具已不仅用于普通机床,且已将其作为一种高效、稳定可靠的刀具用于数控机床加工及自动化生产线。日本陶瓷刀片在产品种类、产量及质量上均具国际先进水平。美国在氧化物-碳化物-氮化物陶瓷刀具研制开发方面一直占世界领先地位。中国陶瓷刀具开发应用也取得了许多重大成果。

最近,日本住友电气公司开发研制出一种硬度更高的陶瓷刀具材料——黏合性立方晶氮化硼陶瓷(CBN)烧结体。该烧结材料是在压力为7~8GPa,温度为2 300~2 400 ℃超高温高压下烧结后制成的。这项技术还包括在原料制备阶段,为提高CBN纯度将微粉直径磨细等独特的软件技术。将粒径为0.5 mm以下的微粒结合成一体,即研制出CBN含有率达到100%的烧结氮化硼陶瓷材料。采用氮化硼材料制成的陶瓷刀具,在对硬度甚高的铸铁进行切削加工时,刀具的头端不会发生常见的受热龟裂与缺屑。根据不同条件,与含有其他结合材料的CBN烧结体相比较,氮化硼陶瓷刀具的使用时间可延长10倍以上,成为一种可作断续切削的材料。尤其在汽车工业加工中,HBN烧结体作为可对发动机等铸铁硬质材料加工的切削材料,在机械加工方面有广阔的用途。

此前的烧结体由于含有颗粒结合剂,因此不能形成如CBN那样高的硬度与热传导率等独特性质。如CBN直接转换技术,由于其颗粒度太粗而不适合用作高速切削工具。总而言之,随着特种陶瓷材料研究与开发工作的不断深入,陶瓷刀具在金属切削加工业中的应用比例不断扩展。随着航空、航天工业的发展,对Ti合金和Ni基高温合金等工件材料切削效率的要求也随之提高,特种陶瓷刀具材料将会作出更大的贡献。

3. 国产工具系统型号表示方法

(1) 柄部形式及尺寸

JT:表示采用国际标准ISO7388号加工中心机床用锥柄柄部(带机械手夹持槽);其后数字为相应的ISO锥度号。如50和40分别代表大端直径ϕ69.85mm和ϕ44.45mm的7:24锥度。

BT:表示采用日本标准MAS403号加工中心机床用锥柄柄部(带机械手夹持槽);其后数字为相应的ISO锥度号。如50和40分别代表大端直径ϕ69.85mm和ϕ44.45mm的7:24锥度。

(2) 刀柄用途及主参数

XD——装三面铣刀刀柄。

MW——无扁尾氏锥柄刀柄。

XS——装三面刃铣刀刀柄。

M——有扁尾式锥柄刀柄。

Z(J)——装钻夹头刀柄(贾式锥度加J)。

XP——装削平柄铣刀刀柄。

用途后的数字表示工具的工作特性,其含义随工具不同而异,有些工具该数字为其轮廓尺寸 *D* 或 *L*;有些工具该数字表示应用范围。

4. 刀具的发展过程

刀具是机械制造中用于切削加工的工具,又称切削工具。广义的切削工具既包括刀具,还包括磨具。

绝大多数的刀具是机用的,但也有手用的。由于机械制造中使用的刀具基本上都用于切削金属材料,所以“刀具”一词一般就理解为金属切削刀具。切削木材用的刀具则称为木工刀具。

刀具的发展在人类进步的历史上占有重要的地位。中国早在公元前28~公元前20世纪,就已出现黄铜锥和紫铜的锥、钻、刀等铜质刀具。战国后期(公元前3世纪),由于掌握了渗碳技术,制成了铜质刀具。当时的钻头和锯与现代的扁钻和锯已有些相似之处。

然而,刀具的快速发展是在18世纪后期,伴随蒸汽机等机器的发展而来的。1783年,法国的勒内首先制出铣刀。1792年,英国的莫兹利制出丝锥和板牙。有关麻花钻的发明最早的文献记载是在1822年,但直到1864年才作为商品生产。

那时的刀具是用整体高碳工具钢制造的,许用的切削速度约为5m/min。1868年,英国的穆舍特制成含钨的合金工具钢。1898年,美国的泰勒和怀特发明了高速钢。1923年,德国的施勒特尔发明硬质合金。

在采用合金工具钢时,刀具的切削速度提高到约8m/min,采用高速钢时,又提高了两倍以上,到采用硬质合金时,又比用高速钢提高了两倍以上,切削加工出的工件表面质量和尺寸精度也大大提高。

由于高速钢和硬质合金的价格比较昂贵,因此刀具出现了焊接和机械夹固式结构。1949~1950年间,美国开始在车刀上采用可转位刀片,不久即应用在铣刀和其他刀具上。1938年,德国德古萨公司取得关于陶瓷刀具的专利。1972年,美国通用电气公司生产了聚晶人造金刚石和聚晶立方氮化硼刀片,这些非金属刀具材料可使刀具以更高的速度切削。

1969年,瑞典山特维克钢厂取得用化学气相沉积法生产碳化钛涂层硬质合金刀片的专利。1972年,美国的邦沙和拉古兰发展了物理气相沉积法,在硬质合金或高速钢刀具表面涂覆碳化钛或氮化钛硬质层。表面涂层方法把基体材料的高强度和韧性,与表层的高硬度和耐磨性结合起来,从而使这种复合材料具有更好的切削性能。

刀具按工件加工表面的形式可分为5类。加工各种外表面的刀具,包括车刀、刨刀、铣刀、外表面拉刀和锉刀等;孔加工刀具,包括钻头、扩孔钻、镗刀、铰刀和内表面拉刀等;螺纹加工工具,包括丝锥、板牙、自动开合螺纹切头、螺纹车刀和螺纹铣刀等;齿轮加工刀具,包括滚刀、插齿刀、剃齿刀、锥齿轮加工刀具等;切断刀具,包括镶齿圆锯片、带锯、弓锯、切断车刀和锯片铣刀等。此外,还有组合刀具。

按切削运动方式和相应的刀刃形状,刀具又可分为3类。通用刀具,包括车刀、刨刀、铣刀(不包括成形的车刀、成形刨刀和成形铣刀)、镗刀、钻头、扩孔钻、铰刀和锯等;成形刀具,这类刀具的刀刃具有与被加工工件断面相同或接近相同的形状,如成形车刀、成形刨刀、成形铣刀、拉刀、圆锥铰刀和各种螺纹加工刀具等；展成刀具，是用展成法加工齿轮的齿面或类似工件的刀具，如滚刀、插齿刀、剃齿刀、锥齿轮刨刀和锥齿轮铣刀盘等。

各种刀具的结构都由装夹部分和工作部分组成。整体结构刀具的装夹部分和工作部分都在刀体上；镶齿结构刀具的工作部分(刀齿或刀片)则镶装在刀体上。

刀具的装夹部分有带孔和带柄两类。带孔刀具依靠内孔套装在机床的主轴或心轴上，借助轴向键或端面键传递扭转力矩，如圆柱形铣刀、套式面铣刀等。

带柄的刀具通常有矩形柄、圆柱柄和圆锥柄3种。车刀、刨刀等一般为矩形柄；圆锥柄靠锥度承受轴向推力，并借助摩擦力传递扭矩；圆柱柄一般适用于较小的麻花钻、立铣刀等刀具，切削时借助夹紧时所产生的摩擦力传递扭转力矩。很多带柄的刀具的柄部用低合金钢制成，而工作部分则用高速钢将两部分对焊而成。

刀具的工作部分就是产生和处理切屑的部分，包括刀刃、使切屑断碎或卷拢的结构、排屑或容储切屑的空间、切削液的通道等结构要素。有的刀具的工作部分就是切削部分，如车刀、刨刀、镗刀和铣刀等；有的刀具的工作部分则包含切削部分和校准部分，如钻头、扩孔钻、铰刀、内表面拉刀和丝锥等。切削部分的作用是用刀刃切除切屑，校准部分的作用是修光已切削的加工表面并引导刀具。

刀具工作部分的结构有整体式、焊接式和机械夹固式3种。整体结构是在刀体上做出切削刃；焊接结构是把刀片钎焊到钢的刀体上；机械夹固结构又有两种，一种是把刀片夹固在刀体上，另一种是把钎焊好的刀头夹固在刀体上。硬质合金刀具一般制成焊接结构或机械夹固结构；瓷刀具都采用机械夹固结构。

刀具切削部分的几何参数对切削效率的高低和加工质量的好坏有很大影响。增大前角，可减小前刀面挤压切削层时的塑性变形，减小切屑流经前面的摩擦阻力，从而减小切削力和切削热。但增大前角，同时会降低切削刃的强度，减小刀头的散热体积。

在选择刀具的角度时，需要考虑多种因素的影响，如工件材料、刀具材料、加工性质(粗、精加工)等，必须根据具体情况合理选择。通常讲的刀具角度，是指制造和测量用的标注角度在实际工作时，由于刀具的安装位置不同和切削运动方向的改变，实际工作的角度和标注的角度有所不同，但通常相差很小。

制造刀具的材料必须具有很高的高温硬度和耐磨性，必要的抗弯强度、冲击韧性和化学惰性，以及良好的工艺性(切削加工、锻造和热处理等)，并不易变形。

通常当材料硬度高时，耐磨性也高；抗弯强度高时，冲击韧性也高。但材料硬度越高，其抗弯强度和冲击韧性就越低。高速钢因具有很高的抗弯强度和冲击韧性，以及良好的可加工性仍是目前应用最广的刀具材料，其次是硬质合金。

聚晶立方氮化硼适用于切削高硬度淬硬钢和硬铸铁等；聚晶金刚石适用于切削不含铁的金属，及合金、塑料和玻璃钢等；碳素工具钢和合金工具钢现在只用作锉刀、板牙和丝锥等工具。

硬质合金可转位刀片现在都已用化学气相沉积法涂覆碳化钛、氮化钛、氧化铝硬层或复合硬层。正在发展的物理气相沉积法不仅可用于硬质合金刀具，也可用于高速钢刀具，如钻头、滚刀、丝锥和铣刀等。硬质涂层作为阻碍化学扩散和热传导的障壁，使刀具在切削时的磨损速度减慢，涂层刀片的寿命与不涂层的相比提高1~3倍。

对于在高温、高压、高速及腐蚀性流体介质中工作的零件，其应用的难加工材料越来越多，切削加工的自动化水平和对加工精度的要求越来越高。为了适应这种情况，刀具的发展方向将是发展和应用新的刀具材料；进一步发展刀具的气相沉积涂层技术，在高韧性高强度的基体上沉积更高硬度的涂层，更好地解决刀具材料硬度与强度间的矛盾；进一步发展可转位刀具的结构；提高刀具的制造精度，减小产品质量的差别，并使刀具的使用实现最佳化。

5. 切削用量的确定

切削用量(a_p、f、v)选择是否合理，对于能否充分发挥机床潜力与刀具切削性能，实现优质、高产、低成本和安全操作具有很重要的作用。这里主要针对车削用量的选择原则进行论述。粗车时，首先考虑选择尽可能大的背吃刀量 a_p，其次选择较大的进给量 f，最后确定合适的切削速度 v。增大背吃刀量 a_p 可使走刀次数减少，增大进给量 f 有利于断屑，因此根据以上原则选择粗车切削用量对于提高生产效率，减少刀具消耗，降低加工成本是有利的。

精车时，加工精度和表面粗糙度要求较高，加工余量不大且较均匀，因此选择精车切削用量时，应着重考虑如何保证加工质量，并在此基础上尽量提高生产率。因此精车时应选用较小(但不太小)的背吃刀量 a_p 和进给量 f，并选用切削性能高的刀具材料和合理的几何参数，以尽可能提高切削速度 v。

(1) 背吃刀量 a_p 的确定

在工艺系统刚度和机床功率允许的情况下，尽可能选取较大的背吃刀量，以减少进给次数。当零件精度要求较高时，则应考虑留出精车余量，其所留的精车余量一般比普通车削时所留余量小，常取 0.1~0.5 mm。

(2) 进给量 f(部分数控机床使用进给速度 v_f)

进给量 f 的选取应该与背吃刀量和主轴转速相适应。在保证工件加工质量的前提下，可以选择较高的进给速度(2 000 mm/min 以下)。在切断、车削深孔或精车时，应选择较低的进给速度。当刀具空行程特别是远距离“回零”时，可以设定尽量高的进给速度。

粗车时，一般取 f=0.3~0.8 mm/r，精车时常取 f=0.1~0.3 mm/r，切断时 f=0.05~0.2 mm/r。

(3) 主轴转速的确定

①只车外圆时主轴转速。只车外圆时主轴转速应根据零件上被加工部位的直径，并按零件和刀具材料以及加工性质等条件所允许的切削速度来确定。

切削速度除了计算和查表选取外，还可以根据实践经验确定。需要注意的是，交流变频调速的数控车床低速输出力矩小，因而切削速度不能太低。

切削速度确定后，用公式 $n=1\,000\,v_c/\pi d$ 计算主轴转速 $n(\mathrm{r\cdot min^{-1}})$。

如何确定加工时的切削速度，除了可参考表 2-2 列出的数值外，主要根据实践经验进行确定。

②车螺纹时主轴的转速。在车削螺纹时，车床的主轴转速将受到螺纹的螺距 P(或导程)大小、驱动电动机的升降频率特性，以及螺纹插补运算速度等多种因素影响，故对于不同的数控系统，推荐不同的主轴转速选择范围。大多数经济型数控车床推荐车螺纹时的主轴转速 $n(\mathrm{r\cdot min^{-1}})$为：

$$n \leqslant (1\,200/P) - k$$

式中 P——被加工螺纹螺距,mm;

k——保险系数,一般取80。

此外,在安排粗、精车削用量时,应注意机床说明书给定的允许切削用量范围,对于主轴采用交流变频调速的数控车床,由于主轴在低转速时扭矩降低,尤其应注意此时的切削用量的选择。

表2-2 硬质合金外圆车刀切削速度的参考值

工件材料	热处理状态	切削速度(m·min⁻¹)		
低碳钢、易切钢	热轧	140~180	100~120	70~90
中碳钢	热轧	130~160	90~110	60~80
	调质	100~130	70~90	50~70
合金结构钢	热轧	100~130	70~90	50~70
	调质	80~110	50~70	40~60
工具钢	退火	90~120	60~80	50~70
灰铸铁	硬度<190 HBS	90~120	60~80	50~70
	硬度=190~225 HBS	80~110	50~70	40~60
高锰钢	—	—	10~20	—
铜及铜合金	—	200~250	120~180	90~120
铝及铝合金	—	300~600	200~400	150~200
铸铝合金(wsi13%)	—	100~180	80~150	60~100

注:切削钢及灰铸铁时刀具耐用度约为60 min。

一、任务描述

根据零件图2-18可知加工面包括外圆、端面、锥度、倒角、圆弧、切槽、螺纹等。一次装夹完成所有面的加工;按加工工艺的选择原则,从右向左依次加工外圆、槽及螺纹;选择合理的换刀点(150,150);分粗、精加工方法,选择合理的刀具几何参数等,保证尺寸精度和表面粗糙度要求。

二、任务实施

分析零件图,确定零件的加工工艺路线,合理选择刀具,填写学习任务单。

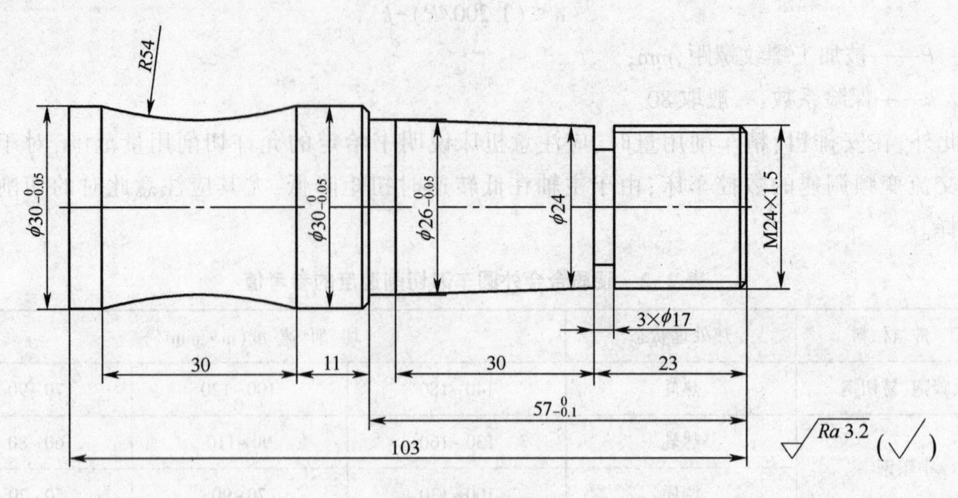

图 2-18 零件图

学习任务单

<table>
<tr><td colspan="2" rowspan="2">学习项目：</td><td rowspan="2">姓名：</td><td>组别：</td><td rowspan="2">成绩</td><td rowspan="2"></td></tr>
<tr><td>日期：</td></tr>
<tr><td colspan="2">1. 写出下面各符号的意义
S　　T
F　　G
M03　　M05
N
2. 切削用量的确定</td><td colspan="4" rowspan="1">3. 写出零件图的加工路线及所用刀具</td></tr>
<tr><td colspan="2">学生自评：</td><td colspan="4" rowspan="2">教师评语：</td></tr>
<tr><td colspan="2">学生互评：</td></tr>
</table>

习　　题

1. 试述数控编程的主要内容与方法。
2. 什么是机床坐标系和工件坐标系？其主要区别是什么？
3. 编程中常使用的参考点有哪些？各起什么作用？
4. 什么是模态代码和非模态代码？
5. 确定走刀路线的依据是什么？
6. 什么是对刀点和换刀点？
7. 编程前进行工艺处理的目的是什么？
8. 说明 M00、M02、M04、M05 代码的功能。

项目❸ 数控车床编程与操作

数控车削加工是数控加工中应用最多的方法之一。由于数控车床具有直线和圆弧插补及加工过程中能自动变速和进行各种循环等功能，其加工范围较普通车床宽得多。

本项目任务依次为：简单阶梯轴加工、复杂轴类零件的加工、螺纹零件的加工、套类零件的程序编制与加工、数控车综合练习。通过对各个任务的分析和把握，掌握数控车床编程与操作的方法。

任务1　加工简单阶梯轴

通过对本任务的学习，能够根据零件图要求，合理选择加工刀具及加工参数、能熟练使用插补指令 G00、G01 进行编程，掌握辅助功能指令（M00、M03、M05、M30）的应用、机床坐标系和工件坐标系的建立。

一、FANUCO—TD 系统功能

在 FANUC 系统中绝对值编程时采用地址 X、Z 进行（X 为直径值），相对值编程时，采用地址 U、W 代替 X、Z 进行编程。U、W 的正负由行程方向确定，行程方向与机床坐标方向相同时取正，反之取负。编程时一般采用绝对值编程。数控机床加工中的动作在加工程序中用指令的方式事先予以规定，有准备指令 G、辅助功能 M、刀具功能 T、主轴转速功能 S、进给功能 F 等。由于数控机床的形式和数控系统不同，指令含义完全不同。

准备功能字是使数控机床建立起某种加工方式的指令，如插补、刀具补偿、固定循环等。G 功能字由地址符 G 和其后的两位数字组成，从 G00~G99 共 100 种功能。FANUC 系统常用准备功能 G 指令及功能中规定如表 3-1 所示。

表 3-1　FANUC 系统常用准备功能 G 指令及功能

代　码	组　号	功　能
* G00	01	点定位
G01	01	直线插补
G02	01	顺时针圆弧插补
G03	01	逆时针圆弧插补
G04	00	暂停

续表

代　码	组　号	功　能
G20	02	英制尺寸
* G21	02	米制尺寸
G32	01	螺纹切削
* G40	07	取消刀具半径补偿
G41	07	刀尖圆弧半径左补偿
G42	07	刀尖圆弧半径右补偿
* G54~59	14	工件坐标系选择
G70	00	精车循环
G71	00	外圆粗车复合循环
G72	00	端面粗车复合循环
G73	00	固定形状粗加工复合循环
G75	00	切槽循环
G76	00	螺纹切削复合循环
G90	01	单一形状固定循环
G92	01	螺纹切削循环
G94	01	端面切削循环
G96	02	恒线切削控制有效
* G97	02	恒线切削控制取消
G98	05	进给速度按每分钟设定
* G99	05	进给速度按每转设定

注：带 * 号的 G 指令表示接通电源时，即为该 G 指令状态。00 组的 G 指令为非模态指令，其余为模态 G 指令。在编程时，G 指令前面的 0 可以省略，G00、G01、G02、G03、G04 可以简写为 G0、G1、G2、G3、G4。

二、快速点定位指令 G00

G00 指令使刀具以预先设定好的最快进给速度，从刀具所在位置快速运动到另一位置。该指令只是快速定位，无运动轨迹要求，进给速度指令对 G00 无效。该指令是模态代码，直到指定了 G01、G02 和 G03 中的任一指令，G00 才无效。

1. 快速定位指令 G00 格式

G00 X_ Z_;

X、Z——终点坐标。

2. 编程实例

G00　X24　Z3；如图 3-1 所示。

3. 编程说明

①使用 G00 指令时，刀具的实际运动路线并不一定是直线，也可以是一条折线，一定要注意避免刀具和工件及夹具发生碰撞。如果忽略这一点，就容易发生碰撞，而快速运动状态下的碰撞就

更加危险,对于不适合联动的场合,每轴可单动。

②目标点的坐标值可以用绝对值,也可以用增量值。

③G00 功能起作用时,其移动速度为系统设定的最高速度。G00 指令是模态代码。

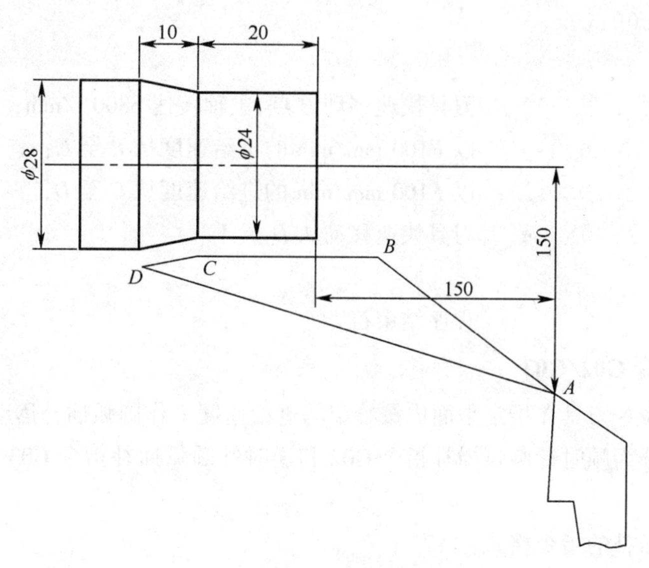

图 3-1　G00、G01 指令编程零件图

三、插补功能指令

1. 直线插补指令 G01

G01 指令使机床各坐标轴以插补联动方式,按指定的进给速度 *F* 切削任意斜率的直线轮廓并用直线段逼近的曲线轮廓。G01 和 F 指令都是模态代码,F 指令可以用 G00 指令取消。其中 *F* 是切削进给率或进给速度,单位为 mm/r 或 mm/min,取决于该指令前面程序段的设置。使用 G01 指令时可以采用绝对坐标编程,也可采用相对坐标编程。当采用绝对坐标编程时,数控系统在接受 G01 指令后,刀具将移至坐标值为 *X*、*Z* 的点上;当采用相对坐标编程时,刀具移至距当前点的距离为 *U*、*W* 值的点上。直线插补程序段格式:

```
G01 X(U)_ Z(W)_ F_;
```

下面以车削加工程序编制为例加以说明(见图 3-1),采用绝对坐标编程时,直线插补程序段为:

```
O1001                      程序名
N5 G99 M03 S800;
N10 T0101;
N15 G00 X24 Z3;            刀具快速移动 B 点,主轴转速 S800 r/min;
N20 G01 X24 Z-20.0 F0.2;   以 F100 mm/min 的进给速度从 B 至 C;
N30 G01 X28 Z-30.0 F0.2;   以 F100 mm/min 的进给速度从 C 至 D ;
N40 G00 X150 Z150;         刀具快速移动从 D 至 A;
N50 M30;
```

```
%                             程序结束符。
```

采用增量坐标(用 U、W 表示)编程时,程序段为:

```
O1002                         程序名;
N5 G99 M03 S800;
N10 T0101;
N15 G00 X24 Z3;               刀具快速移动B点,主轴转速S800 r/min;
N20 G01 W-23.0 F0.2;          以F100 mm/min的进给速度从B至C;
N30 G01 U4 W-10.0 F0.2;       以F100 mm/min的进给速度从C至D;
N40 G00 X150 Z150;            刀具快速移动从D至A。
N50 M30;
%                             程序结束符。
```

2. 圆弧插补指令 G02/G03

圆弧插补指令命令刀具在指定平面内按给定的进给速度 F 作圆弧插补运动,用于加工圆弧轮廓。圆弧插补命令分为顺时针圆弧插补指令 G02 和逆时针圆弧插补指令 G03 两种。其指令格式如下。

①顺时针圆弧插补的指令格式:

```
G02 X(U)_Z(W)_I_K_F_;
G02 X(U)_Z(W)_R_F_;
```

逆时针圆弧插补的指令格式:

```
G03 X(U)_Z(W)_I_K_F_;
G03 X(U)_Z(W)_R_F_;
```

②编程说明:使用圆弧插补指令,可以用绝对坐标编程,也可以用相对坐标编程。绝对坐标编程时,X、Z 是圆弧终点坐标值;增量编程时,U、W 是终点相对始点的距离;圆心位置的指令可以用 R 也可以用 I、K,R 为圆弧半径值;I、K 为圆心在 X 轴和 Z 轴上相对于圆弧起点的坐标增量; F 为沿圆弧切线方向的进给率或进给速度;当用半径 R 来指定圆心位置时,由于在同一半径 R 的情况下,从圆弧的起点到终点有两种圆弧的可能性(大于 180°和小于 180°两个圆弧)。为区分起见,特规定圆心角 $\alpha \leq 180°$时,用"$+R$"表示;$\alpha > 180°$时,用"$-R$", F 为进给速度。

③圆弧旋向的判别。

对于后置刀架车床(从$+Y$轴的上方向下观察):沿着不在圆弧平面(X、Z)内的第三坐标轴 Y 轴的正方向往负方向看去,顺时针方向为 G02,逆时针方向为 G03。

对于前置刀架车床(从$-Y$轴的下方向上观察):沿着不在圆弧平面(X、Z)内的第三坐标轴 Y 轴的负方向往正方向看去,顺时针方向为 G03,逆时针方向为 G02。如图 3-2、图 3-3 所示。

④编程实例。

如图 3-4 所示的圆弧从起点到终点为顺时针方向,其走刀指令可编写如下:

```
G03 X20 Z-3 K-3 F0.3;     绝对坐标,直径编程,切削进给率 0.3 mm/r;
G03 U6 W-3 K-3 F0.3;      相对坐标,直径编程,切削进给率 0.3 mm/r;
G03 X20 Z-3 R3 F0.3;      绝对坐标,直径编程,切削进给率 0.3 mm/r;
G03 U6 W-3 R3 F0.3;       相对坐标,直径编程,切削进给率 0.3 mm/r;
```

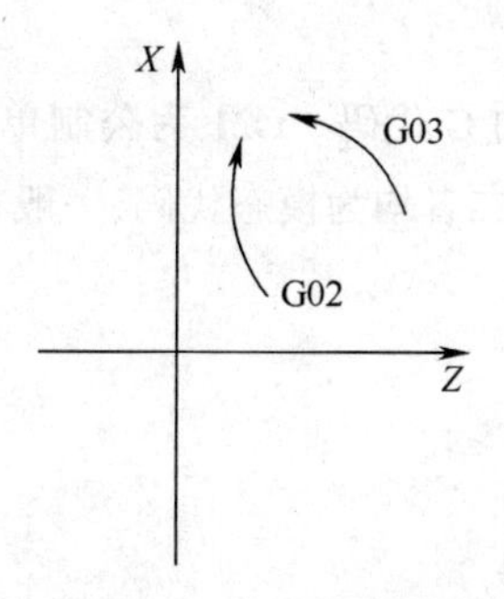

图3-2　后置刀架,刀架在操作者外侧

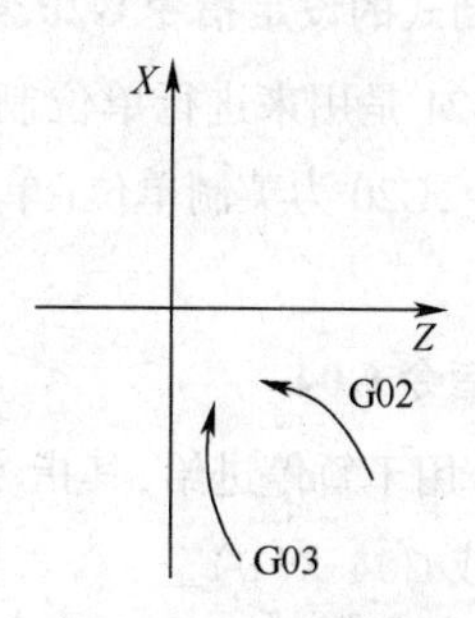

图3-3　前置刀架,刀架在操作者内侧

例3-1　如图3-5所示圆弧插补应用,走刀路线为 *A-B-C-D-E-F*,试分别用绝对坐标方式和增量坐标方式编程。

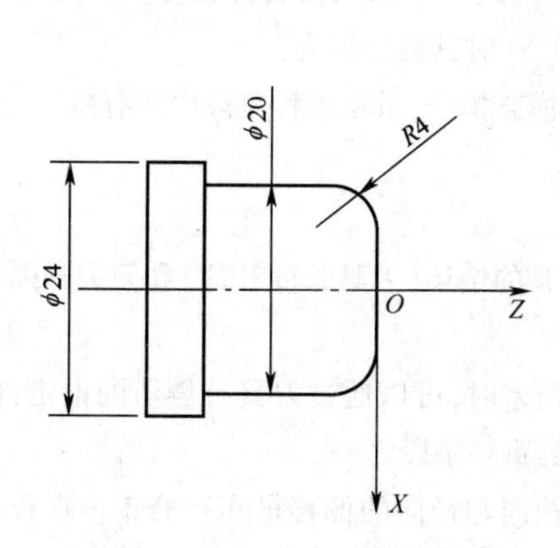

图3-4　圆弧加工零件图

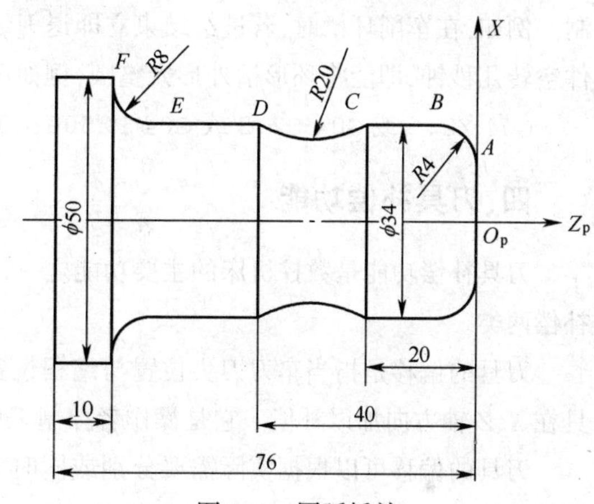

图3-5　圆弧插补

绝对坐标编程

```
G03 X34 Z-4 K-4(或R4)F50;      A至B
G01 Z-20;                      B至C
G02 Z-40 R20;                  C至D
G01 Z-58;                      D至E
G02 X50 Z-66 I8(或R8);         E至F
……
```

增量坐标编程

```
G03 U8 W-4 k-4(或R4)F50;       A至B
G01 W-16;                      B至C
G02 W-20 R20;                  C至D
G01 W-18;                      D至E
G02 U16 W-8 I8(或R8);          E至F
……
```

3. 单位制式的设定指令 G20、G21

G20 和 G21 是用来进行单位制式设定的两个相互取代的 G 代码。G21 为公制单位(单位为 mm)设定指令,G20 为英制单位(单位为 in/10)设定指令。此二者均为模态代码,一般机床开机时默认为 G20。

4. 暂停指令 G04

G04 指令用于暂停进给,其指令格式是:

G04 P_或 G04 X(U)_

暂停时间的长短可以通过地址 X(U)或 P 来指定。其中 P 后面的数字为整数,单位是 ms;X(U)后面的数字为带小数点的数,单位为 s。有些机床,X(U)后面的数字表示刀具或工件空转的圈数。

该指令可以使刀具作短时间的无进给光整加工,在车槽、钻镗孔时使用,也可用于拐角轨迹控制。例如,在车削环槽时,若进给结束立即退刀,其环槽外形为螺旋面,用暂停指令 G04 可以使工件空转几秒钟,即能将环形槽外形光整圆,例如欲空转 2.5s 时其程序段为:

G04 X2.5 或 G04 U2.5 或 G04 P2500;G04 为非模态指令,只在本程序段中才有效。

四、刀具补偿功能

刀具补偿功能是数控机床的主要功能之一,它分刀具的偏移(刀具长度补偿)和刀尖圆弧半径补偿两类。

刀具的偏移是指当车刀刀尖位置与编程位置存在误差时,可以通过刀具补偿值的设定,使刀具在 *X*、*Z* 轴方向加以补偿。它是操作者控制工件尺寸的重要手段之一。

刀具的偏移可以根据实际需要分别或同时对刀具轴向和径向的偏移量实行修正。在程序中必须先编入刀具及其刀补号,每个刀补号中的 *X* 向补偿值或 *Z* 向补偿值根据实际需要由操作者输入,当程序在执行如“T0101”后,系统就调用了补偿值,使刀尖从偏离位置恢复到编程轨迹上,从而实现刀具偏移量的修正。

刀具刀尖圆弧半径补偿指令有:G40、G41、G42。

数控程序是针对刀具上的某一点即刀位点进行编制的,车刀的刀位点为理想尖锐状态下的假想刀尖 *A* 点或刀尖圆弧圆心 *O* 点但实际加工中的车刀,由于工艺或其他要求,刀尖往往不是理想尖锐点,而是一段圆弧。当切削加工时刀具切削点在刀尖圆弧上变动时,造成实际切削点与刀位点之间的位置有偏差,故造成过切或少切。这种由于刀尖不是一理想尖锐点而是一段圆弧造成的加工误差,可用刀尖半径补偿功能来消除。

系统执行到含有 T 代码的程序段时,是否对刀具进行刀尖半径补偿,以及以何种方式补偿,由 G 代码中的 G40、G41、G42 决定。

G40:取消刀尖半径补偿,刀尖运动轨迹与编程轨迹一致;

G41:刀尖半径左补偿,沿进给方向,刀尖位置在编程轨迹左边时;

G42:刀尖半径右补偿,沿进给方向,刀尖位置在编程轨迹右边时。

刀尖半径补偿 G41/G42 是在加工平面内,沿进给方向看,根据刀尖位置在编程轨迹左侧/右侧来判断区分的。加工平面的判断,与观察方向即第三轴方向有关。

刀尖半径补偿的加入是执行 G41 或 G42 指令时完成的,当前面没有 G41 或 G42 指令时,可以不用 G40 指令,而且直接写入 G41 或 G42 指令即可;发现前面为 G41 或 G42 指令时,则先应指定 G40 指令取消前面的刀尖半径补偿后,再写入 G41 或 G42 指令,刀尖半径补偿的取消是在 G41 或 G42 指令后面,加 G41 指令完成。

注意:

①当前面有 G41、G42 指令时,如要转换为 G42、G41 或结束半径补偿时应先指定 G40。指令取消前面的刀尖半径补偿。

②程序结束时,必须清除刀补。

③G41、G42、G40 指令应在 G00 或 G01 程序段中加入。

④在补偿状态下,没有移动的程序段(M 指令、延时指令等),不能在连续两个以上的程序段中指定,否则会过切或欠切。

⑤在补偿启动段或补偿状态下不得指定移动距离为 0 的 G00、G01 等指令。

⑥在 G40 刀尖圆弧半径补偿取消段,必须同时有 X、Z 两个轴方向的位移。

刀具补偿量的设定是由操作者在 CRT/MDI 面板上用“刀补值”功能键,置入刀具补偿寄存器,使对应每个刀具补偿号,都有一组刀补值:刀尖圆弧半径 R 和刀尖位置号 T。

数控车床总是按刀尖对刀的。所谓假想刀尖如图 3-6 所示,图 3-6(b)所示为圆头刀具,P 点为其假想刀尖,相当于图 3-6(a)理想尖头刀的刀尖点。

用圆头车刀车削阶梯面。这时,无论是外圆、端面,或是内孔,假想刀尖轨迹与工件外形一致(工件尖角处除外),所以可以按工件轮廓尺寸编程,不需要补偿计算。如图 3-7 所示为圆头刀加工台阶面。

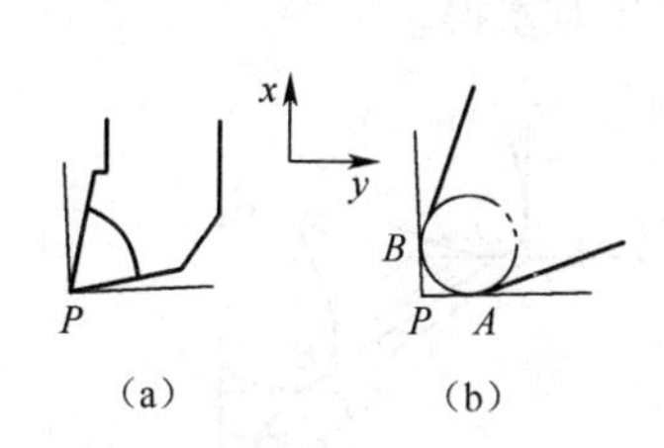

图 3-6 圆头刀假想刀尖

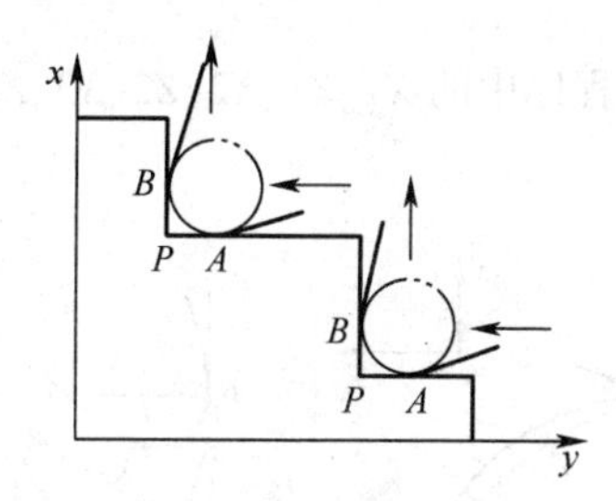

图 3-7 圆头刀加工台阶

如图 3-8(a)所示,若假想刀尖 P 沿工件轮廓 AB 移动(即 P_1P_2 与 AB 重合),并按 AB 尺寸编程,则必然产生 $ABCD$ 的残留误差。为此,应如图 3-8(b)所示,使圆头刀的切削点移至 AB,并沿 AB 移动,从而避免了残留误差。但这时假想刀尖的轨迹为 P_3P_4,它与轮廓 AB 在 X 向相差 ΔX,Z 向相差 ΔZ。由于 ΔX、ΔZ 的存在,可直接按假想刀尖 P_3P_4 的坐标编程,即可切出轮廓 AB。

圆头车刀加工圆弧。圆头车刀加工圆弧表面的编程原理与加工锥面基本相似。图 3-9 所示为圆头车刀加工 1/4 凹凸圆弧表面,AB(粗实线)为工件轮廓,半径为 R,圆心 O,刀具与圆弧轮廓起、终点的切削点分别为 A 和 B,对应的假想刀尖为 P_1 和 P_2。图 3-9(a)所示为凸圆加工情况,P_1P_2(虚线)为假想刀尖的轨迹,其半径为$(R+r)$,圆心为 O'。图 3-9(b)所示凹圆情况同理，只是其半径为$(R-r)$。当用假想刀尖轨迹编程时，都按图中虚线所示的圆参数进行编程。

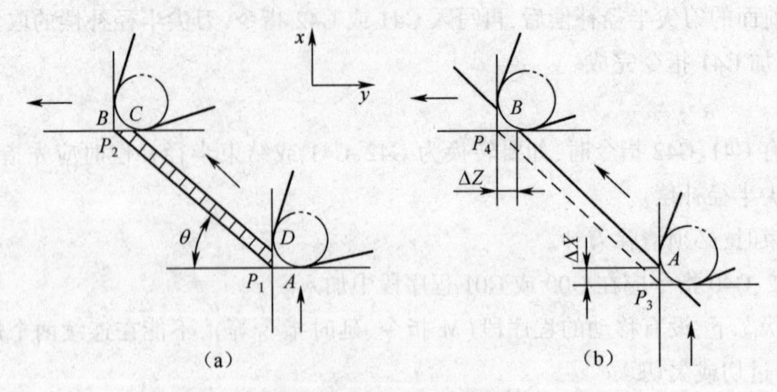

图 3-8　圆头刀加工锥面

图 3-10 所示为圆头车刀加工圆弧、锥度的综合应用举例。*ABCDE* 为工件轮廓，*BC* 圆弧的圆心为 *O*，半径为 *R*。各几何轮廓终点的假想刀尖点分别为 $P_1(X1,Z1)$、$P_2(X2,Z2)$、$P_3(X3,Z3)$。设刀具半径为 *r*，则 P_1P_2 假想刀尖圆的半径为$(R+r)$，圆心为 O'，其圆心坐标为 $I=0, K=-(R+r)$。当用假想刀尖轨迹编程时，其程序为：

```
⋮
G90 G01 X(X1) Z0 F-- LF;
G03 X(X2) Z(Z2) I0 K-(R+r) LF;
G01 X(X3) Z(Z3);
⋮
```

上述程序中的 *X1*、*Z1*、*X2*、*Z2*、*X3*、*Z3* 由简单的几何关系不难求得。

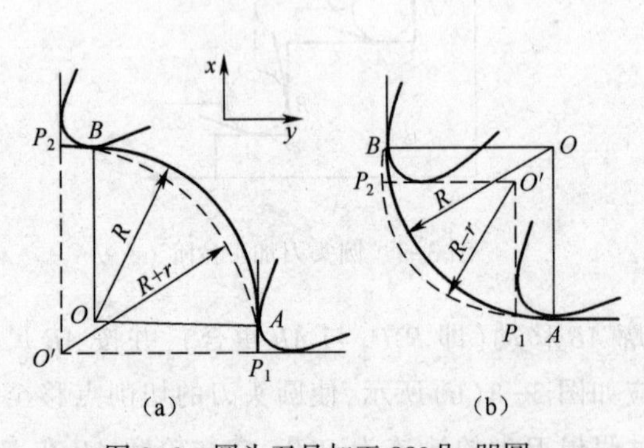

图 3-9　圆头刀具加工 90°凸、凹圆

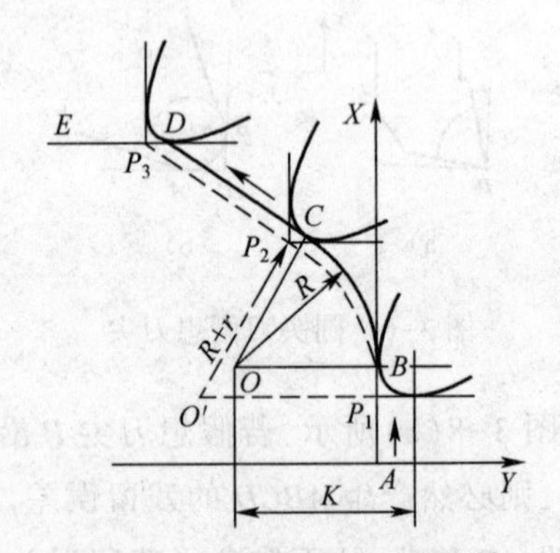

图 3-10　用假想刀尖编制程序

按刀心轨迹编程。如图 3-11 所示的零件，由 3 个圆弧组成，按刀心轨迹编程，用虚线所示的 3 段等距圆弧编程，即 O_1 圆的半径为(R_1+r)，O_2 圆为(R_2+r)，O_3 圆为(R_3-r)，3 个圆弧的终点坐标由等距圆的切点关系求得。用刀心轨迹方法编程比较直观，常被应用。

上述用假想刀尖轨迹和刀心轨迹编程方法的共同缺点是当刀头磨损或刀具重磨后，需要重新计算编程参数并修改程序，否则，会产生误差。正因为如此，现代的数控机床都具有 G41、G42 功能，刀具半径和刀具长度值可随时补偿修正。

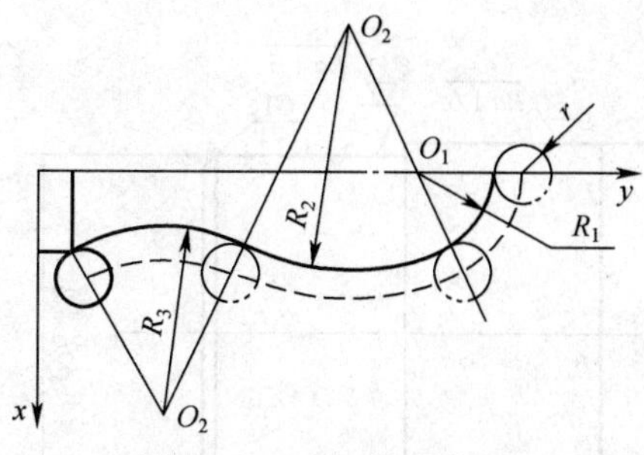

图 3-11 刀心轨迹编程

例 3-2 对图 3-12 所示刀尖圆弧半径补偿指令进行编程。

`G00 X20 Z2;`	快进至 A_0 点；
`G42 G01 X20 Z0;`	刀尖圆弧半径右补偿 A_0 至 A_1；
`Z-20;`	A_1 至 A_2；
`X40 Z-40;`	A_2 至 A_3 至 A_4；
`G40 G01 X80 Z-40;`	退刀并取消刀尖圆弧半径补偿 A_4 至 A_5。

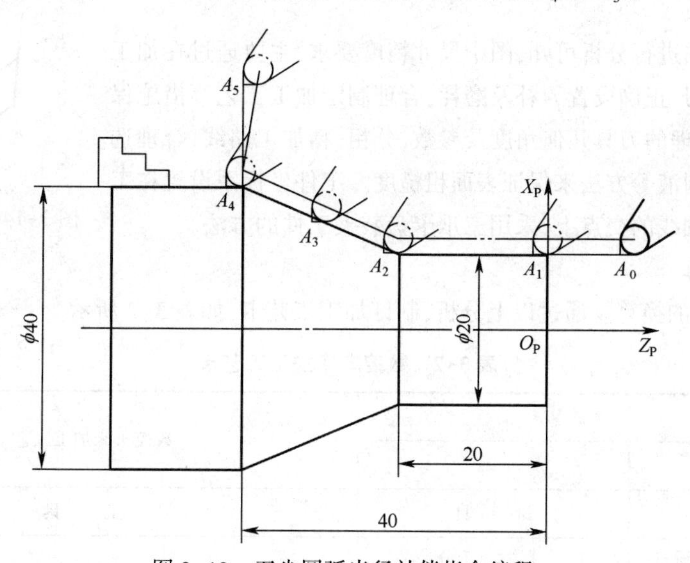

图 3-12 刀尖圆弧半径补偿指令编程

任务操作

一、任务描述

编制如图 3-13 所示零件的加工程序，材料为 45 钢，棒料直径为 30 mm。

二、任务实施

1. 填写数控加工工序卡片

(1) 刀具设置

硬质合金焊接外圆刀为 1 号刀，如图 3-14 所示。

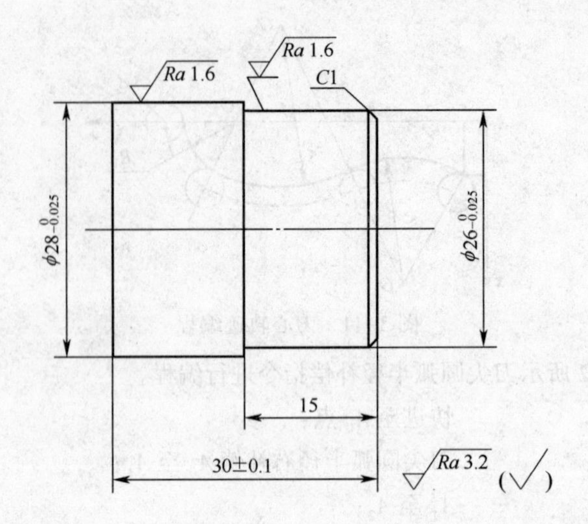

图 3-13　外圆刀的选择

（2）工艺路线

通过对零件图进行分析可知，图中尺寸精度要求，主要通过在加工过程中的准确对刀，正确设置刀补及磨耗，合理制定加工工艺等措施保证；并通过选择合理的刀具几何角度及参数，分粗、精加工路线，合理选择切削用量及切削液等方法来保证表面粗糙度。工件坐标系设置在工件右端面与主轴轴线的交点上，采用三爪卡盘装夹工件的方法。

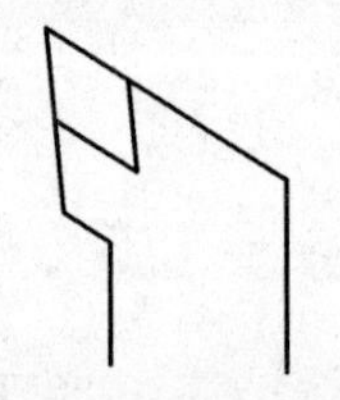

图 3-14　外圆刀的选择

（3）相关计算

注意 $C1$ 倒角的换算。通过以上分析，制订加工工艺卡，如表 3-2 所示。

表 3-2　数控车床加工工艺卡

零件图号				数控车床加工工艺卡		
零件名称						
刀具		量具		工具		
1	T01 外圆刀	1	千分尺			
2	—	2	游标卡尺			
序号		工艺内容		切削用量		
				S(r·min^{-1})	F(mm·r^{-1})	背吃刀量 a_p/mm
1		手动加工右端面		600	0.2	0.3
2		粗加工外圆轮廓		800	0.2	0.75
3		精加工外圆轮廓		800	0.2	0.25
4		工件检测				
编制		审核		批准		共　页第　页

2. 编制加工程序

```
O1003
N10  G99  M03  S800  F0.2;
N20 T0101;
N30  G00  X26.5  Z2;
N40  G01  X26.5  Z-15;
N50  G01  X28.5  Z-15;
N60  G01  X28.5  Z-35;
N70  G01  X30;
N80  G00  X100  Z100;
N90  M05;
N100  M00;
N110  M03 S800  F0.2;
N120  G00  X20  Z2;
N130  G01  X26  Z-1;
N140  G01  X26  Z-15;
N150  G01  X28  Z-15;
N160  G01  X28  Z-35;
N170  G01  X30;
N180  G00  X100  Z100;
N190  M30;
%
```

任务2　加工复杂轴类零件

通过本任务的学习，能正确使用准备功能指令（G02、G03、G40、G41、G42、G73）、通过程序实例的讲解使学生掌握不同系统坐标系的建立方法及其格式、掌握复杂轴类零件的加工工艺、数控车床刀补的建立及使用。

相关知识

固定循环是预先给定的一系列操作，用来控制机床位移或主轴运动，从而完成各项加工。对非一刀加工完成的轮廓表面，即加工余量较大的表面，采用循环编程，可减少程序的长度，减少程序所占内存。

固定循环一般分单一形状固定循环和复合形状固定循环。单一形状固定循环 G90、G94；复合形状固定循环 G71、G72、G73、G74、G75。

一、外圆切削循环指令 G90

1. 指令格式

指令格式：G90 X(U)_ Z(W)_ I_ F_（圆锥面切削循环）。

指令功能：实现外圆切削循环和锥面切削循环，刀具从循环起点按图 3-15 与图 3-16 所示走刀路线运行，最后返回到循环起点，图 3-16 中虚线表示按 R 指令快速移动，实线表示按 F 指令指定的工件进给速度移动。

2. 指令说明

X、Z 表示切削终点坐标值；U、W 表示切削终点相对循环起点的坐标分量；I 表示圆锥面切削的起点相对于终点的半径差，即 $I=(X_A-X_B)/2$。如果切削起点的 X 向坐标小于终点的 X 向坐标，I 值为负，反之为正。F 表示进给速度。

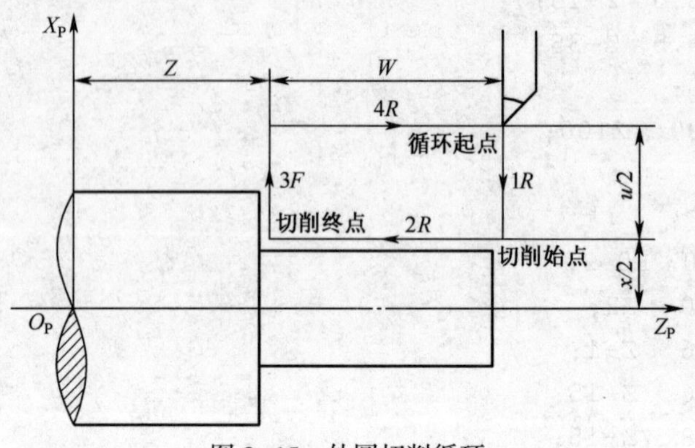

图 3-15　外圆切削循环

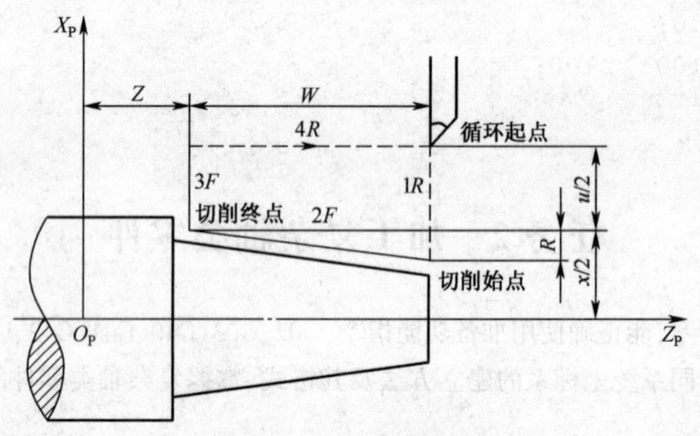

图 3-16　锥面切削循环

例 3-3　如图 3-17 所示，运用外圆切削循环指令编程。

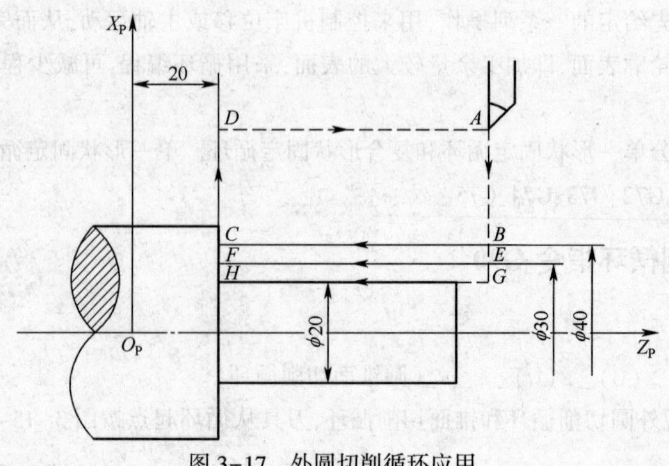

图 3-17　外圆切削循环应用

```
G90 X40 Z20 F30;        A-B-C-D-A
    X30;                A-E-F-D-A
    X20;                A-G-H-D-A
```

例 3-4 如图 3-18 所示，锥面切削循环应用。

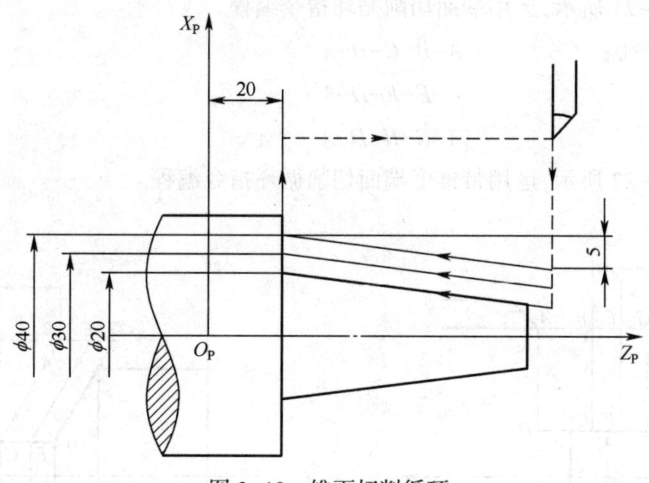

图 3-18 锥面切削循环

```
G90 X40 Z20 I-5 F30;    A-B-C-D-A
    X30;                A-E-F-D-A
    X20;                A-G-H-D-A
```

二、端面切削循环指令 G94

1. 指令格式

G94 X(U)_ Z(W)_ F_(平面端面切削循环)；

G94 X(U)_ Z(W)_ R_ F_(锥面端面切削循环)。

2. 指令功能

实现端面切削循环和带锥度的端面切削循环，刀具从循环起点，按图 3-19 与图 3-20 所示走刀路线运行，最后返回到循环起点，图 3-20 中虚线表示按 *R* 快速移动，实线按 *F* 的进给速度移动。

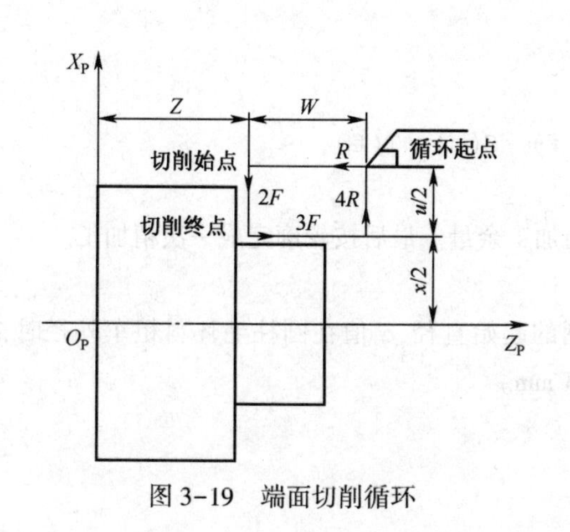

图 3-19 端面切削循环

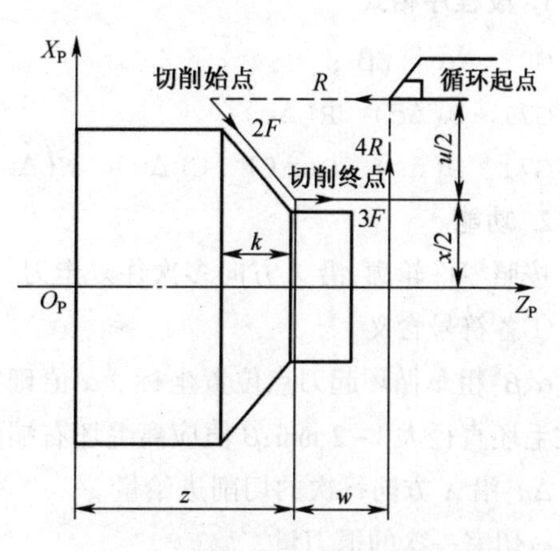

图 3-20 带锥度的端面切削循环

3. 指令说明

X、Z 表示端面切削终点坐标值；U、W 表示端面切削终点相对循环起点的坐标分量；R 表示端面切削的起点相对于终点在 Z 轴方向的坐标分量，即 $R=Z_A-Z_B$。当起点 Z 向坐标小于终点 Z 向坐标时 R 为负，反之为正。F 表示进给速度。

例 3-5 如图 3-21 所示，运用端面切削循环指令编程。

```
G94 X20 Z16 F30;        A-B-C-D-A
Z13;                    A-E-F-D-A
Z10;                    A-G-H-D-A
```

例 3-6 如图 3-22 所示，运用带锥度端面切削循环指令编程。

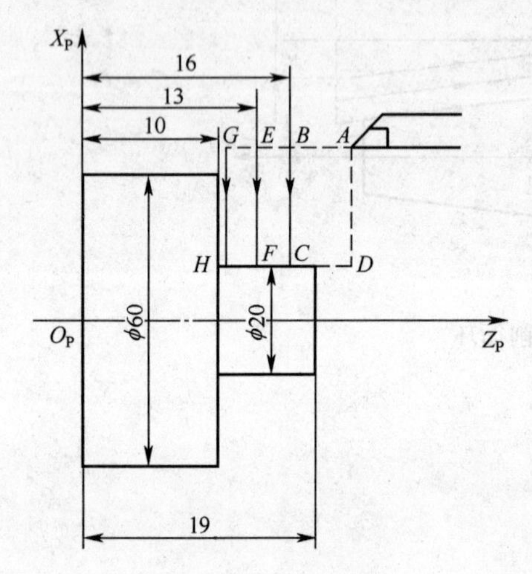

图 3-21 端面切削

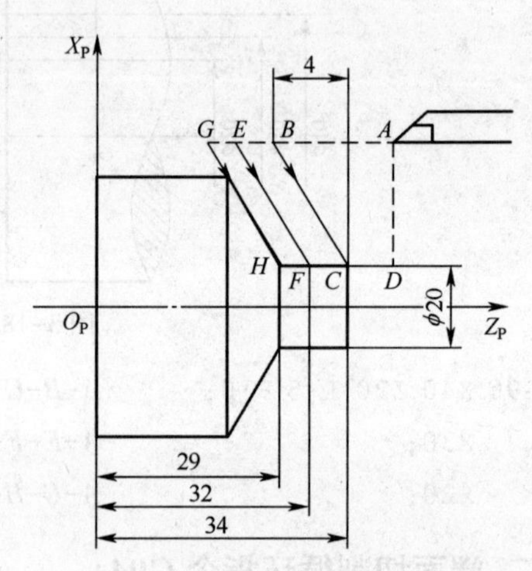

图 3-22 带锥度的端面切削循环应用

```
G94 X20 Z34 R-4 F30;    A-B-C-D-A
Z32;                    A-E-F-D-A
Z29;                    A-G-H-D-A
```

三、外圆粗加工循环 G71 指令

1. 段程序格式

```
G0   Xα   Zβ ;
G71  U(Δd)  R(Δe);
G71  P(ns)  Q(nf)  U(Δu)  W(Δw)  F(f)  S(s)  T(t);
```

2. 功能

按照零件轮廓，沿 Z 方向多次往复走刀，切除粗加工余量。最后按轮廓完成一次精加工。

①各符号含义。

α、β：粗车循环起刀点位置坐标。α 值确定切削的起始直径，α 值在圆柱毛坯料粗车外径时，应比毛坯直径大 1~2 mm；β 值应离毛坯右端面 2~3 mm。

Δd：沿 X 方向每次的切削进给量。

e：切完一次的退刀量。

ns:精加工形状程序段中的开始程序段号。

nf:精加工形状程序段中的结束程序段号。

Δu:X方向精加工余量。

Δw:Z方向精加工余量。

f、s、t:F、S、T代码。

②在使用G71粗加工循环时,处在G71程序段之前的或含在G71程序段中的F、S、T功能有效,含在ns~nf程序段中的F、S、T对粗加工循环无效。

③零件轮廓必须符合Z轴、X轴共同单调增大或减少的模式。

④A点到B点之间的刀具轨迹在包含G00或G01且程序段号为ns的程序段中指定,并且该程序段中,不能指定Z轴的运动指令。如图3-23所示粗车循环刀具运动轨迹。

⑤程序段号ns~nf之间的程序段不能调用子程序。

如图3-23所示使用循环指令编程,首先要确定换刀点、循环点A、切削始点A'和切削终点B的坐标位置。为节省数控机床的辅助工作时间,从换刀点至循环点A使用G00快速定位指令,循环点A的X坐标位于毛坯尺寸之外,Z坐标值与切削始点A'的Z坐标值相同。

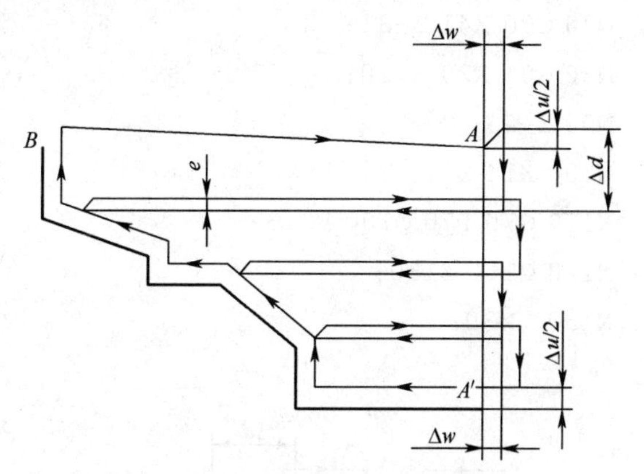

图3-23　粗车循环刀具运动轨迹

其次,按照外圆粗加工循环的指令格式和加工工艺要求写出G71指令程序段,在循环指令中有两个地址符U,前一个表示背吃刀量,后一个表示X方向的精加工余量。在程序段中有P、Q地址符,则地址符U表示X方向的精加工余量,反之表示背吃刀量。背吃刀量无负值。精加工余量有正负之分。

$A'\rightarrow B$是工件的轮廓线,$A\rightarrow A'\rightarrow B$为精加工路线,粗加工时刀具从$A$点后退$\Delta u/2$、$\Delta w$,即自动留出精加工余量。顺序号ns至nf之间的程序段描述刀具切削加工的路线。

3. 注意

①ns~nf程序段中的F、S、T功能,即使被指定也对粗车循环无效。

②零件轮廓必须符合X轴、Z轴方向同时单调增大或单调减少;X轴、Z轴方向非单调时,ns~nf程序段中第一条指令必须在X、Z向同时有运动。

四、端面粗车循环指令G72

端面粗切循环是一种复合固定循环。端面粗切循环适于Z向余量小,X向余量大的棒料粗加工。

1. 指令格式

```
G0   Xα   Zβ;
G72  WΔd RΔc;
```

```
G72  Pns Qnf UΔu WΔw (Ff Ss Tt);
```

2. 指令功能

除切削是沿平行 X 轴方向进行外,该指令功能与 G71 相同,如图 3-24 所示。

例 3-7 如图 3-25 所示,运用端面粗加工循环指令编程。

```
O1004
N10 G99  M03  S800  F0.3;
N20 T0101;
N30 G00 X150 Z100;
N40 G00 X41 Z1;
N50 G72 W1 R1;
N60 G72 P70 Q100 U0.1 W0.2;
N70 G00 X41 Z-31;
N80 G01 X20 Z-20;
N90 Z-2;
N100 X14 Z1;
N110 G70 P70 Q100 F0.3;
N120 G150 Z150;
N130  M30;
%
```

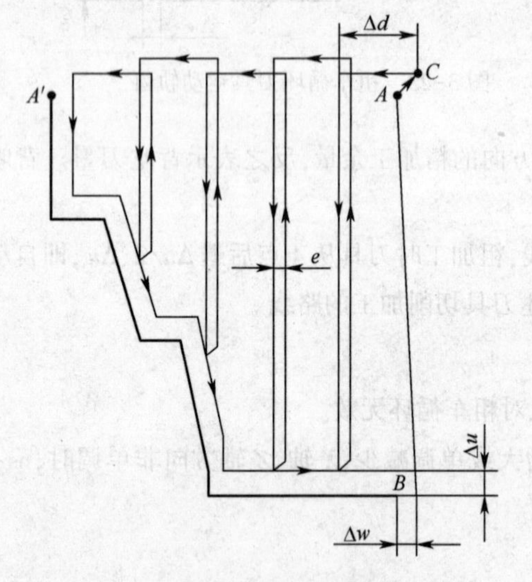

图 3-24 端面粗车循环刀具运动轨迹

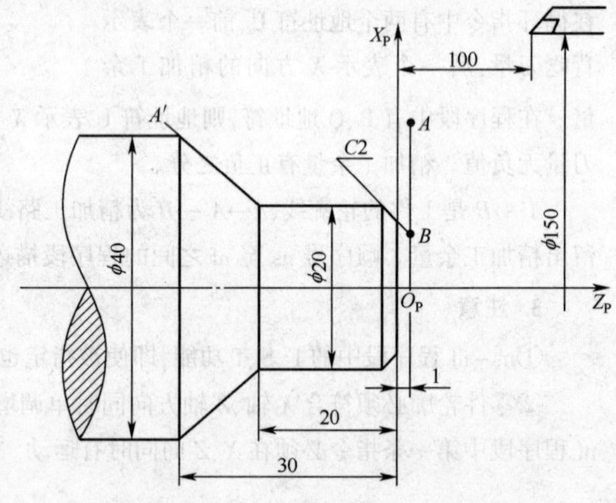

图 3-25 端面粗车循环

五、成形粗车复合循环指令 G73

封闭切削循环是一种复合固定循环,如图 3-26 所示。封闭切削循环适于对铸、锻毛坯切削,对零件轮廓的单调性则没有要求。

1. 指令格式

```
G00  Xα   Zβ;
G73  UΔi WΔk Rd;
G73  Pns Qnf UΔu WΔw Ff Ss Tt;
```

2. 指令功能

适合加工铸造、锻造成形的一类工件,如图 3-26 所示。

3. 指令说明

Δi:X 轴向总退刀量(半径值);

Δk:Z 轴向总退刀量;

d:循环次数;

ns:精加工路线第一个程序段的顺序号;

nf:精加工路线最后一个程序段的顺序号;

Δu:X 方向的精加工余量(直径值);

Δw:Z 方向的精加工余量。

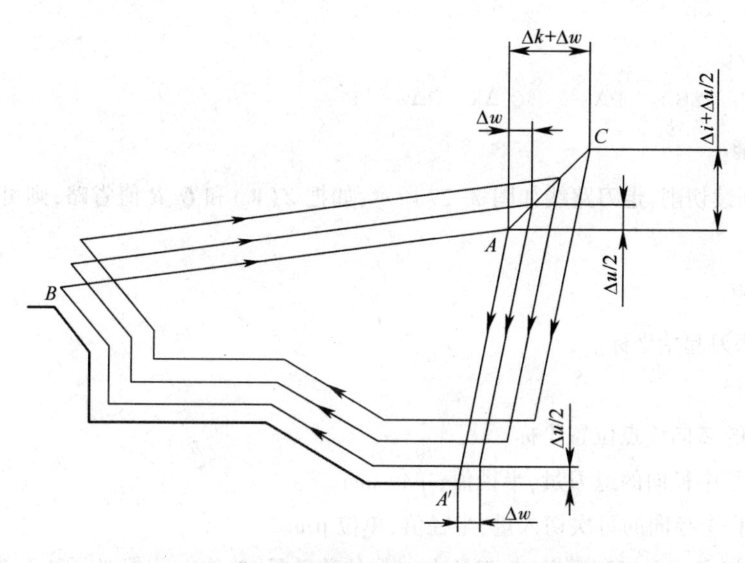

图 3-26　成形粗车循环刀具运动轨迹

固定形状切削复合循环指令的特点,刀具轨迹平行于工件的轮廓,故适合加工铸造和锻造成形的坯料。背吃刀量分别通过 X 轴方向总退刀量 Δi 和 Z 轴方向总退刀量 ΔK 除以循环次数 d 求得。总退刀量 Δi 与 Δk 值的设定与工件的切削深度有关。

使用固定形状切削复合循环指令,首先要确定换刀点、循环点 A、切削始点 A' 和切削终点 B 的坐标位置。分析例 3-6,A 点为循环点,$A' \to B$ 是工件的轮廓线,$A \to A' \to B$ 为刀具的精加工路线,粗加工时刀具从 A 点后退至 C 点,后退距离分别为 $\Delta i + \Delta u/2$,$\Delta k + \Delta w$,这样粗加工循环之后自动留出精加工余量 $\Delta u/2$、Δw。

顺序号 ns 至 nf 之间的程序段用于描述刀具切削加工的路线。

六、精加工复合循环 G70

1. 指令格式

```
G70  Pns Qnf;
```

2. 指令功能

用 G71、G72、G73 指令粗加工完毕后，可用精加工循环指令，使刀具进行 $A \to A' \to B$ 的精加工，如图 3-25。

3. 指令说明

ns 表示指定精加工路线第一个程序段的顺序号；nf 表示指定精加工路线最后一个程序段的顺序号；可用 G70~G73 循环指令调用 ns 至 nf 之间程序段，其中程序段中不能调用子程序。

七、切槽循环指令 G75

1. 指令格式

```
G00   Xα1  Zβ1;
G75   RΔe;
G75   Xα2   Zβ2   PΔi    Q Δk  RΔw   F
```

2. 指令功能

用于端面断续切削，走刀路线如图 3-27 所示，如把 $Z(W)$ 和 Q、R 值省略，则可用于外圆槽的断续切削。

3. 指令说明

$\alpha 1$、$\beta 1$：切槽刀起始坐标。

$\alpha 2$：槽底直径。

$\beta 2$：切槽时的 Z 向终点位置坐标。

Δe：切槽过程中径向的退刀量，半径值，单位 mm。

Δi：切槽过程中径向的每次切入量，半径值，单位 μm。

Δk：沿径向切完一个刀宽后退出，刀具在 Z 向的移动量，单位 μm，但必须注意其值小于刀宽。

Δw：刀具切到槽底后，在槽底沿 $-Z$ 方向的退刀量，单位 μm。注意尽量不要设置数值，以免打刀。

如图 3-27 所示应用外圆切槽复合循环指令，如果使用的刀具为切槽刀，该刀具有二个刀尖，设定左刀尖为该刀具的刀位点，在编程之前先要设定刀具的循环起点 A 和目标点 D，如果工件槽宽大于切槽刀的刃宽，则要考虑刀刃轨迹的重叠量，使刀具在 Z 轴方向位移量 Δk 小于切槽刀的刃宽，切槽刀的刃宽与刀尖位移量 Δk 之差为刀刃轨迹的重叠量。

例 3-8 如图 3-28 所示，运用外圆切槽复合循环指令编程。

```
O1005
N10 G99  M03  S800  F0.3;
```

```
N20 T0101;
G00  X42 Z22 S400;
G75  R1;
G75  X30 Z10 P300 Q2500 F0.2;
G00  X60 Z70;
N140 G100 Z100;
N150 M30;
%
```

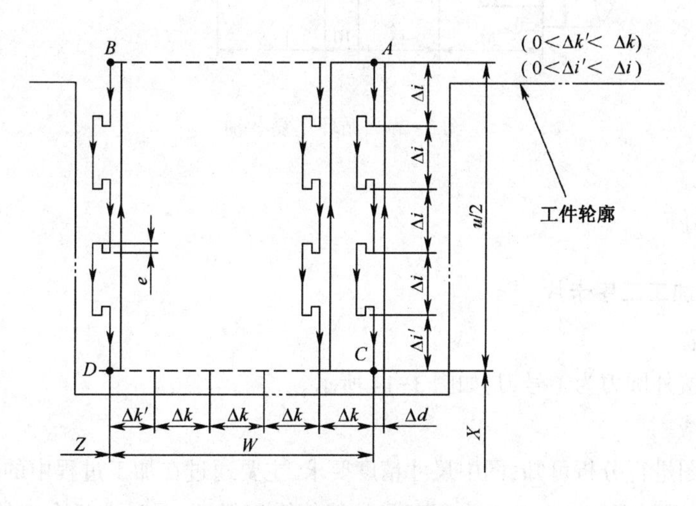

图 3-27　切槽循环走刀路线

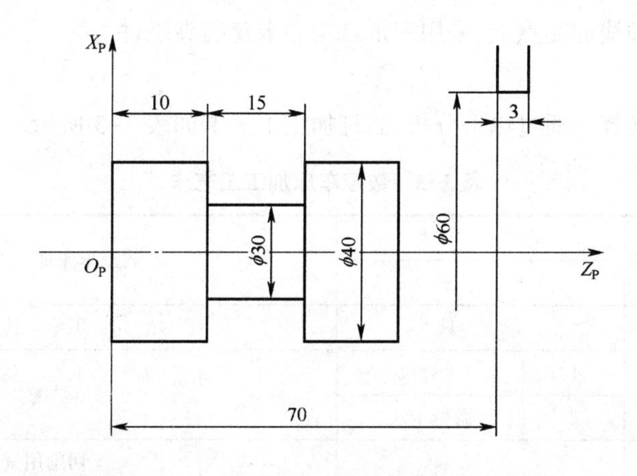

图 3-28　运用外圆切槽复合循环指令编程

一、任务描述

编制如图 3-29 所示零件的加工程序,材料为 45 钢,棒料直径为 40 mm。

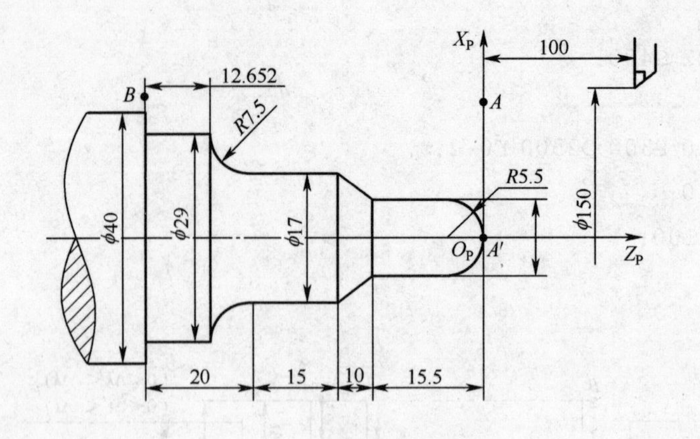

图 3-29　循环车复杂轴

二、任务实施

1. 填写数控加工工序卡片

(1) 刀具设置

硬质合金焊接外圆刀为 1 号刀，如图 3-14 所示。

(2) 工艺路线

通过对零件图进行分析可知，图中尺寸精度要求，主要通过在加工过程中的准确对刀，正确设置刀补及磨耗，合理制定加工工艺及采用刀具补偿等措施保证；通过选择合理的刀具几何角度及参数，分粗、精加工路线，合理选择切削用量及切削液等方法来保证表面粗糙度。工件坐标系设置在工件右端面与主轴轴线的交点上，采用三爪自定心卡盘装夹工件。

(3) 相关计算

注意圆弧切点的换算。通过以上分析，制订加工工艺卡如表 3-3 所示。

表 3-3　数控车床加工工艺卡

零件图号				数控车床加工工艺卡		
零件名称						
刀具		量具		工具		
1	T01 外圆刀	1	千分尺			
2	—	2	游标卡尺			
序号		工艺内容		切削用量		
				S(r·min^{-1})	F(mm·r^{-1})	背吃刀量 a_p/mm
1		手动加工右端面		600	0.2	0.3
2		粗加工外圆轮廓		800	0.2	2.0
3		精加工外圆轮廓		800	0.2	0.25
4		工件检测				
编制		审核		批准		共　页第　页

2. 编制加工程序

```
O1006
N10  G99  M03  S800  F0.2;
N20  T0101;
N30  G00  X150 Z100;
N40  G00  X41 Z0;
N50  G71  U2  R1;
N60  G71  P70 Q140  U0.5  W0.2;
N70  G01  X0  Z0;
N80  G03  X11 W-5.5  R5.5;
N90  G01  W-10;
N100  X17  W-10;
N110  W-15;
N120  G02  X29  W-7.348  R7.5;
N130  G01  W-12.652;
N140  X41;
N150  G00  X150  Z150;
N160  M05;
N170  M00;
N180  M03 S800  F0.2;
N190  G00  X41 Z0;
N200  G70 P70 Q140 F0.2 ;
N210  G00  X150  Z150;
N220  M30;
%
```

任务3　加工螺纹零件

在编写螺纹加工程序之前要注意数控系统所要求的一些特殊规定。如合理确定螺纹加工程序循环起点；螺纹加工应是工件完工前的最后一道工序、外螺纹加工刀具及加工参数的合理确定、准备功能指令（G32、G92、G76）的应用。

相关知识

螺纹切削分为单行程切削、简单螺纹循环和螺纹切削复合循环。

一、螺纹切削时的几个问题

1. 螺纹牙型高度（螺纹总切深）

螺纹牙型高度是指在螺纹牙型上，牙顶到牙底之间垂直于螺纹轴线的距离，它是车削时车刀总切入深度。

对于三角形普通螺纹牙型高度按下式计算：$h=0.6495P$

式中 P——螺距(mm)。

2. 螺纹起点与终点轴向尺寸

由于车螺纹起始时有一个加速过程，结束前有一个减速过程。在这段距离中，螺距不可能保持均匀，因此车螺纹时，两端必须设置足够的升速进刀段 δ_1(空刀导入量)和减速退刀段 δ_2(空刀导出量)如图 3-30 所示。δ_1 和 δ_2 一般按下式选取：

$$\delta_1 \geqslant 2\times 导程 \qquad \delta_2 \geqslant (1\sim1.5)\times 导程$$

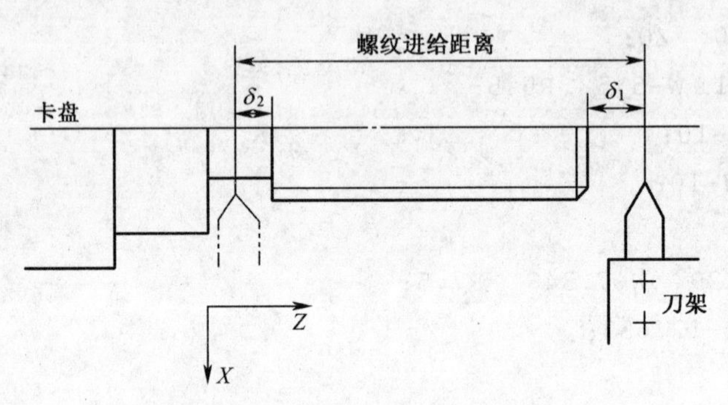

图 3-30　螺纹空刀导入导出量

3. 分层切削深度

如果螺纹牙型较深，螺距较大，可分几次进给。每次进给的背吃刀量用螺纹深度减精加工背吃刀量所得的差按递减规律分配。常用螺纹切削的进给次数与背吃刀量可参考表 3-4 选取。

表 3-4　常用螺纹切削的进给次数与背吃刀量(直径值)　　单位：mm

螺距		1.0	1.5	2.0	2.5	3.0	3.5	4.0
牙深		0.649	0.974	1.299	1.624	1.949	2.273	2.598
背吃刀量及切削次数	1 次	0.7	0.8	0.9	1.0	1.2	1.5	1.5
	2 次	0.4	0.6	0.6	0.7	0.7	0.7	0.8
	3 次	0.2	0.4	0.6	0.6	0.6	0.6	0.6
	4 次	—	0.16	0.4	0.4	0.4	0.6	0.6
	5 次	—	—	0.1	0.4	0.4	0.4	0.4
	6 次	—	—	—	0.15	0.4	0.4	0.4
	7 次	—	—	—	—	0.2	0.2	0.4
	8 次	—	—	—	—	—	0.15	0.3
	9 次	—	—	—	—	—	—	0.2

二、单行程螺纹切削指令 G32

G32 指令可以执行单行程螺纹切削，螺纹车刀进给运动应严格根据输入的螺纹导程进行。螺纹车刀的切入、切出、返回等均须另外编入程序。因编写的程序比较多，所以在实际编程中一般很少使用 G32。

程序段格式：　G32　X(U)　Z(W)　P

X、Z 为螺纹终点坐标值；U、W 为螺纹终点相对起点的增量值；P 为螺纹导程。对于锥螺纹图 3-31，其斜角 α 在 45°以下时，螺纹导程以 Z 轴方向指定；45°以上至 90°时，以 X 轴方向值指定。

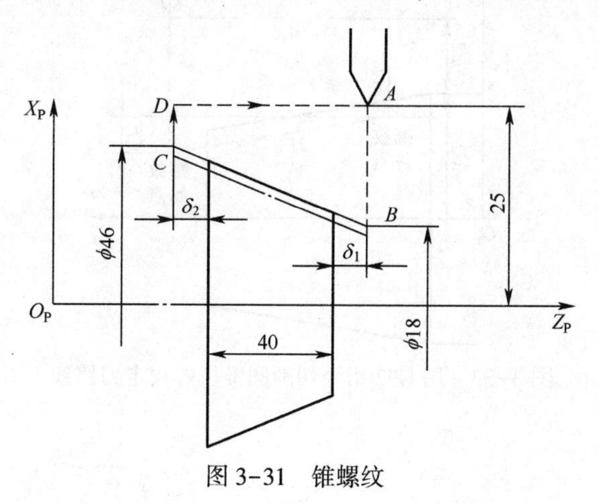

图 3-31　锥螺纹

三、螺纹切削循环指令 G92

1. 指令格式

G92　X(U)_ Z(W)_　R_　F_

2. 指令功能

用于切削圆柱螺纹和锥螺纹，刀具从循环起点，按图 3-32 与图 3-33 所示走刀路线运行，最后返回到循环起点，图中虚线表示按 R 快速移动，实线按指令 F 指定的进给速度移动。

3. 指令说明

X、Z 表示螺纹终点坐标值；U、W 表示螺纹终点相对循环起点的坐标分量；R 表示锥螺纹始点与终点在 X 轴方向的坐标增量（半径值），圆柱螺纹切削循环时 R 为零，可省略；P 表示螺纹导程。

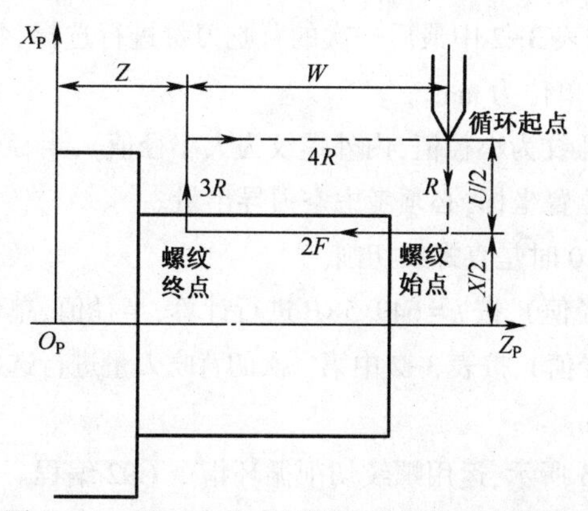

图 3-32　用 G92 指令切削圆柱螺纹走刀路线

四、螺纹切削复合循环指令 G76

利用螺纹切削复合循环指令功能，只要编写出螺纹的底径值、螺纹 Z 向终点位置、牙深及第一次背吃刀量等加工参数，车床即可自动计算每次的背吃刀量进行循环切削，直到加工完为止。

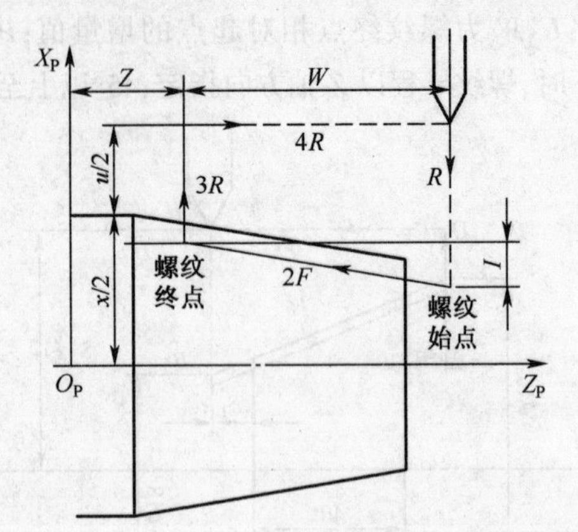

图 3-33　用 G92 指令切削圆锥柱螺纹走刀路线

1. 指令格式

```
G00  Xα1  Zβ1;
G76  Pm r a QΔdmin Rd;
G76  Xα2   Zβ2 Ri Pk QΔd Ff;
```

2. 指令功能

该螺纹切削循环的工艺性比较合理，编程效率较高，螺纹切削循环路线及进刀方法如图 3-34。

3. 指令说明

$\alpha1$、$\beta1$ 为螺纹切削循环起始点坐标。*X* 向在切削外螺纹时，应比螺纹大径大 1~2 mm；在切削内螺纹时，应比螺纹小径大 1~2 mm。在 *Z* 向必须考虑空刀导入量。

m：精加工重复次数，可以 1~99 次。

r：斜向退刀量单位数(0.01~9.9*f*，以 0.1*f* 为一单位，用 00~99 两位数字指定)。

a：刀尖角度(螺纹牙型角)，可选择 80°、60°、55°、30°、29°、0°6 个种类。

Δd_{min}：最小切削深度，按表 3-2 中最后一次的背吃刀量进行选择，半径值，单位为 μm。

d：精加工余量，半径值，单位为 mm。

$\alpha2$ 为螺纹底径值，(外螺纹为小径值，内外螺纹为大小径值)，半径值，单位为 mm。

$\beta2$ 为螺纹的 *Z* 向终点位置坐标，必须考虑空刀导出量。

i：锥螺纹的半径差，*i* 为 0 时是直螺纹切削。

k：螺纹高度(*X* 方向半径值)，按 $k=649.5\times P$ 进行计算，半径值，单位为 μm。

Δd：第一次粗切深(半径值)，按表 3-2 中第一次的背吃刀量进行选择，半径值，单位为 μm。

F：螺纹导程，单位为 mm。

例 3-9　如题所图 3-35 所示，运用螺纹切削循环指令 G92 编程。

```
O1007
N10 G99  M03  S500  F0.3;
N20 T0101;
G00 X32 Z4;
```

```
G92 X29.2 Z-21 F1.5;
X28.6;
X28.2;
X28.04;
G00 X100 Z150;
M30
%
```

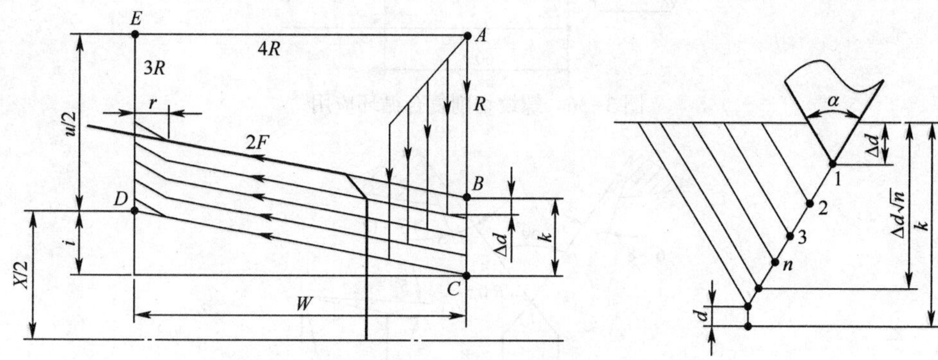

图 3-34　螺纹切削复合循环路线及进刀法

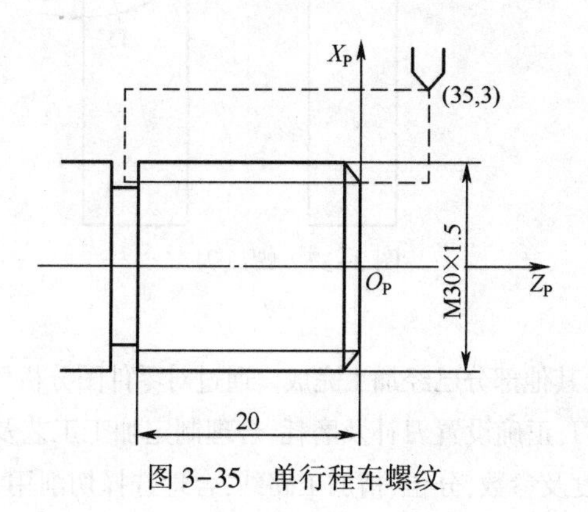

图 3-35　单行程车螺纹

任务操作

一、任务描述

如图 3-36 所示,运用螺纹切削复合循环指令编程(精加工次数为 1 次,斜向退刀量为 4 mm,刀尖为 60°,最小切深取 0.1 mm,精加工余量取 0.1mm,螺纹高度为 2.4 mm,第一次切深取 0.7 mm,螺距为 4 mm,螺纹小径为 33.8 mm)。

二、任务实施

1. 填写数控加工工序卡片

(1) 刀具设置

硬质合金焊接螺纹刀为 1 号刀,如图 3-37 所示。

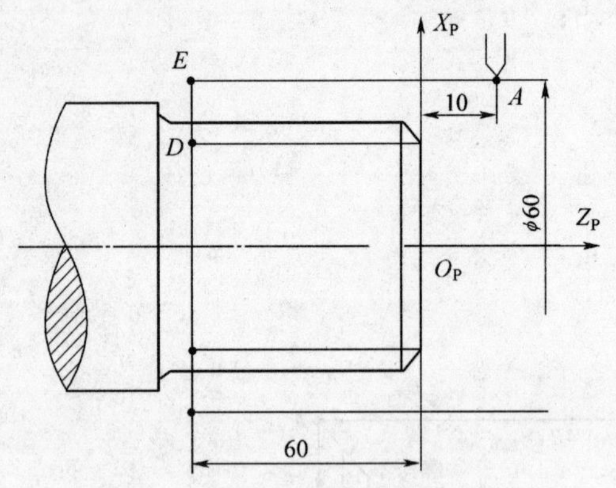

图 3-36　螺纹切削复合循环应用

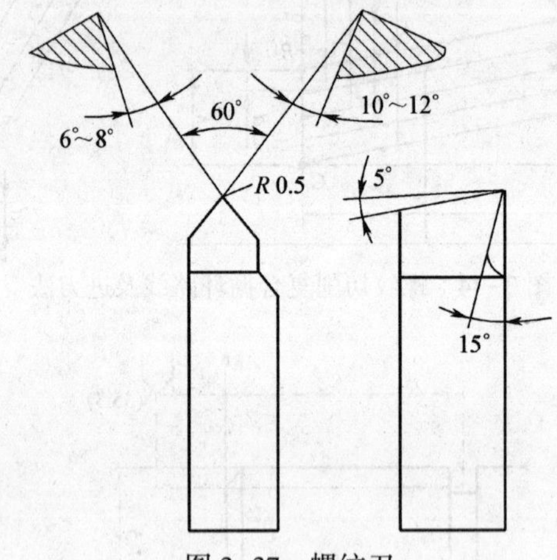

图 3-37　螺纹刀

(2) 工艺路线

本任务只进行螺纹加工,其他部分已经加工完成。通过对零件图分析可知,图中尺寸精度要求主要通过在加工过程中的准确对刀,正确设置刀补及磨耗,合理制定加工工艺及采用刀具补偿等措施保证;通过选择合理的刀具几何角度及参数,分粗、精加工路线,合理选择切削用量及切削液等方法来保证表面粗糙度。工件坐标系设置在工件右端面与主轴轴线的交点上,采用三爪自定心卡盘装夹工件。

通过以上分析,制订加工工艺卡,如表 3-5 所示。

2. 编制加工程序

```
O1008
N10 G99   M03   S500   F0.3;
N20 T0101;
G00 X60 Z10;
G76 P10160 Q50 R0.1;
G76 X33.8 Z-60 R0 P2400 Q700 F4;
G00 X100 Z150;
M30;
%
```

表 3-5　数控车床加工工艺卡

零件图号				数控车床加工工艺卡		
零件名称						
刀　具		量　具		工　具		
1	螺纹刀 T01	1	千分尺			
2	—	2	游标卡尺			
序号		工艺内容		切削用量		
				$S/(r \cdot min^{-1})$	$F/(mm \cdot r^{-1})$	背吃刀量 a_p/mm
1		加工螺纹		500	1.5	0.4
2		切断		500	0.2	
3		工件检测				
编制		审核		批准		共　页第　页

任务4　加工套类零件与编制程序

通过本任务的学习，掌握套类工件加工程序中余量正确方向的确定、套类工件程序循环点的确定、加工过程中进刀和退刀路线的确定。

相关知识

一、子程序

把程序中某些固定顺序和重复出现的程序单独抽出来，按一定格式编成一个程序供调用，这个程序就是常说的子程序，这样可以简化主程序的编制。子程序可以被主程序调用，同时子程序也可以调用另一个子程序，这样可以简化程序的编制并节省 CNC 系统的内存空间。

子程序必须有一程序号码，且以 M99 作为子程序的结束指令。主程序调用子程序的指令格式如下：

M98 P_L_;

其中　P——被调用的子程序号；

　　　L——重复调用的次数。

例如：M98 P1234 L4 主程序调用同一子程序执行加工，最多可执行 999 次，且子程序亦可再调用另一子程序执行加工，最多可调用 4 层子程序(不同的系统其执行的次数及层次可能不同)。

例 3-10　在工件上车 4 个槽，如图 3-38 所示，并分别编制主程序和子程序。

主程序

```
O1009
.....
G00  X82.0  Z0;
M98  P1234  L4;调用于程序 1234 执行 4 次，切削 4 个凹槽
X150.0  Z200.0;
```

```
M30;
子程序
O1234;
W-20.0;
G01 X74.0 F0.08;
G00 X82.0;
M99;
```

M99 指令也可用于主程序最后程序段,此时程序执行指针会跳回主程序的第一程序段继续执行此程序,所以此程序将一直重复执行,除非按下 RESET 键才能中断执行。

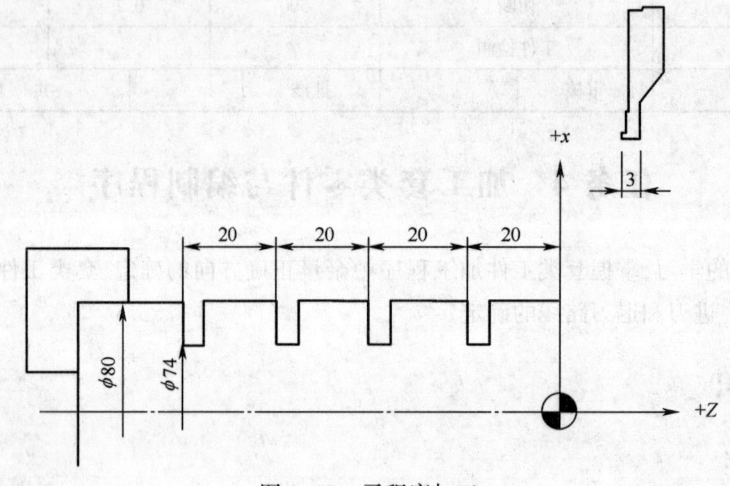

图 3-38　子程序加工

二、宏程序

含有变量的子程序称为用户宏程序,在程序中调用用户宏程序的那条指令称为用户宏指令(G65)。

1. 变量

用一个可赋值得代号代替具体的坐标值,这个代号就称为变量。变量又分为系统变量、公共变量和局部变量三类,它们的性质和用途各不相同。

(1) 系统变量

系统变量是固定用途的变量,它的值决定了系统的状态。FANUC 中的系统变量为#1000~#1015、#1032、#3000 等。

(2) 公共变量

公共变量是指在主程序内和由主程序调用的各用户宏程序内公用的变量。FANUC 中共有 60 个公共变量,它们分两组,一组是#100~#149,另一组是#500~#509。

(3) 局部变量

局部变量指局限于在用户宏程序内使用的变量。同一个局部变量在不同的宏程序内其值是不通用的,FANUC 系统有 33 个局部变量,分别为#1~#33。FANUC 局部变量赋值(部分)对照表如表 3-6 所示。

表 3-6　FANUC 系统局部变量赋值对照表

赋值代号	变量号	赋值代号	变量号	赋值代号	变量号
A	#1	E	#8	T	#20
B	#2	F	#9	U	#21
C	#3	H	#11	V	#22
I	#4	M	#13	W	#23
J	#5	Q	#17	X	#24
K	#6	R	#18	Y	#25
D	#7	S	#19	Z	#26

2. 变量的演算

(1) 加减型运算

加减型运算包括加、减、逻辑加和非逻辑加,分别用以下4个形式表达:

#i=#j+#k

#i=#j-#k

#i=#jOR#k

#i=#jXOR#k

其中i、j、k为变量,+、-、OR、XOR称为演算子。

(2) 乘除型运算

乘除型运算包括乘、除和逻辑乘。分别用以下形式表达:

#1=[#j] *[#k]

#1=[#j]/[#k]

#1=[#j] AND[#k]

3. 变量的函数

表3-7列出FAUNC一些常用的函数。

表 3-7　FANUC 常用函数功能

函数名称	函数代号	举　例
正弦(度单位)	SIN[#j]	#1=SIN[#2]
余弦(度单位)	COS[#j]	#1=COS[#2]
正切(度单位)	TAN[#j]	#1=TAN[#2]
反正切(度单位)	ATAN[#j]/[#k]	ATAN[1]/[1]=45°; TATN[-1]/[-1]=135°
平方根	SQRT[#j]	#1=SQRT[#2]
绝对值	ABS[#j]	#1=ABS[#2]
小数点以下四舍五入	ROUND[#j]	#1=ROUND[#2]
小数点以下舍去	FIX[#j]	#1=FIX[#2]
小数点以下进位	FUP[#j]	#1=FUP[#2]

4. 变量的赋值

由于系统变量的赋值情况比较复杂,这里只介绍公共变量和局部变量的赋值。变量的赋值方式可分为直接和间接两种。

(1) 直接赋值

例:#2=16(表示将数值 16 赋值于#2 变量)

#103=#2(表示将变量#2 的值赋于变量#103)

(2) 间接赋值

间接赋值就是用演算式赋值,即把演算式内演算的结果赋给某个变量。图 3-39 所示为一个椭圆,车削 1/4 椭圆的回转轮廓,要求在数控车削中用任意一点 D 的 Z 值(用 2 号变量)来表达该点的 X 值(用 5 号变量)。

图 3-39 所示椭圆的方程为:

$$\frac{x^2}{a^2}+\frac{y^2}{b^2}=1$$

即 $X=2a\sqrt{1-Z^2/\mathrm{b}^2}$ (X 为直径值)。

转为变量表达式为:5 号变量=(1 号变量+1 号变量)× $\sqrt{1-(2\text{号变量})^2/(3\text{号变量})^2}$

间接赋值情况为:

N5#1=50

N10#3=80

N15#5=[#1+#1]*SQRT[1-#2*#2/#3/#3]

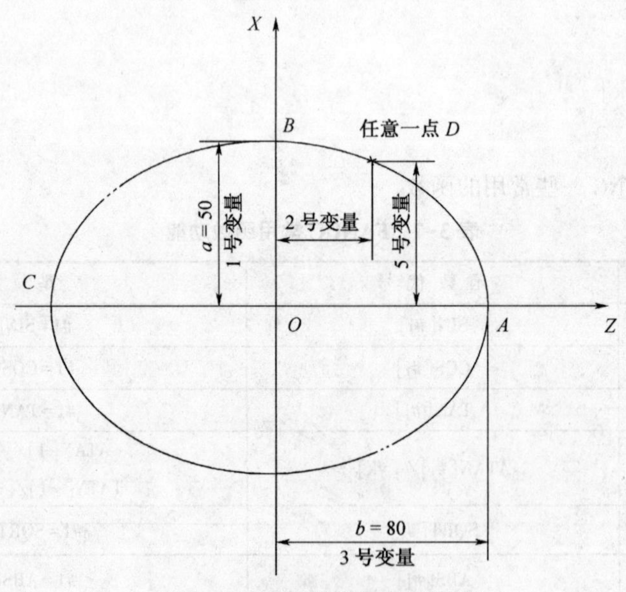

图 3-39 椭圆轮廓及变量设置

(3) 在用户宏指令中为用户宏程序内的局部变量赋值

车削图 3-39 中从 A 点到 B 点的$\frac{1}{4}$椭圆回转零件,采用直线逼近(又称拟合)法,在 Z 向分段,以 1 mm 为一个步距，并把 Z 作为自变量。为了适应不同的椭圆（即不同的长短轴）、不同的起始点和不同的步距，不必改变宏程序而只要改变主程序中用户宏指令段内的赋值数据就可以，#6 变量代替步距，以 80 赋予#2 代替起始点 A 的 Z 坐标值。以图 3-39 为例，使用为用户宏程序内局部变量赋值的方法进行编程。

主程序

```
O1010
N5…
…
N××  G65  P1000  A50  B80  K1  F0.2;
…
N××  M30;
%
```

宏程序

```
O1011
N5  IF#2  LE 0  GOTO  25;
N10#6=#2;
N15#4=[#1+#1]*SQRT[1—#2*#2/#3/#3];
N20  G01  X#4  Z#6  F#9;
N25#2=#2—#6;
N30  GOTO  5;
N35  M99;
%
```

5、转移语句

转移语句分为无条件语句和条件语句两种。

①无条件转移语句，程序格式：GOTO　N；其中 N 是程序段号。

例如：GOTO　50

表示无条件转移执行 N50 的程序段，不论 N50 程序段在转移语句的前面还是后面。

②条件转移语句。条件转移语句一般由条件式和转移目标两部分组成。

程序格式：IF［ aGTb］　GOTO c

表示如果 $a>b$，那么转移执行 Nc 程序段，a 和 b 可以是数值、变量或含有数值及变量的算式，c 是转移目标的程序段。

大于、等于、大于或等于、小于或等于分别用 GT、EQ、GE、LE 表示。

一、任务描述

编制如图 3-40 所示零件的加工程序，材料为 45 钢，棒料直径为 50 mm，孔直径为 20 mm。

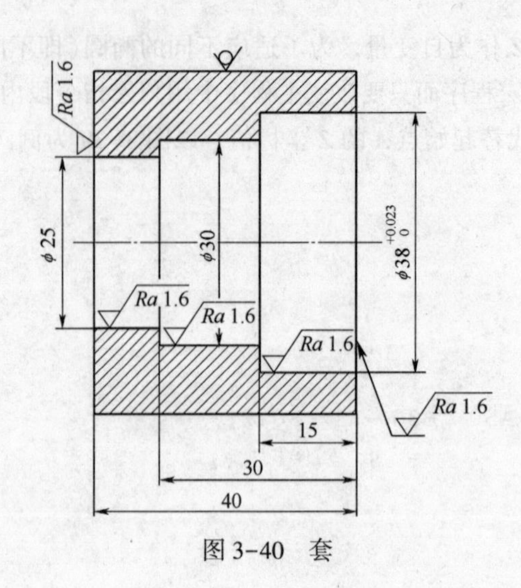

图 3-40　套

二、任务实施

1. 填写数控加工工序卡片

(1) 刀具设置

硬质合金焊接外圆刀为 1 号刀,如图 3-41 所示。

(2) 工艺路线

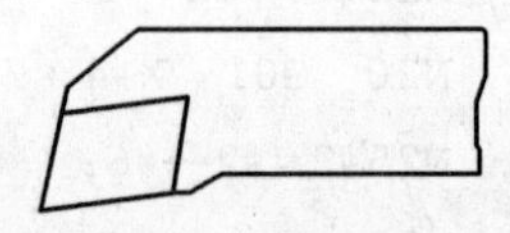

图 3-41　镗刀

通过对零件图分析可知,图中尺寸精度要求主要通过在加工过程中的准确对刀,正确设置刀补及磨耗,合理制定加工工艺及采用刀具补偿等措施保证;通过选择合理的刀具几何角度及参数,分粗、精加工路线,合理选择切削用量及切削液等来保证表面粗糙度。工件坐标系设置在工件右端面与主轴轴线的交点上,采用三爪自定心卡盘装夹工件。

通过以上分析,制订加工工艺卡如表 3-8 所示。

表 3-8　数控车床加工工艺卡

<table>
<tr><td colspan="2">零件图号</td><td colspan="2"></td><td colspan="3" rowspan="2">数控车床加工工艺卡</td></tr>
<tr><td colspan="2">零件名称</td><td colspan="2"></td></tr>
<tr><td colspan="2">刀　具</td><td colspan="2">量　具</td><td colspan="3">工　具</td></tr>
<tr><td>1</td><td>T01 外圆刀</td><td>1</td><td>千分尺</td><td colspan="3" rowspan="3"></td></tr>
<tr><td>2</td><td>—</td><td>2</td><td>游标卡尺</td></tr>
<tr><td>3</td><td>—</td><td>3</td><td>百分表</td></tr>
<tr><td colspan="2" rowspan="2">序　号</td><td colspan="2" rowspan="2">工艺内容</td><td colspan="3">切削用量</td></tr>
<tr><td>$S/(\mathrm{r \cdot min^{-1}})$</td><td>$F/(\mathrm{mm \cdot r^{-1}})$</td><td>背吃刀量 a_p/mm</td></tr>
<tr><td colspan="2">1</td><td colspan="2">手动加工右端面</td><td>600</td><td>0.2</td><td>0.3</td></tr>
<tr><td colspan="2">2</td><td colspan="2">粗加工外圆轮廓</td><td>800</td><td>0.2</td><td>1.5</td></tr>
<tr><td colspan="2">3</td><td colspan="2">精加工外圆轮廓</td><td>1000</td><td>0.2</td><td>0.25</td></tr>
<tr><td colspan="2">4</td><td colspan="2">切槽</td><td>500</td><td>0.1</td><td>0.1</td></tr>
<tr><td colspan="2">5</td><td colspan="2">加工螺纹</td><td>500</td><td>1.5</td><td>0.4</td></tr>
</table>

续表

序　号	工 艺 内 容	切 削 用 量		
		$S/(r \cdot min^{-1})$	$F/(mm \cdot r^{-1})$	背吃刀量 a_p/mm
6	切断	500	0.2	
7	工件检测			
编制　　审核		批准		共　页第　页

2. 编制加工程序

```
O1012
N10   G99  M03  S800  F0.2;
N20   T0101;
N30   G00   X150 Z100;
N40   G00   X16 Z5;
N50   G71   U1.5   R1;
N60   G71   P70 Q130   U0.5   W0.2;
N70   G01   X38   Z5;
N80   G01   X38   Z-15;
N90   G01   X30   Z-15;
N100  G01   X30   Z-30;
N110  G01   X25   Z-30;
N120  G01   X25   Z-40;
N130  G01   X16   Z-40;
N140  G00   X100  Z100;
N150  M05;
N160  M00;
N170  M03 S800  F0.2;
N180 G00   X16 Z5;
N190 G70 P70  Q130 F0.2;
N200  G00  X150  Z150;
N210  M30;
%
```

任务5　练习数控车

熟练使用数控车床控制面板操作面板，掌握配合精度的控制方法及技巧。

相关知识

一、CRT/MDI 操作面板

数控系统操作面板又称 CRT(或 LCD)/ MDI 面板，是数控系统的主要组成部分，如图 3-42 所示，操作面板的左侧是 CRT(即荧光屏显示器)显示器或 LCD 显示器(即液晶显示器)，在显示器下面的一行键称为软键,每个软键的用途在不同的显示界面中是不同的。操作面板右侧是 MDI 键盘,MDI 键盘上的键按用途分为功能键、编辑键、数据输入键等。

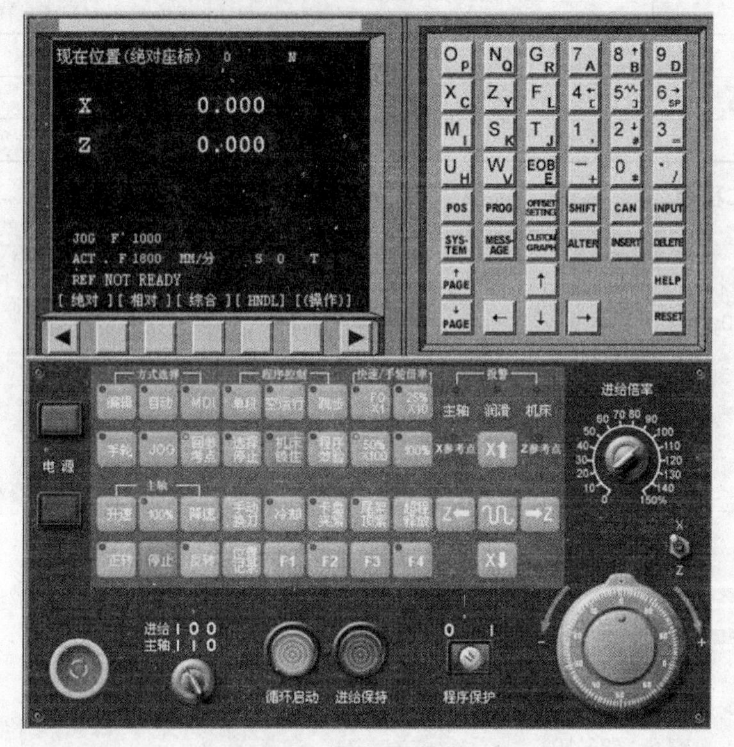

图 3-42 数控系统操作面板

数控机床操作面板一般分两大部分,除了数控系统操作面板外,还有一部分是机床操作面板,机床的各项操作大部分通过机床操作面板来完成。一般来说机床操作面板比较容易上手,而数控系统操作面板属于数控系统的输入/输出装置,其功能是完成人与数控机床之间的人机交互,相当于个人电脑配置中的键盘与显示器。MDI 面板与机床面板在操作上是不能独立分开的,一般来说,机床面板是为 MDI 面板服务的。

FANUC 系统各种版本的 MDI 键盘在布局上虽然有差别,但是按键的名称与用途基本上差别不大,下面以 FANUC 0i -TC 系统为例介绍 FANUC 系统的 MDI 面板。

FANUC 0i -TC 系统的 MDI 面板布局如图 3-43 所示。MDI 键盘的布局如图 3-44 所示。

显示器下面软键的具体名称随着按下的功能键而改变,如果按下相应的键,没有出现所需的画面,可通过按翻页键进行翻页查找。

1. 功能键

在操作 MDI 键盘时,应先按相应的功能键,然后再按该功能键所对应的键。在 MDI 键盘上共有 6 个功能键,如图 3-45 所示,分别是【POS】键、【PROG】键、【OFS/SET】键、【SYSTEN】键、【MESSAGE】键以及【CSTM/GR】键。

(1)【POS】键。按此键显示位置画面。按下【POS】键后,对应的键主要有 3 个,即绝对【ABS】用于显示绝对坐标画面;相对【REL】用于显示相对坐标画面;综合【ALL】用于显示所有坐标画面。

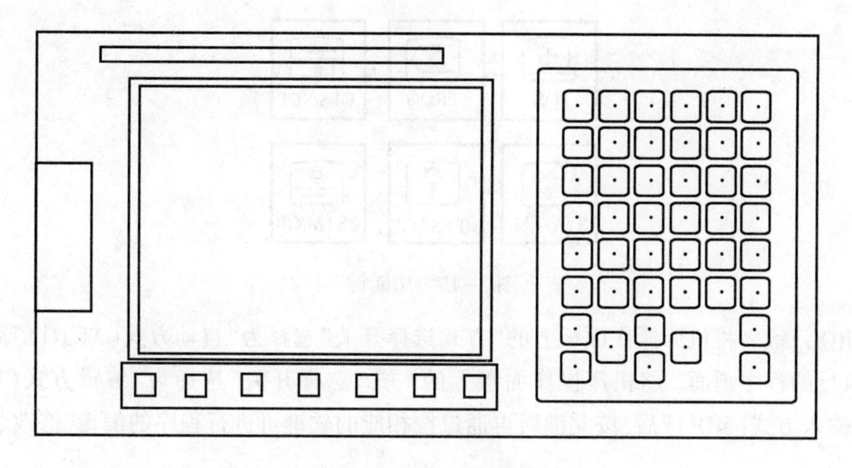

图 3-43　FANUC 0i -TC 系统的 MDI 面板布局

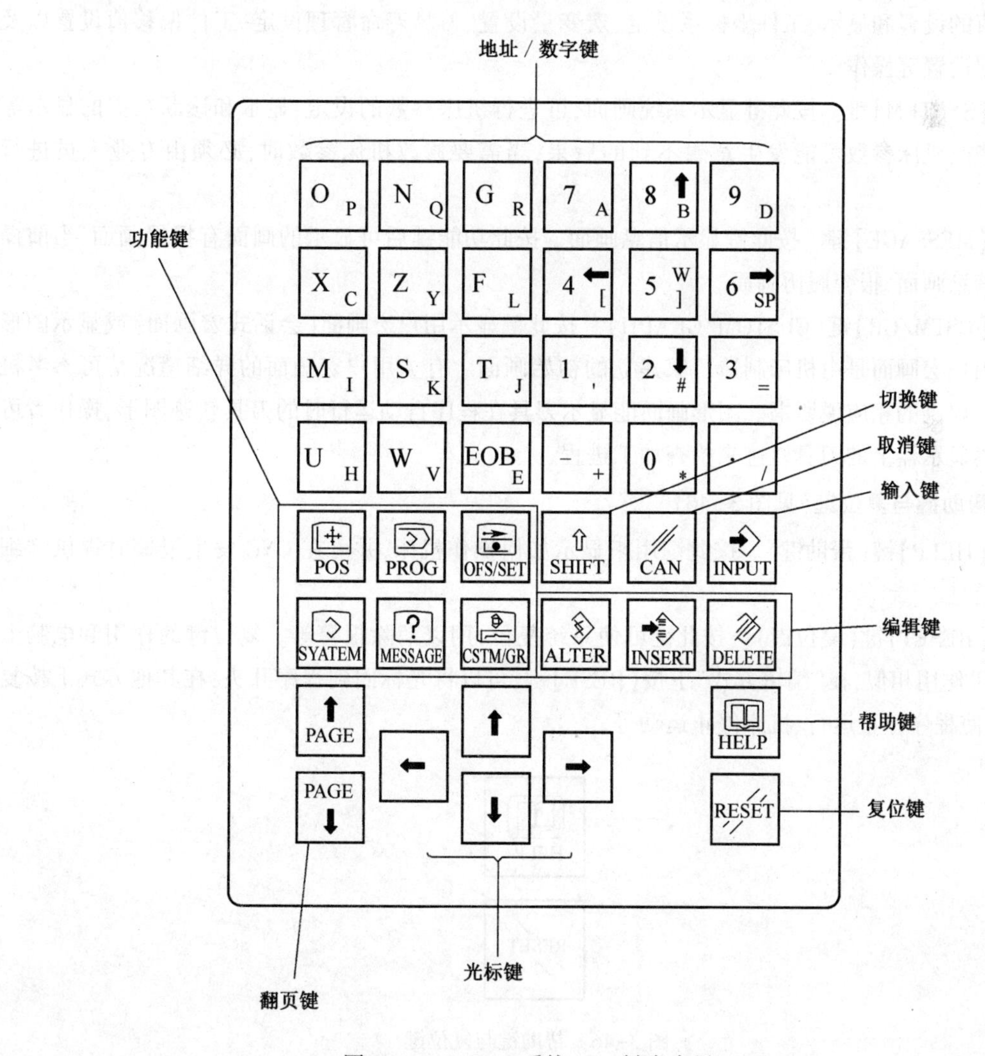

图 3-44　FANUC 系统 MDI 键盘布局

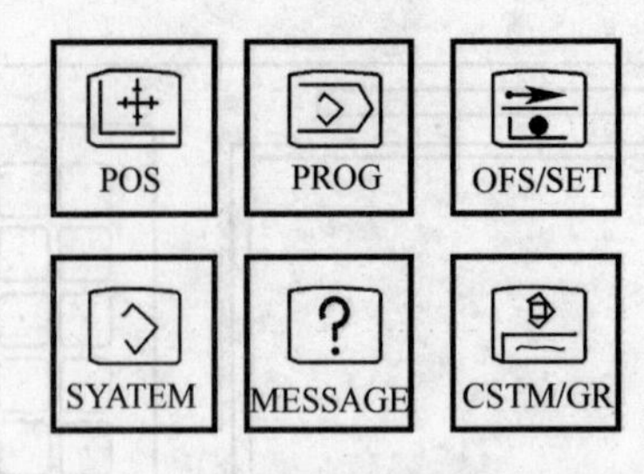

图 3-45　功能键

②【PROG】键。将机床操作面板上的“方式选择开关”选择为“自动方式(AUTO)”后，按此键显示当前执行的程序画面。将机床操作面板上的“方式选择开关”选择为“编辑方式(EDIT)”或“手动数据输入方式(MDI)”后，按此键后再通过按相应的软键可进行程序的编辑、修改、程序查找等操作。

③【OFS/SET】键(OFFSET/SETTING)。按此键显示“刀偏/设定(SETTING)”画面，可进行刀具补偿值的设置和显示、工件坐标系设定、宏变量设置、刀具寿命管理设定、工件偏移值设置以及其他数据设置等操作。

④【SYSTEM】键。按此键显示系统画面，可进行机床参数的设定、显示和诊断数据的显示等操作。修改机床参数可能发生意想不到的后果，当需要修改机床参数时，必须由专业人员进行操作。

⑤【MESSAGE】键。按此键显示信息画面。按此功能键后可显示的画面有报警画面、当前操作状态信息画面、报警履历画面。

⑥【CSTM/GR】键(CUSTOM/GRAPH)。按此键显示用户宏画面(会话式宏画面)或显示图形画面。用户宏画面是由机床制造厂家建立的初始画面。有关用户宏画面的详细情况情可参考机床制造厂提供的相应说明书。图形画面能显示刀具在程序自动运行时的刀具轨迹图形，操作者可通过观察显示器上的刀具轨迹来检查加工进程。

2. 帮助键与复位键(见图 3-46)

①【HELP】键(帮助键)。按此键用来显示如何操作机床，并可在 CNC 发生报警时提供详细的报警信息。

②【RESET】键(复位键)。按此键可使系统复位，用以消除报警等。复位键的作用和电脑上的“刷新”作用相似，在“编辑方式”下按【RESE】键，可以将光标回到程序开头，在其他方式下按复位键，可使程序停止运行、机床停止运动等。

图 3-46　帮助键与复位键

3. 翻页键与光标键(见图 3-47)

①【PAGE↑】键、【PAGE↓】键(翻页键)。这两个键的作用是使当前屏幕画面向前或向后翻一页。

②【↑】、【↓】、【←】、【→】键(光标键)。这 4 个光标移动键的作用是使光标朝前、后、左、右方向按一定的尺寸单位移动。

4. 换挡键、取消键、输入键(见图 3-48)

这三个键属于编辑键,其中取消键和输入键属于数据缓冲器编辑键。

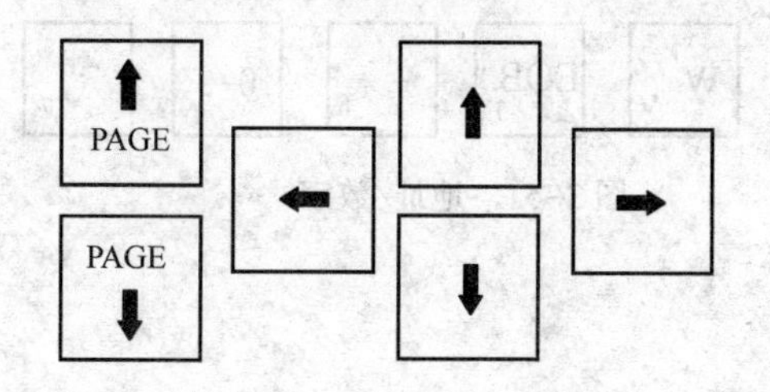

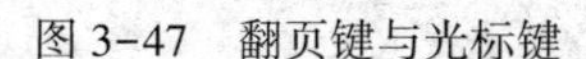

图 3-47 翻页键与光标键

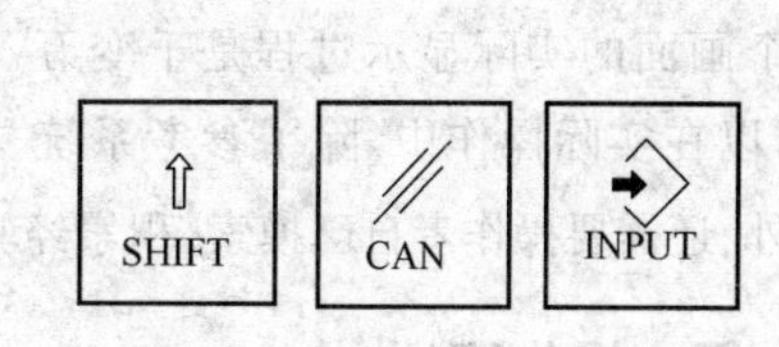

图 3-48 换挡键、取消键、输入键

①【SHIFT】键(换挡键)。在地址键上有两个字符,靠左边较大的字符是默认字符,右下角较小的字符必须配合换挡键才能被选择输入。例如按下图 3-41 所示的地址键,屏幕上默认显示的是字符"T",如果先按下换挡键,再按下图 3-49 所示的地址键,则屏幕上显示的是字符"J"。

②【INPUT】键(输入键)。当按了地址键或数字键后,数据被输入到数据缓冲器,并在屏幕上显示出来,按下输入键可以把缓冲器中的数据输入到寄存器中。【INPUT】键与输入键的功能作用是相同的,都是在输入刀偏数据、坐标系数据、参数数据等时使用。编辑程序时不使用【INPUT】键。

③【CAN】键(取消键)。按此键可删除输入缓冲器中的最后一个字符或符号。

5. 程序编辑键(见图 3-50)

在编辑程序时可使用程序编辑键。它共包含 3 个键。

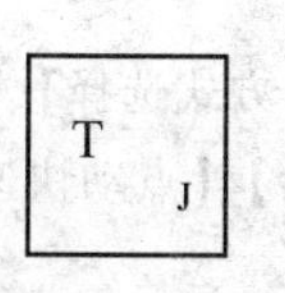

图 3-49 地址键 T/J

图 3-50 程序编辑键

①【ALTER】键(替换键)。又称修改键,按此键可把寄存器中光标所在的字符替换为缓冲器中输入的字符。

②【INSERT】键(插入键)。【INSERT 键】虽然与【INPUT】键一样都是把缓冲器中的数据输入到寄存器中,但是【INSERT】键只在编辑程序时使用。按下插入键,可把缓冲器中的字符插入到寄存器中光标所在位置的后面。

③【DELETE】键(删除键)。按此键可把寄存器中光标所处的字符删除。

6. 地址/数字键(见图 3-51)

按这些键可输入字母、数字以及其他字符。在这些键中按下【EOB】键可输入“;”号。

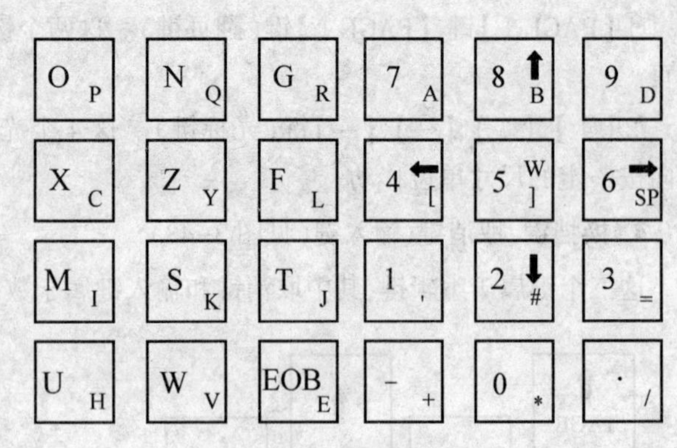

图 3-51 地址/数字

7. 软键

为了显示更详细的画面,在按了功能键之后,可紧接着按相应的键。键的功能相当于电脑中的子菜单功能。键在实际操作中十分有用,通过键操作从一个画面到另一个画面的实际显示过程是千变万化的,所以在实际操作中,除了参考系统说明书外,还需要操作者自己摸索,积累经验。

二、用户操作面板

用户操作面板由图 3-43 所示,有些厂家生产的数控车床上不是采用旋钮,而是采用按键的形式进行选择。

1. 倍率修调

主轴修调:当前主轴修调倍率。

进给修调:当前进给修调倍率。

快速修调:当前快进修调倍率。

2. 机床手动操作

机床的手动操作主要包括:手动移动机床坐标轴(点动、增量、手摇)、手动控制主轴(启、停、点动)、机床锁住、刀位转换、卡盘松紧、冷却液启停、手动数据输入(MDI)运行等。机床手动操作主要由手持单元和机床控制面板共同完成。

(1) 坐标轴移动

手动移动机床坐标轴的操作由手持单元和机床控制面板上的【方式选择】、【轴手动】、【增量倍率】、【进给修调】、【快速修调】等按键共同完成。包括【点动进给】、【点动快速移动】、【点动进给速度选择】、【增量进给】、【手摇进给】。

(2) 主轴控制

主轴手动控制由机床控制面板上的主轴手动控制按键完成。包括【主轴正转】、【主轴反转】、【主轴停止】、【主轴点动】、【主轴速度修调】。

注意:【主轴正转】、【主轴反转】、【主轴停止】这几个按键互锁,即按一下其中一个(指示灯亮),其余两个会失效(指示灯灭)。

(3) 机床锁住

机床锁住禁止机床所有运动。在手动运行方式下,按一下【机床锁住】按键(指示灯亮),再进行手动操作,系统继续执行,显示屏上的坐标轴位置信息变化,但不输出伺服轴的移动指令,所以机床停止不动。

(4) 其他手动操作

包括【刀位转换】、【冷却启动与停止】、【卡盘松紧】。

(5) 手动数据输入(MDI)运行

MDI输入的最小单位是一个有效指令字。因此,输入一个MDI运行指令段可以有下述两种方法:

①一次输入,即一次输入多个指令字的信息;

②多次输入,即每次输入一个指令字信息。

在输入完一个MDI指令段后,按一下操作面板上的【循环启动】键,系统即开始运行所输入的MDI指令。如果输入的MDI指令信息不完整或存在语法错误,系统会提示相应的错误信息,此时不能运行MDI指令。

3. 启动自动运行

系统调入零件加工程序,经校验无误后,可正式启动运行:

①按一下机床控制面板上的【自动】键(指示灯亮),进入程序运行模式;

②按一下机床控制面板上的【循环启动】键(指示灯亮),机床开始自动运行调入的零件加工程序。

4. 单段运行

按一下机床控制面板上的【单段】键(指示灯亮),系统处于单段自动运行方式,程序控制将逐段执行:

①按一下【循环启动】键,运行一程序段,机床运动轴减速停止,刀具、主轴电动机停止运行;

②再按一下【循环启动】键,又执行下一程序段,执行完了后又再次停止。

5. 运行时干预

(1) 进给速度修调

在自动方式或MDI运行方式下,当F代码编程的进给速度偏高或偏低时,可用进给修调右侧的【100%】和【+】、【-】键修调程序中编制的进给速度。

按压【100%】键指示灯亮,进给修调倍率被置为100%,按一下【+】键,进给修调倍率递增5%,按一下【-】键,进给修调倍率递减5%。

(2) 快移速度修调

在自动方式或MDI运行方式下,可用快速修调右侧的【100%】和【+】、【-】键,修调G00快速移动时系统参数“最高快移速度”设置的速度。

按压【100%】键(指示灯亮),快速修调倍率被置为100%,按一下【+】键,快速修调倍率递增5%,按一下【-】键快速修调倍率递减5%。

(3) 主轴修调

在自动方式或MDI运行方式下,当S代码编程的主轴速度偏高或偏低时,可用主轴修调右侧的【100%】和【+】、【-】键修调程序中编制的主轴速率。

按压【100%】键(指示灯亮),主轴修调倍率被置为100%,按一下【+】键主轴修调倍率递增5%,按一下【-】键,主轴修调倍率递减5%。

三、上电、关机、急停

主要介绍机床数控装置的上电、关机、急停、复位、回参考点、超程解除等操作。

1. 上电

①检查机床状态是否正常;

②检查电源电压是否符合要求、接线是否正确;

③ 按下急停按键;

④机床上电;

⑤数控上电;

⑥检查风扇电动机运转是否正常;

⑦检查面板上的指示灯是否正常。

接通数控装置电源后,HNC-21T 自动运行系统软件工作方式为急停。

2. 复位

系统上电进入软件操作界面时,系统的工作方式为急停,为控制系统运行,需要左旋并拔起操作台右上角的急停按键,使系统复位并接通伺服电源,系统默认进入回参考点方式,软件操作界面的工作方式变为回零。

3. 返回机床参考点

控制机床运动的前提是建立机床坐标系,为此,系统接通电源、复位后首先应使机床各轴回参考点,操作方法如下:

①如果系统显示的当前工作方式不是回零方式,按一下控制面板上面的回零键,确保系统处于回零方式;

②根据 X 轴机床参数回参考点方向 ,按一下【+X】(回参考点方向为+) 或【-X】(回参考点方向为-)键, X 轴回到参考点后,【+X】 或【-X】键内的指示灯亮;

③用同样的方法使用【+Z】 、【-Z】键,使 Z 轴回参考点,所有轴回参考点后,即建立了机床坐标系。

注意:

①在每次电源接通后,必须先完成各轴的返回参考点操作,然后再进入其他运行方式,以确保各轴坐标的正确性;

②同时按下 X 、Z 轴向选择键,可使 X、Z 轴同时返回参考点;

③在回参考点前,应确保回零轴位于参考点的回参考点方向相反侧(如 X 轴的回参考点方向为负,则回参考点前应保证 X 轴当前位置在参考点的正向侧),否则应手动移动该轴直到满足此条件;

④ 在回参考点过程中,若出现超程,请按住控制面板上的超程解除键,向相反方向手动移动该轴使其退出超程状态。

4. 急停

机床运行过程中,在危险或紧急情况下,按下急停键,CNC 即进入急停状态,伺服进给及主轴运转立即停止工作(控制柜内的进给驱动电源被切断)。松开急停键(左旋此按键,自动跳起),CNC 进入复位状态。

解除紧急停止前,先确认故障原因是否排除,且紧急停止解除后应重新执行回参考点操作,以确保坐标位置的正确性。

注意:在上电和关机之前应按下急停键,以减少设备电冲击。

5. 超程解除

在伺服轴行程的两端各有一个极限开关,作用是防止伺服机构碰撞而损坏。每当伺服机构碰到行程极限开关时,就会出现超程。当某轴出现超程(超程解除按键内指示灯亮)时,系统视其状况为紧急停止,要退出超程状态必须:

①松开急停键,置工作方式为手动或手摇方式。

②一直按压着超程解除键(控制器会暂时忽略超程的紧急情况)。

③在手动(手摇)方式下,使该轴向相反方向退出超程状态。

④松开超程解除键。

若显示屏上运行状态栏"运行正常"取代了"出错",表示恢复正常,可以继续操作。

注意:在操作机床退出超程状态时,请务必注意移动方向及移动速率,以免发生撞击。

6. 关机

①按下控制面板上的急停键,断开伺服电源。

②断开数控电源。

③断开机床电源。

7. 回零操作

数控机床开机后,必须进行回零操作。

(1) 回零的概念

回零又称回机床参考点或回机床原点。机床参考点是数控机床上的一个固定基准点,一般位于机床移动部件(刀架、工作台等)沿其坐标轴正向移动的极限位置。该点在机床出厂时已调好,一般不允许随意变动。回零操作可使机床移动部件沿其坐标轴正向退到机床零点,机床的机床参考点是刀架沿 X、Z 轴正向的极限位置。

(2) 回零的方法

指令回零:通过加工程序中的指令,实现机床移动部件自动返回机床零点。操作回零:通过面板上的键盘操作,使数控机床各轴自动返回机床零点。一般先回 Z 轴,再回 X 轴。

(3) 回零的作用

开机后回零可消除屏幕显示的随机动态坐标,使机床有个绝对的坐标基准。在连续重复的加工以后,回零可消除进给运动部件的坐标累积误差。

四、工件棒料与刀具的装夹

1. 工件棒料装夹

装夹工件棒料时应使三爪自定心卡盘加紧工件棒料,并有一定的夹持长度,棒料的伸出长度应考虑到零件的加工长度及必要的安全距离,棒料中心线尽可能与主轴中心线重合。

2. 刀具的装夹

刀具的装夹与普通车床的装夹一样,但应注意以下几点:

①车刀不宜伸出过长。

②刀尖应与中心一样高。

③螺纹刀装夹时,应用螺纹样板进行装夹。

④切槽刀要装正,保证两副偏角对称。

五、对刀操作

1. 第一把刀的对刀步骤

(1) 第一步:确认刀具

首先在 MDI 模式下,输入换刀指令:Txx;然后在 MDI 模式下,输入转速指令:SxxxM0x。

(2) 第二步:试切削

①快速接近工件,注意不要碰到工件。

②*Z* 向对刀:在手动进给方式下,切削工件端面,直至端面平整为止。

③注意此时不要移动 *Z* 轴,按下【MENU OFSET】,切换到 GEOMETRY 画面,确认刀号,输入 Z0.

④*X* 向对刀:在手动进给方式下,切削工件外圆,直至外圆平整为止。停止主轴转动,进行外圆测量,记下外圆直径测量值,注意此时不要移动 *X* 轴,按下【MENU OFSET】,切换到 GEOMETRY 画面,确认刀号,输入 *X* 的值(*X* 的值为外圆直径测量值)。

⑤输入刀具其他参数,包括刀尖圆角半径(Rxx)和刀尖假想位置(Tx)。

⑥移动刀具远离工件,直至安全位置。

第一把刀对刀结束。

2. 第二把刀的对刀步骤

(1) 第一步:确认刀具

首先在 MDI 模式下,输入换刀指令:T0x0x;然后在 MDI 模式下,输入转速指令:SxxxM0x。

(2) 第二步:试切削

①快速接近工件,注意不要碰到工件。

②*Z* 向对刀:在手动进给方式下,轻碰已平整的工件端面,注意不要切削工件端面。如果切削了工件端面,则第一把刀的 *Z* 向需要重新对刀。

③注意此时不要移动 *Z* 轴,按下【MENU OFSET】,切换到 GEOMETRY 画面,确认刀号,输入 Z0.

④X 向对刀:在手动进给方式下,切削工件外圆,直至外圆平整为止。停止主轴转动,进行外圆测量,记下外圆直径测量值,注意此时不要移动 X 轴,按下【MENU OFSET】,切换到 GEOMETRY 画面,确认刀号,输入 X 的值(X 的值为外圆直径测量值)。

⑤输入刀具其他参数,包括刀尖圆角半径(Rxx)和刀尖假想位置(Tx)。

⑥移动刀具远离工件,直至安全位置。

第二把刀对刀结束。

六、刀具的磨损设置

当刀具出现磨损或更换刀片后,可以对刀具进行磨损设置,其设置页面如图 3-52 所示。当刀具磨损后或工件加工后的尺寸有误差时,只要修改“刀具磨损设置” 页面中每把刀相应的补偿值即可。例如工件外圆粗车后的尺寸应为 20.5mm,但实际测量的尺寸为 20.55mm(或 20.45mm),尺寸偏大 0.05mm(或偏小 0.05mm),这时只要在“刀具磨损设置”窗口对应刀具(如 1 号刀,在 W01 番号中)的 X 向补偿值内输入“-0.05”(或 0.05)即可。

工件补正 / 摩托　　　　0.001　N0020

番号	X	Z	R	T
W01	0.000	0.000	0.000	0
W02	0.000	0.000	0.000	0
W03	0.000	0.000	0.000	0
W04	0.000	0.000	0.000	0
W05	0.000	0.000	0.000	0
W06	0.000	0.000	0.000	0
W07	0.000	0.000	0.000	0
W08	0.000	0.000	0.000	0

现在位置（相对坐标）

U -29.492　　　　W-26.653

ADRS　　　　S　　　　OT

EDIT

[摩托]　[形状]　[坐标系]　[MACRO]　[　　]

图 3-52　刀具偏移(磨耗)设置页面

七、程序自动操作

①装夹好工件,打开所需运行的程序,调整【快速进给倍率】旋钮和【进给倍率】旋钮为较小的值,按程序中工件坐标系指令设置好相应的工件坐标系。

②将方式选择旋钮旋至“自动”方式,按下【循环启动】键,进行数控车床的自动操作。在运行过程中,可根据切屑及机床的振动情况调整合适的进给倍率。自动运行页面如图 3-53 所示,光标所在位置为车床正在运行的程序段。按页面“检视”所对应的软键进入程式检视页面,在该页面可以观察到车床运行到那个程序段,还能观察到刀位点的工件坐标、编程主轴转速、进给速度及即时的主轴转速和进给速度等信息。

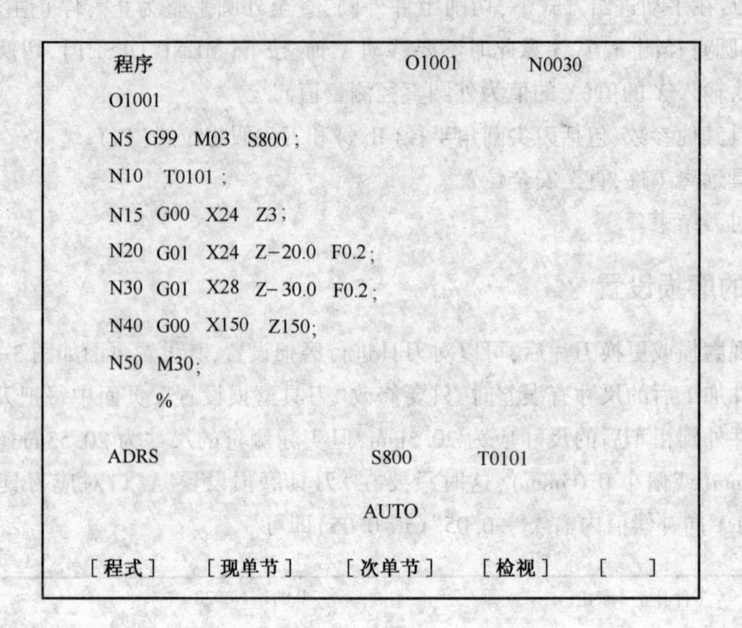

图 3-53 自动运行时的程序页面

在自动运行过程中，如果按下功能键中的【单段】键，系统进入单段运行操作，即数控系统执行完一个程序段后，进给停止，必须重新按下【循环启动】键，才能执行下一个程序段。

任务操作

一、任务描述

编制如图 3-54 所示零件的加工程序，材料为 45 钢，棒料直径为 40 mm。

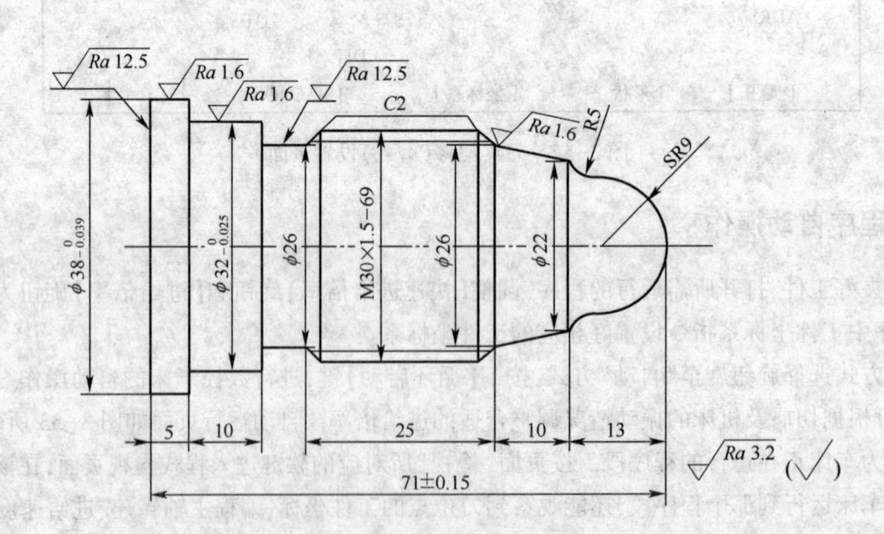

图 3-54 综合实例零件图

二、任务实施

1. 填写数控加工工序卡片

(1) 刀具设置

硬质合金焊接外圆刀为 1 号刀；宽 4 mm的硬质合金焊接切槽刀为 2 号刀；60°硬质合金焊接螺纹刀为 3 号刀。刀具选择如图 3-55 所示。

(2) 工艺路线

①棒料伸出卡盘外约 85 mm，找正后夹紧。

②用 1 号刀，采用 G71 进行轮廓循环粗加工。

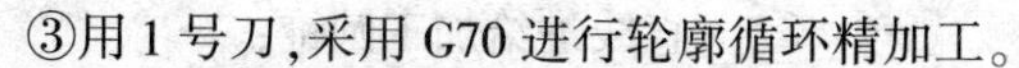

③用 1 号刀，采用 G70 进行轮廓循环精加工。

④用 2 号刀，采用 G75 进行切槽循环加工。

⑤用 3 号刀，采用 G76 进行螺纹循环加工。

⑥用 2 号刀切下零件。

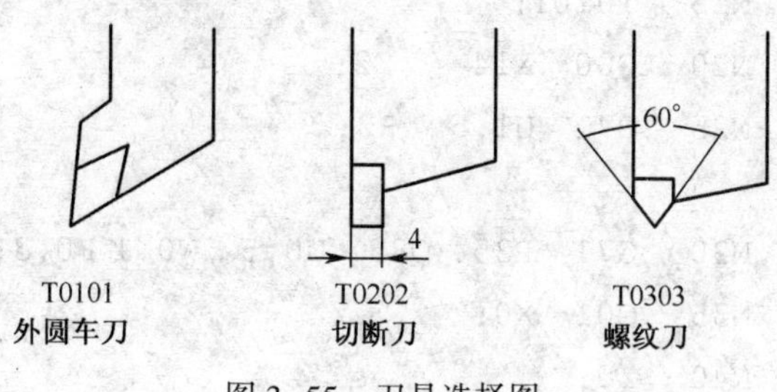

图 3-55　刀具选择图

(3) 相关计算

螺纹总切深：$h=0.6495p=0.6495\times1.5=0.974$ mm。通过以上分析，制订加工工艺卡，如表3-9 所示。

表 3-9　数控车床加工工艺卡

零件图号				数控车床加工工艺卡		
零件名称						
刀具		量具		工具		
1	T01 外圆刀	1	千分尺			
2	T02 切断刀	2	游标卡尺			
3	T03 螺纹刀	3	环规			
序号		工艺内容		切削用量		
				$S/(\mathrm{r\cdot min^{-1}})$	$F/(\mathrm{mm\cdot r^{-1}})$	背吃刀量 a_p/mm
1		手动加工右端面		600	0.2	0.3
2		粗加工外圆轮廓		800	0.3	1.5
3		精加工外圆轮廓		1000	0.2	0.25
4		切槽		500	0.1	0.1
5		加工螺纹		500	1.5	0.4
6		切断		500	0.2	
7		工件检测				
编制		审核		批准		共　页第　页

2. 编制加工程序

```
O1013                                          程序名；
N5    G99  G21;                                转进给、公制编程；
N10   M03  S800;                               主轴正转，转速为 800 r/min；
N15   T0101;                                   换 1 号刀，导入刀具补偿；
N20   G00  X14    Z2;                          快速到达轮廓循环起刀点；
N25   G71  U1.5   R2;                          外径粗车循环，给定加工参数；
                                               N35~N85 为循环部分轮廓；
N30   G71  P35  Q85  U0.5  W0.1 F0.3;
N35   G01  X0;
N40   Z0;
N45   G03  X18  Z-9   R9;                      逆圆进给加工 SR9 球头；
N50   G02  X22  Z-13  R5;                      顺圆进给加工 R5 圆弧；
N55   G01  X26  Z-23;                          直线进给加工圆锥；
N60   X29.8  Z-25;                             加工倒角；
N65   Z-56;                                    车削螺纹部分圆柱；
N70   X32;                                     车削槽处的台阶端面；
N75   Z-66;                                    车削外圆；
N80   X38;                                     车台阶；
N85   Z-76;                                    车削外圆；
N90   G00  X100;                               刀具沿径向快退；
N95   Z200;                                    刀具沿轴向快退；
N100  M05;                                     主轴停止；
N105  M00;                                     程序暂停，测量粗加工后的零件；
N110  M03  S1000;                              主轴重新启动；
N115  T0101;                                   重新调用 1 号刀，可引入刀具偏移
                                               量或磨损量；
N120  G00  X41  Z2;
N125  G70  P35  Q85  F0.2;                     从 N35~N85 对轮廓进行精加工；
N130  G00  X100;                               刀具沿径向快退；
N135  Z200;                                    刀具沿轴径向快退；
N140  M05;                                     主轴停转；
N145  M00;                                     程序暂停；
N150  M03  S500;                               主轴重新启动；
N155  T0202;                                   调用 21 号刀；
N160  G00  X33  Z-52;                          快速到达切槽起点；
N165  G75  R0.1;                               指定径向退刀量 0.1 mm；
N170  G75  X26  Z-56  P500  Q3500  R0  F0.1;   指定槽底、槽宽及加工参数
```

```
N175  G00  X40;                           切槽完毕后,沿径向快退;
N180  Z-50;                               沿轴移动,准备切削螺纹左侧倒角;
N185  G01  X30  F0.2;
N190  X26  Z-52;                          倒角;
N195  G00  X100;                          刀具沿径向快退;
N200  Z200;                               刀具沿轴向快退;
N205  M03  S500;                          准备加工螺纹;
N210  T0303;                              换3号螺纹刀;
N215  G00  X31  Z-20;                     快速到达螺纹加工起始位置;
N220  G76  P20160  Q80  R0.1;             螺纹循环加工参数设定,螺纹精加工两次;
N225  G76  X28.052  Z-50  R0  P974  Q400  F1.5;
N230  G00  X100;                          刀具沿径向快退;
N235  Z200;                               刀具沿轴向快退;
N240  M05;                                主轴停止;
N245  M00;                                暂停;
N250  M03  S500;
N255  T0202;                              换2号刀切槽;
N260  G00  X42  Z-75;                     快速到达切断位置;
N265  G01  X0  F0.2;                      切断进给;
N270  X42  F0.5;                          切断完毕后径向进给退刀;
N275  G00  X100;                          刀具沿径向快退;
N280  Z200;                               刀具沿轴向快退;
N285  T0101;                              为下一个零件的加工作准备;
N290  M30;                                程序结束;
%                                         程序结束符。
```

习　题

一、单项选择题

1. 机床坐标系判别方法采用右手直角笛卡儿坐标系,增大工件和刀具距离的方向是(　　)。

A. 负方向　　B. 正方向　　C. 任意方向　　D. 原点

2. 螺纹的公称直径是指(　　)。

A. 螺纹小径　　B. 螺纹中径　　C. 螺纹大径　　D. 三个都对

3. 只在本程序段有效,下一程序段需要时必须重写的代码称为(　　)。

A. 模态代码　　B. 非模态代码　　C. 准备功能　　D. 冷却功能

4. 千分尺的分度值是(　　)。

A. 0.1 mm　　B. 0.01 mm　　C. 0.001 mm　　D. 0.02 mm

5. 齿轮模数的单位是(　　)。

A. 厘米　　B. 毫米　　C. 无单位　　D. 微米

6. 采用半径编成方法编写圆弧插补程序时,当其圆弧所对圆心角(　　)18°时,该半径 R 取负值。

A. 大于　　B. 小于　　C. 等于　　D. 大于或等于

7. 在编程中,为使程序简洁,减少出错率,提高编程工作效率,总是希望以(　　)的程序段数实现对零件的加工。

A. 最多　　B. 最少　　C. 较少　　D. 不确定

8. 只要数控机床的伺服系统是开环的,一定没有(　　)装置。

A. 检测　　B. 反馈　　C. 输入通道　　D. 输出通道

9."机床锁定"方式下,进给自动运行,(　　)功能被锁定。

A. 进给步　　B. 主轴　　C. 冷却　　D. 全不对

10. 数控机床加工调试中遇到问题想停机应先停止(　　)。

A. 冷却液　　B. 主运动　　C. 进给运动　　D. 模态代码

11. 数控车床的开机操作步骤应该是(　　)。

A. 开电源,开急停开关,开 CNC 系统电源　　B. 开电源,开 CNC 系统电源,开急停开关

C. 开 CNC 系统电源,开电源,开急停开关　　D. 都不对

12. 闭环控制系统的位置检测装置安装在(　　)。

A. 传动丝杠上　　B. 伺服电动机轴端　　C. 机床移动部件上　　D. 数控装置

13. 若未考虑车刀刀尖半径的补偿值,会影响车削工件的(　　)精度。

A. 外径　　B. 内径　　C. 长度　　D. 锥度及圆弧

14. 程序校验与首件试切的作用是(　　)。

A. 检查机床是否正常

B. 提高加工质量

C. 检验程序是否正确及零件的加工精度是否满足图纸要求

D. 检验参数是否正确

15. 在直径 400 mm 的工件上车削沟槽,若切削速度 v_c 设定为 100 m/min,则主轴转数宜选:(　　)r/min。

A. 69　　B. 79　　C. 100　　D. 200

16. 数控系统的报警大体可以分为操作报警、程序错误报警、驱动报警及系统错误报警,某个程序在运行过程中出现"圆弧端点错误",这属于(　　)。

A. 程序错误报警　　B. 操作报警　　C. 驱动报警　　D. 系统错误报警

17. 数控车床能进行螺纹加工,其主轴上一定安装了(　　)。

A. 测速发电机　　B. 脉冲编码器　　C. 温度控制器　　D. 光电管

18. 测量与反馈装置的作用是为了(　　)。

A. 提高机床的安全性　　B. 提高机床的使用寿命

C. 提高机床的定位精度、加工精度　　　　　D. 提高机床的灵活性

19. 数控机床能成为当前制造业最重要的加工设备是因为(　　)。

A. 自动化程度高　　　　　　　　　　　　B. 对工人技术水平要求低

C. 劳动强度低　　　　　　　　　　　　　D. 适应性强、加工效率高和工序集中。

20. 滚珠丝杠螺母副中负载滚珠总圈数一般为(　　)。

A. 小于 2 圈　　　B. 2~4 圈　　　C. 4~6 圈　　　D. 大于 6 圈

二、编程题

编制下图 3-56 所示零件的数控加工程序。

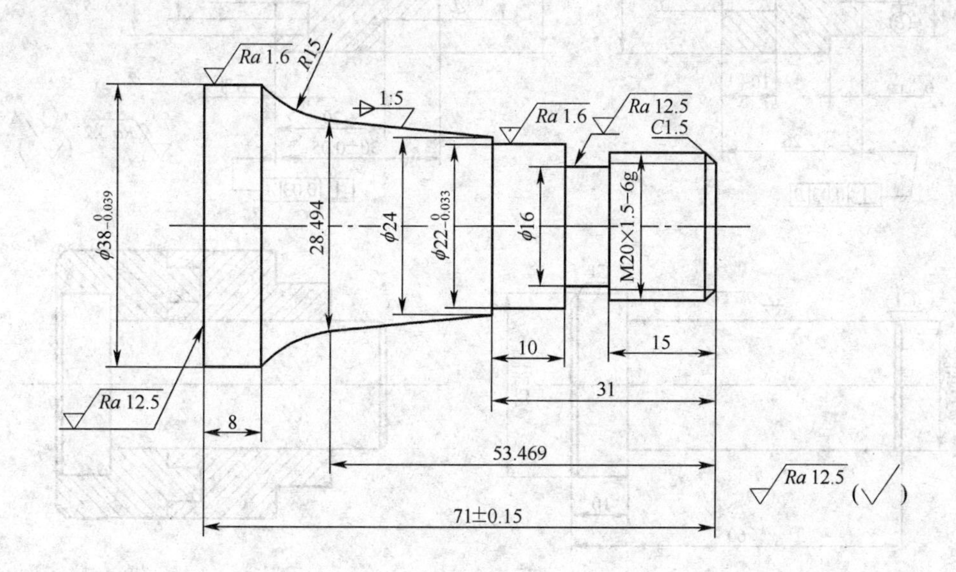

(a)

(b)

图　3-56

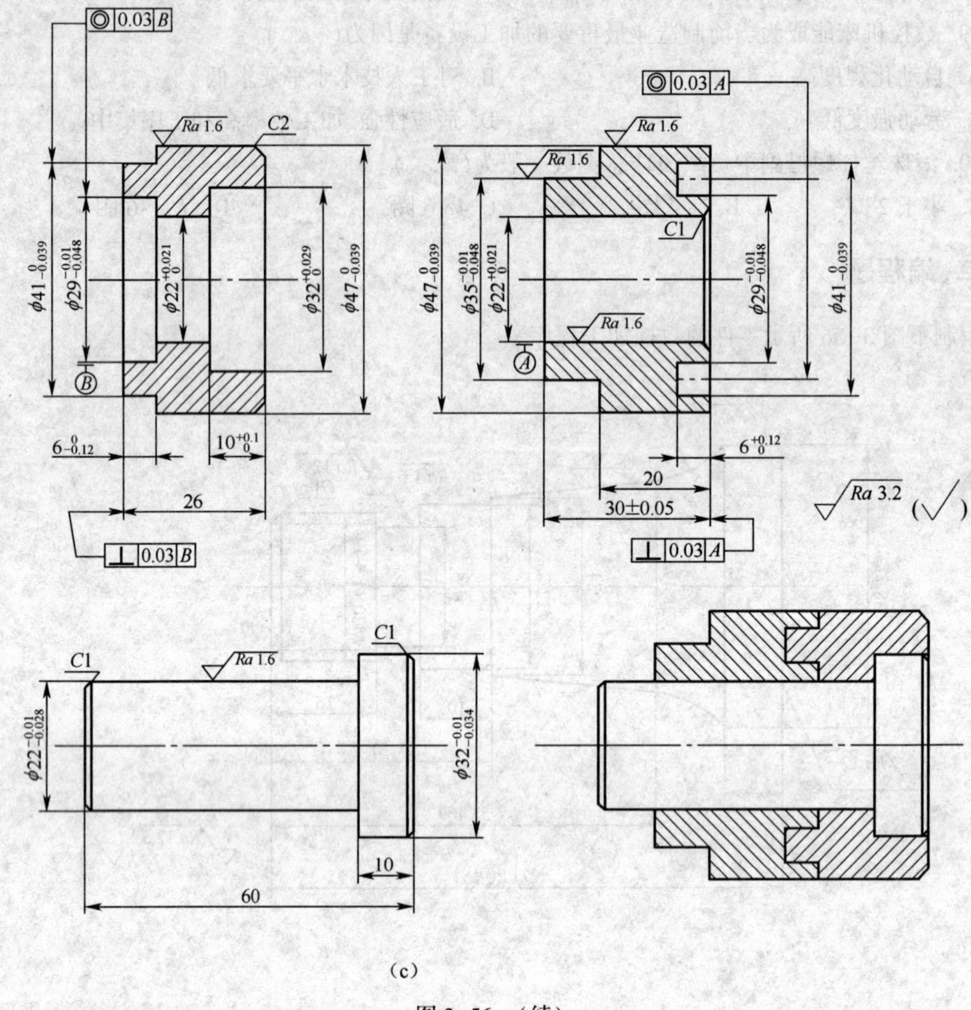

（c）

图 3-56 （续）

三、简答题

1. 什么情况下应用子程序？
2. 循环指令有什么优点？应用时要注意哪些问题？
3. FANUC 系统数控车床的操作面板由哪几部分组成？
4. S 代码表示什么功能？
5. 进给功能字 F 有几种进给速度的表示方法？
6. 数控车床在哪几种情况下要进行回参考点操作？
7. FANUC 系统数控车床有哪几种车螺纹指令？试述各指令程序段中参数的含义。
8. 对刀的目的是什么？
9. 车螺纹时怎样确定螺纹小径？

项目❹ 数控铣床和加工中心编程与操作

数控铣床是世界上最早研制出来的数控机床,是一种功能很强的机床。它加工范围广,工艺复杂,涉及的技术问题多,是数控加工领域中具有代表性的一种机床。目前迅速发展起来的加工中心和柔性制造单元等都是在数控铣床的基础上发展起来的。人们在研究和开发新的数控系统和自动编程软件时,也把数控铣削加工作为重点。

与普通铣床相比,数控铣床的加工精度高,精度稳定性好,适应性强,操作劳动强度低,特别适应于板类、盘类、壳具类、模具类等复杂形状的零件或对精度保持性要求较高的中、小批量零件的加工。

本项目任务依次为:认识数控铣床/加工中心结构 、数控铣床/加工中心安全操作与安全生产、铣床/加工中心常用刀具与工件装夹、操作 FANUC0i Mate-MC 和 SINUMERIK-802D 数控铣床、数控铣床/加工中心对刀操作、平行面铣削和沟槽类零件、台阶面铣削、铣削单一圆弧轮廓、铣削叠加外形轮廓、铣削封闭型腔和连接孔的加工。通过对各个任务的分析和把握,掌握数控铣床/加工中心编程与操作的方法。

任务1　认识数控铣床/加工中心的结构

通过本任务的学习,能够了解数控铣床/加工中心的基本结构、性能及加工特点,能够识别数控铣床/加工中心的类型。

相关知识

数控铣床/加工中心的构成与分类

1. 数控铣床/加工中心的基本构成

(1) 数控铣床

数控铣床是主要以铣削方式进行零件加工的一种数控机床,同时还兼有钻削、镗削、铰削、螺纹加工等功能,它在企业中得到了广泛使用,图 4-1 所示为常用的立式数控铣床。数控铣床的结构主要由机床本体、数控系统、伺服驱动装置及辅助装置等部分构成。

①机床本体属于数控铣床的机械部件,主要包括床身、工作台及进给机构等。

②数控系统。它是数控铣床的控制核心,接受并处理输入装置传送来的数字程序信息,并将各种指令信息输出到伺服驱动装置,使设备按规定的动作执行。目前,常用的数控系统有:日本的 FANUC 系统、三菱系统、德国的 SIENMERIK 系统、中国的华中世纪星系统等。

③伺服驱动装置。它是数控铣床执行机构的驱动部件,包括主轴电动机和进给伺服电动机等。

④辅助装置主要指数控铣床的一些配套部件，如液压装置、气动装置、冷却装置及排屑装置等。

(2) 加工中心

加工中心机床又称多工序自动换刀数控机床，这里所说的加工中心主要是指镗铣加工中心，这类加工中心是在数控铣床基础上发展起来的，配备了刀库及自动换刀装置，具有自动换刀功能，可以在一次定位装夹中实现对零件的铣、钻、镗、螺纹加工等多工序自动加工。

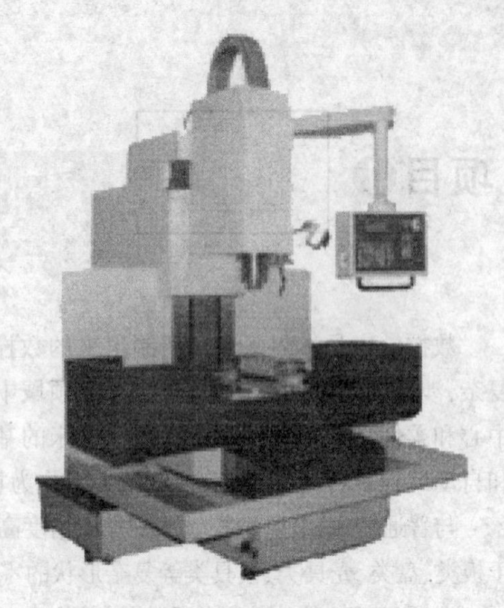

图 4-1　立式数控铣床

2. 数控铣床/加工中心的主要加工对象

数控铣床与加工中心的加工功能非常相似，都能对零件进行铣、钻、镗、螺纹加工等多工序加工，只是加工中心由于具有自动换刀等功能，因而比数控铣床有更高的加工效率。在生产过程中，数控铣床主要以单件、小批量且型面复杂的零件作为加工对象；而加工中心则主要以多工序、大批量的箱体类、盘套类零件作为加工对象，如汽车发动机缸体、汽车减速器壳体等(见图 4-2)。

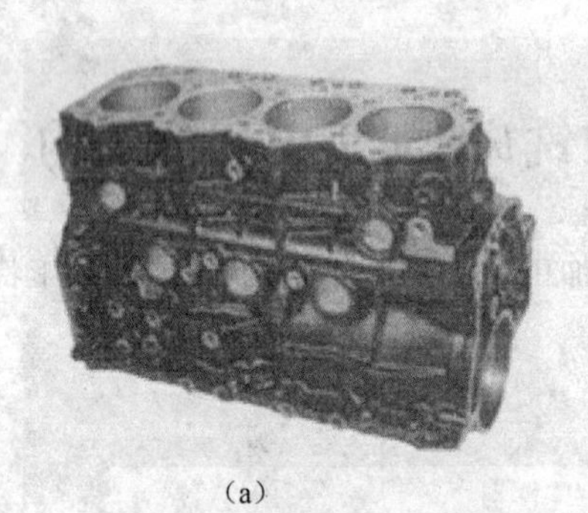

(a)

(b)

图 4-2　加工中心加工对象

3. 数控铣床/加工中心的类型

(1) 按机床结构特点及主轴布置形式分类

①立式数控铣床/加工中心，其主轴轴线垂直于机床工作台，如图 4-3 所示。其结构形式多为固定立柱，工作台为长方形，无分度回转功能。它一般具有 X、Y、Z 3 个直线运动的坐标轴，适合加工盘、套、板类零件。

立式数控铣床/加工中心操作方便，加工时便于观察，且结构简单，占地面积小、价格低廉，因而得到了广泛应用。但受立柱高度及换刀装置的限制，不能加工太高的零件，在加工型腔或下凹的型面时，切屑不易排出，严重时会损坏刀具，破坏已加工表面，影响加工的顺利进行。

图 4-3　立式加工中心

②卧式数控铣床/加工中心,其主轴轴线平行于水平面,如图 4-4 所示。卧式数控铣床/加工中心通常带有自动分度的回转工作台,它一般具有 3~5 个坐标,常见的是 3 个直线运动坐标加一个回转运动坐标,工件一次装夹后,完成除安装面和顶面以外的其余 4 个侧面的加工,它最适合加工箱体类零件。与立式数控铣床/加工中心相比较,卧式数控铣床/加工中心排屑容易,有利于加工,但结构复杂,价格较高。

图 4-4　卧式数控铣床

③多轴数控铣床/加工中心。联动轴数在三轴以上的数控机床称为多轴数控机床。常见的多轴数控铣床/加工中心有四轴四联动、五轴四联动、五轴五联动等类型,如图 4-5 所示。工件一次安装后,能实现除安装面以外的其余 5 个面的加工,使零件加工精度进一步提高。

(a)

(b)

图 4-5　多轴加工中心

(2) 按数控系统的功能分类

①经济型数控铣床/加工中心。经济型数控铣床/加工中心通常采用开环控制数控系统,这类机床可以实现 3 坐标联动,但功能简单,加工精度不高。

②全功能数控铣床/加工中心。这类机床所使用的数控系统功能齐全,并采用半闭环或闭环控制,加工精度高,因而得到了广泛的应用。

(3) 按加工精度分类

①普通数控铣床/加工中心。这类机床的加工分辨率通常为 1 mm,最大进给速度为 15~

25 m/min,定位精度在 10 mm 左右。它通常用于一般精度要求的零件加工。

②高精度数控铣床/加工中心。这类机床的加工分辨率通常为 0.1 mm,最大进给速度为 15~100 m/min,可以保证定位精度在 2 mm 左右,通常用于如航天领域中高精度要求的零件加工。

任务操作

一、任务描述

如图 4-1 所示,以立式铣床为例进行机床的牌号、组成及各部分功用、运动的控制、机床主要部件的结构特点等方面学习,完成任务单的填写。

二、任务实施

通过立式铣床的组成及各部分功用、机床主要部件的结构特点等学习,对数控铣床有一定认知,填写学习任务单。

学习任务单

<table>
<tr><td rowspan="2">学习项目:</td><td rowspan="2">姓名:</td><td>组别:</td><td rowspan="2">成绩</td><td rowspan="2"></td></tr>
<tr><td>日期:</td></tr>
<tr><td>1. 数控铣床的组成及特点

2. 数控铣床的刀架和导轨的布局形式</td><td colspan="4">3. 数控铣床的分类</td></tr>
<tr><td>学生自评:</td><td colspan="4" rowspan="2">教师评语:</td></tr>
<tr><td>学生互评:</td></tr>
</table>

任务 2　学习数控铣床/加工中心安全操作与安全生产

通过本任务的学习,能够掌握数控铣床/加工中心的安全操作要求,了解数控铣床/加工中心的安全生产,清楚数控铣床/加工中心的使用要求。

相关知识

一、数控铣床/加工中心安全操作

数控铣床/加工中心是机电一体化的高技术设备,要使机床长期可靠运行,正确操作和使用是关键。一名合格的数控机床操作工,不仅要具有扎实的理论知识及娴熟的操作技能,同时还必须严格遵守数控机床的各项操作规程与管理规定,根据机床“使用说明书”的要求,熟悉本机床的一般性能和结构,禁止超性能使用。正确、细心地操作机床,以避免发生人身、设备等安全事故。操作者应遵循以下以几方面操作规程。

1. 操作前

①按规定穿戴好劳动保护用品，不穿拖鞋、凉鞋、高跟鞋上岗，不戴手套、围巾、戒指、项链等各类饰物进行操作。

②对于初学者，应先详读操作手册，在未确实了解所有按键功能之前，禁止单独操作机床，操作时需要有熟练者在旁指导。

③各安全防护门未确定开关状态下，均禁止操作。

④机床启动前，需要确认护罩内或危险区域内均无任何人员或物品。

⑤数控机床开机前应认真检查各部机构是否完好，各手柄位置是否正确，常用参数有无改变，并检查各油箱内油量是否充足。

⑥依照顺序打开车间电源、机床主电源和操作箱上的电源开关。

⑦当机床第一次操作或长时间停止后，每个滑轨面均须先加润滑油，再让机床开机但运转不过 30 min，以便润滑油泵将油打至滑轨面后再工作。

⑧机床使用前先进行预热空运行，特别是主轴与三轴均须以最高速率的 50%运转 10~20 min。

2. 操作中

①严禁戴手套操作机床，避免误触其他开关造成危险。

②禁止用潮湿的手触摸开关，避免短路或触电。

③禁止将工具、工件、量具等随意放置在机床上，尤其是工作台上。

④非必要时，操作者勿擅自改动数控系统的设定参数或其他系统设定值。若必须更改时，请务必将原参数值记录存查，以利于以后故障维修时参考。

⑤机床未完全停止前，禁止用手触摸任何转动部件，绝对禁止拆卸零件或更换工件。

⑥执行自动程序指令时，禁止任何人员随意切断电源或打开电器箱，使程序中止而产生危险。

⑦按下按键前请先确定是否正确，并检查夹具是否安全。

⑧对于加工中心机床，用手动方式往刀库上装刀时，要保证安装到位，并检查刀座锁紧是否牢靠。

⑨对于加工中心机床，严禁将超重和超长的刀具装入刀库，以保证刀具装夹牢靠，防止换刀过程中发生掉刀或刀具与工件、夹具发生碰撞的现象。

⑩对于直径超过规定的刀具，应采取隔位安装等措施将其装入刀库，防止刀库中相邻刀位的刀具发生碰撞。

⑪安装刀具前应注意保持刀具、刀柄和刀套的清洁。

⑫刀具、工件安装完成后，要检查安全空间位置，并进行模拟换刀过程试验，以免正式操作时发生碰撞事故。

⑬装卸工件时，注意工件应与刀具间保持一段适当距离，并停止机床运转。

⑭在操作数控机床时，对各按键及开关操作不得用力过猛，更不允许用扳手或其他工具进行操作。

⑮新程序执行前一定要进行模拟检查，检查走刀轨迹是否正确。首次执行程序要细心调试，

检查各参数是否正确合理,并及时修正。

⑯ 在数控铣削过程中,操作者多数时间用于切削过程观察,应注意选择好观察位置,以确保操作方便及人身安全。

⑰数控铣床/加工中心虽然自动化程度很高,但并不属于无人加工,仍需要操作者经常观察,及时处理加工过程中出现的问题,不要随意离开岗位。

⑱在数控机床使用过程中,工具、夹具、量具要合理使用码放,并保持工作场地整洁有序,各类零件分类码放。

⑲加工时应时刻注意机床在加工过程的异常现象,发生故障应及时停车,记录显示故障内容,采取措施排除故障,或通知专业维修人员检修;发生事故,应立即停机断电,保护现场,及时上报,不得隐瞒,并配合相关部门做好分析调查工作。

3. 操作后

①操作者应及时清理机床上的切屑杂物(严禁使用压缩空气),工作台面、机床导轨等部位要涂油保护,做好保养工作。

②机床保养完毕后,操作者要将数控面板旋钮、开关等置于非工作位置,并按规定顺序关机,切断电源。

③整理并清点工、量、刀等用具,并按规定摆放。

④按要求填写交接班记录,做好交接班工作。

二、数控铣床/加工中心的使用要求

数控铣床/加工中心的整个加工过程是由数控系统按照数字化程序完成的,在加工过程中由于数控系统或执行部件的故障造成的工件报废或安全事故,操作者一般是无能为力的。数控铣床/加工中心工作的稳定性和可靠性,对环境等条件的要求非常高。一般情况下,数控铣床/加工中心在使用时应达到以下几方面要求。

1. 环境要求

数控机床的使用环境没有什么特殊的要求,可以与普通机床一样放在生产车间里,但是,要避免阳光直接照射和其他热辐射,要避免过于潮湿或粉尘过多的场所,特别要避免有腐蚀性气体的场所。腐蚀性气体最容易使电子元件腐蚀变质,或造成接触不良,以及造成元件之间短路,从而影响机床的正常运行。要远离振动大的设备,如冲床、锻压设备等。对于高精密的数控机床,还应采取防振措施。

由于电子元件的技术性能受温度影响较大,当温度过高或过低时,会使电子元件的技术性能发生较大变化,使工作不稳定或不可靠,从而增加故障发生的可能性。因此,对于精度高、价格昂贵的数控机床,应在有空调的环境中使用。

2. 电源要求

数控机床采取专线供电(从低压配电室分出一路单独供数控机床使用)或增设稳压装置,都可以减少供电质量的影响并减少电气干扰。

3. 压缩空气要求

数控铣床/加工中心多数都应用了气压传动,以压缩空气作为工作介质实现换刀等,因而所用压缩空气的压力应符合标准,并保持清洁。管路严禁使用未镀锌铁管,防止铁锈堵塞过滤器。要定期检查和维护气、液分离器,严禁水份进入气路。最好在机床气压系统外增设气、液分离过滤装置,增加保护环节。

4. 不宜长期封存不用

购买的数控铣床/加工中心要充分利用,尽量提高机床的利用率,尤其是投入使用的第一年,更要充分利用,使其容易出故障的薄弱环节尽早暴露出来,尽可能在保修期内将故障的隐患排除。如果工厂没有生产任务,数控机床较长时间不用时,也要定期通电,每周通电 1~2 次,每次空运行 1 h 左右,以利用机床本身的发热量来降低机内的湿度,使电子元件不致受潮,同时也能及时发现有无电池报警现象,以防止系统软件和参数丢失。

三、数控铣床/加工中心的日常保养与维护

要充分发挥数控机床的使用效果,除了正确操作机床外,还必须做好预防性维护工作。通过对数控机床进行预防性的维护,使机床的机械部分和电气部分少出故障,才能延长其平均无故障时间。对数控铣床/加工中心开展预防性维护,就是要做好日常维护与定期维护。

1. 数控铣床/加工中心的日常维护

数控铣床的日常维护包括每班维护和周末维护,由操作人员负责。

(1) 每班维护

①机床上的各种铭牌及警告标志须小心维护,不清楚或损坏时须更换。

②检查空压机是否正常工作,压缩空气压力一般控制在 0.588~0.784 MPa 的范围内,供应量为 200 L/min。

③检查数控装置上各个冷却风扇是否正常工作,以确保数控装置的散热通风。

④检查各油箱的油量,必要时须添加。

⑤电器箱与操作箱必须确保关闭,以避免切削液或灰尘进入。机加工车间空气中一般都含有油雾、漂浮的灰尘甚至金属粉末。一旦它们落在数控装置内的印制电路板或电子器件上,就容易引起元器件间绝缘电阻下降,并导致元器件及印制电路板损坏。

⑥加工结束后,操作人员须清理干净机床工作台面上的切屑,离开机床前,必须关闭主电源。

(2) 周末维护

在每个周末和节假日前,需要彻底清洗设备,清除油污,并由机械员(师)组织维修组检查评分进行考核,公布评分结果。

2. 数控铣床/加工中心的定期维护

对数控铣床/加工中心的定期维护是在维修工辅导配合下,由操作人员进行的定期维护作业,按设备管理部门的计划执行。

在维护作业中发现的故障隐患,一般由操作人员自行调整,不能自行调整的则以维修工为主,操作人员配合,并按规定作好记录,报送机械员(师)登记,转设备管理部门存查。设备定期维护后要由机械员(师)组织维修组逐台验收,并由设备管理部门抽查,作为对车间执行计划的考核。数控铣床/加工中心定期维护的主要内容有以下几项。

(1) 每月维护

①认真清扫控制柜内部。

②检查、清洗或更换通风系统的空气滤清器。

③检查全部按键和指示灯是否正常。

④检查全部电磁铁和限位开关是否正常。

⑤检查并紧固全部电缆接头并查看有无腐蚀、破损。

⑥全面查看安全防护设施是否完整牢固。

(2) 每两月维护

①检查并紧固液压管路接头。

②查看电源电压是否正常,有无缺相和接地不良。

③检查全部电动机,并按要求更换电池。

④检查液压马达是否渗漏并按要求更换油封。

⑤开动液压系统,打开放气阀,排出液压缸和管路中的空气。

⑥检查联轴节、带轮和带是否松动和磨损。

⑦清洗或更换滑块和导轨的防护毡垫。

(3) 每季维护

①清洗切削液箱,更换切削液。

②清洗或更换液压系统的滤油器及伺服控制系统的滤油器。

③清洗主轴箱和齿轮箱,并重新注入新润滑油。

④检查连锁装置、定时器和开关是否正常运行。

⑤检查继电器接触压力是否合适,并根据需要清洗和调整触点。

⑥检查齿轮箱和传动部件的工作间隙是否合适。

(4) 每半年维护

①抽取液压油液化验,根据化验结果,对液压油箱进行清洗换油,疏通油路,清洗或更换滤油器。

②检查机床工作台是否水平,全部锁紧螺钉及调整垫铁是否锁紧,并按要求调整水平。

③检查镶条、滑块的调整机构,并调整间隙。

④检查并调整全部传动丝杠负荷,清洗滚动丝杠并涂新油。

⑤拆卸、清扫电动机,加注润滑油脂,检查电动机轴承,酌情予以更换。

⑥检查、清洗并重新装好机械式联轴器。

⑦检查、清洗和调整平衡系统,酌情更换钢缆或链条。

⑧清扫电气柜、数控柜及电路板,定期更换电池。

任务操作

一、任务描述

通过对数控铣床/加工中心安全操作和日常维护等方面学习,完成任务单的填写。

二、任务实施

通过对数控铣床/加工中心安全操作、使用要求和日常维护等学习，对数控铣床/加工中心有一定认知，填写学习任务单。

学习任务单

<table>
<tr><td rowspan="2">学习项目：</td><td rowspan="2">姓名：</td><td>组别：</td><td rowspan="2">成绩</td><td rowspan="2"></td></tr>
<tr><td>日期：</td></tr>
<tr><td>1. 数控铣/加工中心的安全操作要求</td><td colspan="4">2. 数控铣/加工中心日常维护要点</td></tr>
<tr><td>学生自评：</td><td colspan="4" rowspan="2">教师评语：</td></tr>
<tr><td>学生互评：</td></tr>
</table>

任务3　学习数控铣床/加工中心常用刀具与工件装夹

通过本任务的学习，能够选用数控铣床/加工中心常用刀具及刀具安装等知识，能够正确使用平口钳进行工件装夹。

相关知识

一、初识数控铣床/加工中心刀具系统

1. 数控铣床/加工中心刀具系统特点

为适应加工精度高、加工效率高、加工工序集中及零件装夹次数少等要求，数控铣床/加工中心对所用的刀具有许多性能上的要求。与普通机床的刀具相比，数控铣床/加工中心机床切削刀具及刀具系统具有以下特点：

①刀片和刀柄高度的通用化、规则化和系统化。

②刀片和刀具几何参数及切削参数的规范化和典型化。

③刀片或刀具材料及切削参数须与被加工工件材料相匹配。

④刀片或刀具的使用寿命长，加工刚性好。

⑤刀片及刀柄的定位基准精度高，刀柄对机床主轴的相对位置要求也较高。

2. 刀具的材料

(1) 常用刀具材料

常用的数控刀具材料有高速钢、硬质合金、涂层硬质合金、陶瓷、立方氮化硼、金刚石等。其中，高速钢、硬质合金和涂层硬质合金三类材料应用最为广泛。

(2) 刀具材料性能比较

硬度和韧性是刀具材料性能的两项重要指标，上述各类刀具材料的硬度和韧性对比如图 4-6 所示。

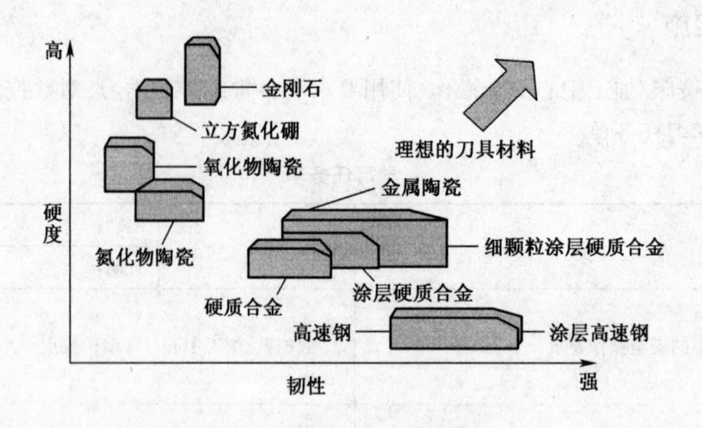

图 4-6　刀具材料的硬度和韧性对比

3. 数控铣床/加工中心常用切削刀具

(1) 铣削刀具

铣刀是刀齿分布在旋转表面或端面上的多刃刀具,其几何形状较复杂,种类较多,常用的有面铣刀、立铣刀、键槽铣刀、模具铣刀和成形铣刀等。

(2) 孔加工刀具

常用的孔加工刀具有中心钻、麻花钻(直柄、锥柄)、扩孔钻、锪孔钻、铰刀、镗刀、丝锥等。

4. 数控铣床/加工中心的刀柄系统

数控铣床/加工中心的刀柄系统主要由三部分组成,即刀柄、拉钉和夹头(或中间模块)。

(1) 刀柄

切削刀具通过刀柄与机床主轴连接,其强度、刚性、耐磨性、制造精度以及夹紧力等对加工有直接影响。数控铣床/加工中心用的刀柄一般采用 7∶24 锥面与主轴锥孔配合定位,刀柄及其尾部供主轴内拉紧机构用的拉钉已实现标准化,其使用的标准有国际标准(ISO)和中国、美国、德国、日本等国的标准。因此,刀柄系统应根据所用的数控铣床/加工中心要求进行配备。

数控铣床/加工中心刀柄可分为整体式与模块式两类,图 4-7 所示为常用的镗孔刀刀柄。

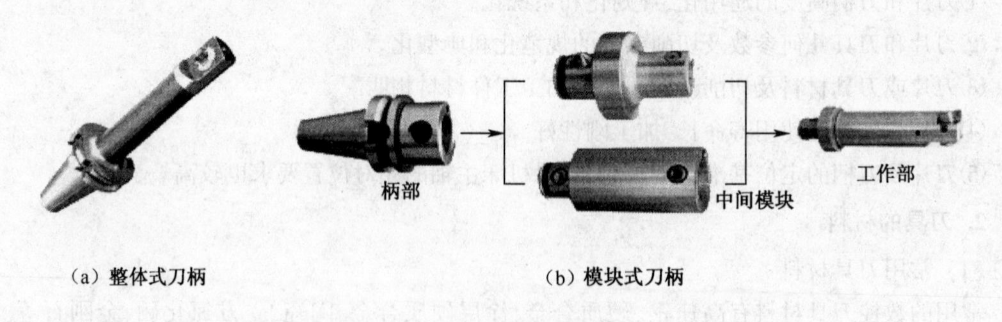

(a) 整体式刀柄　　(b) 模块式刀柄

图 4-7　镗孔刀刀柄

根据刀柄柄部形式及标准,我国使用的刀柄常分成 BT(日本 MAS 403—75 标准)、JT(GB/T 10944.4—2013 与ISO 7388—1983 标准,带机械手夹持槽)、ST(ISO 或 GB,不带机械手夹持槽)和 CAT(美国 ANSI 标准)等几个系列,这几个系列的刀柄除局部槽的形状不同外,其余结构基本相同,刀柄的具体型号和规格可通过查阅有关标准获得。

(2) 拉钉

拉钉的形状如图 4-8 所示,其尺寸目前已标准化,ISO 或 GB 规定了 A 型和 B 型两种形式的拉钉,其中 A 型拉钉用于不带钢球的拉紧装置,而 B 型拉钉用于带钢球的拉紧装置。拉钉的具体尺寸可查阅有关标准。

图 4-8 拉钉

(3) 弹簧夹头及中间模块

弹簧夹头有两种,即 ER 弹簧夹头,如图 4-9(a)所示,和 KM 弹簧夹头,如图 4-9(b)所示。

(a) ER 弹簧夹头

(b) KM 弹簧夹头

图 4-9 弹簧夹

其中,ER 弹簧夹头的夹紧力较小,适用于切削力较小的场合;KM 弹簧夹头的夹紧力较大,适用于强力铣削。

(4) 中间模块

中间模块是刀柄和刀具之间的中间连接装置。通过中间模块的使用,可提高刀柄的通用性能。例如,镗刀、丝锥与刀柄的连接就经常使用中间模块。

5. 刀具安装辅件

只有配备相应的刀具安装辅件,才能将刀具装入相应刀柄中。常用的刀具安装辅件有锁刀座、专用扳手等。一般情况下需要将刀柄放在锁刀座上,锁刀座上的键对准刀柄上的键槽,使刀柄无法转动,然后用专用扳手拧紧螺母。

二、刀具的装夹

1. 常用铣刀的装夹

(1) 直柄立铣刀的装夹

以强力铣夹头刀柄装夹立铣刀为例,其安装步骤如下:

①根据立铣刀直径选择合适的弹簧夹头及刀柄,并擦净各安装部位。

②按图 4-10(a)所示的安装顺序,将刀具和弹簧夹头装入刀柄中。

③再将刀柄放在锁刀座上,使锁刀座的键对准刀柄上的键槽,用专用扳手顺时针拧紧刀柄,再将拉钉装入刀柄并拧紧,如图 4-10(b)所示。

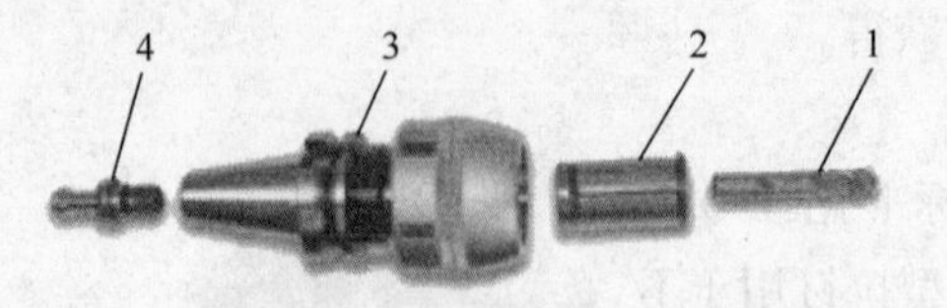

(a) 刀具装夹关系图

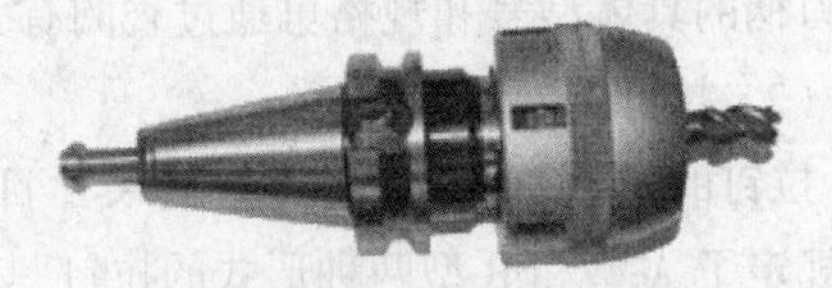

(b) 装夹完成后的直柄立铣刀

图 4-10　直柄立铣刀的装夹

1—立铣刀；2—弹簧夹头；3—刀柄；4—拉钉

(2) 锥柄立铣刀的装夹

通常用莫氏锥度刀柄来夹持锥柄立铣刀，其安装步骤如下：

①根据锥柄立铣刀直径及莫氏号选择合适的莫氏锥度刀柄，并擦净各安装部位。

②按图 4-11(a)所示的安装顺序，将刀具装入刀柄中。

③再将刀柄放在锁刀座上，使锁刀座的键对准刀柄上的键槽，用内六角扳手按顺时针方向拧紧紧固螺钉，再将拉钉装入刀柄并拧紧，如图 4-11(b)所示。

(a) 刀具装夹关系图　　(b) 装夹完成后的锥柄立铣刀

图 4-11　锥柄立铣刀的装夹

1—锥柄立铣刀；2—刀柄；3—拉钉

(3) 削平型立铣刀的装夹

通常选用专用的削平型刀柄来装夹削平型立铣刀，其安装步骤如下：

①根据削平型立铣刀直径选择合适的削平型刀柄，并擦净各安装部位。

②按图 4-12(a)所示的安装顺序，将刀具装入刀柄中。

③再将刀柄放在锁刀座上，使锁刀座的键对准刀柄上的键槽，用扳手顺时针拧紧拉钉，如图 4-12(b)所示。

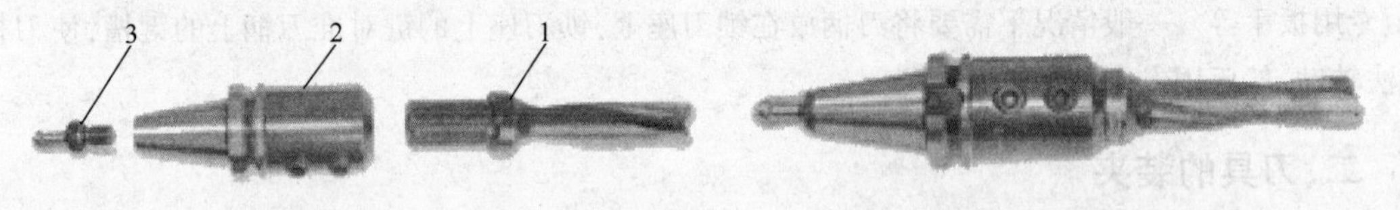

(a) 刀具装夹关系图　　(b) 装夹完成后的削平型立铣刀

图 4-12　削平型立铣刀的装夹

1—削平型立铣刀；2—刀柄；3—拉钉

2. 面铣刀的装夹

通常选用专用的平面铣刀柄来装夹面铣刀，其安装步骤如下：

①根据面铣刀直径选择合适的平面铣刀柄，并擦净各安装部位。

②按图 4-13(a)所示的安装顺序，将刀装入刀柄中。

③再将刀柄放在锁刀座上，使锁刀座的键对准刀柄上的键槽，用内六角扳手顺时针拧紧紧固刀盘用的螺栓，再将拉钉装入刀柄并拧紧，如图4-13(b)所示。

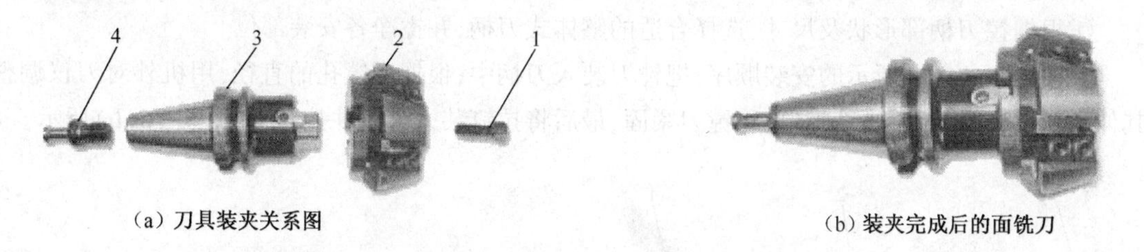

(a) 刀具装夹关系图　　(b) 装夹完成后的面铣刀

图4-13　面铣刀的装夹

1—刀盘固定螺栓；2—面铣刀刀盘；3—刀柄；4—拉钉

3. 钻头及铰刀的安装

(1) 直柄钻头及铰刀的安装

通常用钻夹头及刀柄来夹持直柄钻头及铰刀，以钻头为例，其安装步骤如下：

①根据钻头直径选择合适的钻夹头及刀柄，并擦净各安装部位。

②按图4-14(a)所示的安装顺序，将刀装入刀柄中。

③再将刀柄放在锁刀座上，使锁刀座的键对准刀柄上的键槽，用专用扳手顺时针拧动刀柄并夹紧钻头，最后将拉钉装入刀柄并拧紧，如图4-14(b)所示。

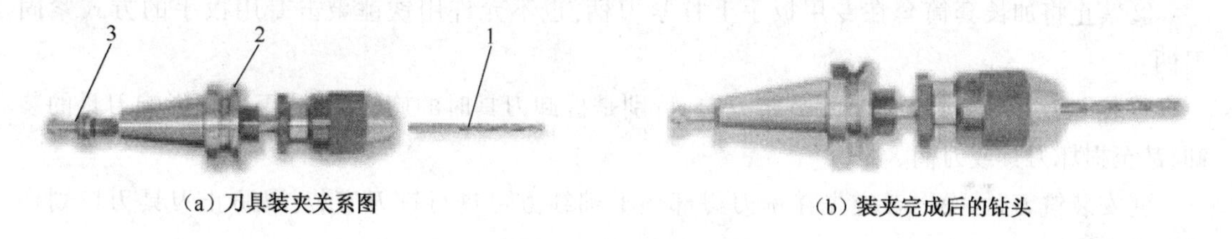

(a) 刀具装夹关系图　　(b) 装夹完成后的钻头

图4-14　直柄麻花钻头的装夹

1—直柄钻头；2—钻夹头；3—拉钉

(2) 带扁尾的锥柄钻头及铰刀的安装

通常用扁尾莫氏锥度刀柄夹持带扁尾的锥柄钻头及铰刀，以钻头为例，其安装步骤如下：

①根据钻头直径及莫氏号选择合适的莫氏刀柄，并擦净各安装部位。

②按图4-15(a)所示的安装顺序，将刀盘装入刀柄中。

③用刀柄顶部快速冲击垫木，靠惯性力将钻头紧固，最后将拉钉装入刀柄并拧紧，如图4-15(b)所示。

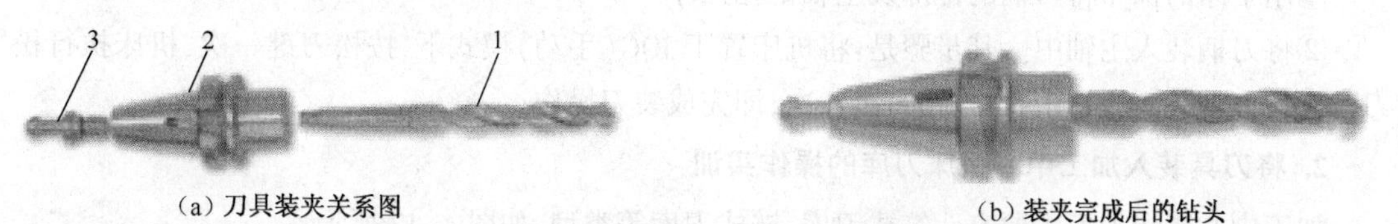

(a) 刀具装夹关系图　　(b) 装夹完成后的钻头

图4-15　锥柄麻花钻头的装夹

1—钻头；2—刀柄；3—拉钉

4. 镗刀的装夹

镗刀的类型很多,其安装过程也各不相同,以整体式刀柄夹持镗刀为例,其安装步骤如下:

①根据镗刀柄部形状及尺寸,选择合适的整体式刀柄,并擦净各安装部位。

②按图 4-16(a)所示的安装顺序,把镗刀装入刀柄中,根据所镗孔的直径,用机外对刀仪调整其伸长长度,并用扳手转动螺钉,将镗刀紧固,最后将拉钉装入刀柄并拧紧,如图 4-16(b)所示。

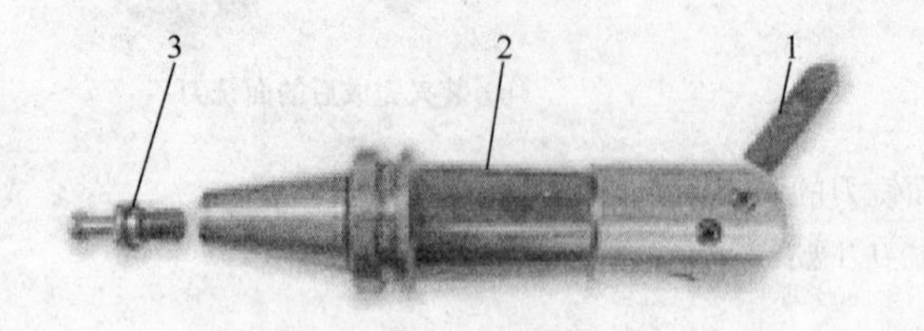

(a) 刀具装夹关系图

(b) 装夹完成后的镗刀

图 4-16　镗刀的装夹

1—镗刀;2—刀柄;3—拉钉

5. 安装刀具时的注意事项

①安装直柄立铣刀时,一般使立铣刀的夹持柄部伸出弹簧夹头 3~5 mm,伸出过长将减弱刀具铣削刚性。

②禁止将加长套筒套在专用扳手上拧紧刀柄,也不允许用铁锤敲击专用扳手的方式紧固刀柄。

③装卸刀具时务必弄清扳手旋转方向,特别是拆卸刀具时的旋转方向,否则将影响刀具的装卸,甚至损坏刀具或刀柄。

④安装铣刀时,操作者应先在铣刀刃部垫上棉纱方可进行铣刀安装,以防止刀具刃口划伤手指。

⑤拧紧拉钉时,其拧紧力要适中,力过大易损坏拉钉,且拆卸也较困难;力过小则拉钉不能与刀柄可靠连接,加工时易产生事故。

三、将刀具装入机床

完成刀具装夹后,操作者即可将装夹好的刀具装入数控铣床主轴或加工中心机床的刀库中。

1. 将刀具装入数控铣床主轴的操作

用刀柄装夹好刀具后,即可将其装入数控铣床的主轴中,操作过程如下:

①用干净的擦布将刀柄的锥部及主轴锥孔擦净。

②将刀柄装入主轴中。其步骤是:将机床置于 JOG(手动)模式下,按松刀键一次,机床执行松刀动作将刀柄装入主轴中,再按松刀键一次,即完成装刀操作。

2. 将刀具装入加工中心机床刀库的操作实训

加工中心机床刀库主要有斗笠式刀库、链式刀库等类型,如图 4-17 所示。

以斗笠式刀库为例,将夹有刀具的刀柄装入加工中心机床刀库的操作步骤如下:

①用干净的擦布将刀柄的锥部及主轴锥孔擦净。

②将刀柄装入主轴中。

③执行一次换刀动作,就可将刀柄转移到刀库中。若刀库当前刀位为 1 号位,将主轴上的刀柄转移到刀库 1 号位的操作是:将机床置于 MDI 模式下,若数控系统为 FANUC,输入并执行 T2M06;若为 SIEMENSE 系统,则输入并执行 T2M06。

(a)

(b)

图 4-17　加工中心机床刀库

四、数控铣床/加工中心的夹具系统

1. 机床夹具的基本知识

所谓机床夹具,就是在机床上使用的一种工艺装备,用它来迅速准确地安装工件,使工件获得并保证在切削加工中所需要的正确加工位置。所以机床夹具是用来使工件定位和夹紧的机床附加装置,一般简称夹具。

(1) 机床夹具的组成

一般来说,机床夹具由定位元件、夹紧元件、安装连接元件和夹具体等几部分组成,如图 4-18 所示。

定位元件是夹具的主要元件之一,其定位精度将直接影响工件的加工精度。常用的定位元件有 V 形块、定位销、定位块等。

夹紧元件的作用是保持工件在夹具中的正确位置,使工件不会因加工时受到外力的作用而发生位置的改变。

连接元件用于确定夹具在机床上的位置,从而保证与机床之间加工位置的正确。

夹具体是夹具的基础元件,用于连接夹具上各个元件或装置,使之成为一个整体,以保证工件的精度和刚度。

(2) 数控机床对夹具的基本要求

①精度和刚度要求。

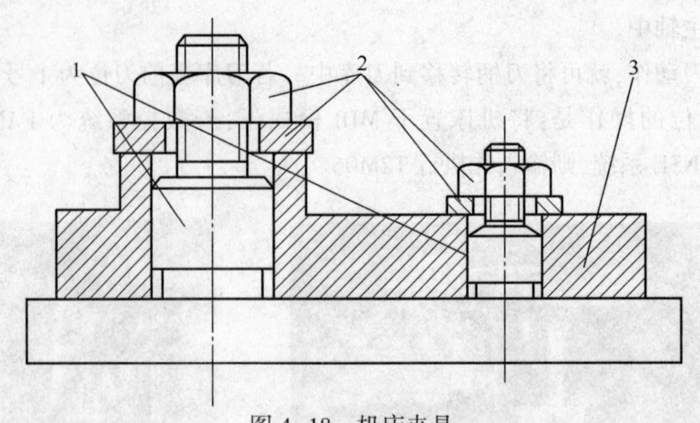

图 4-18　机床夹具

1—定位元件;2—夹紧元件;3—夹具体

②定位要求。

③敞开性要求。

④快速装夹要求。

⑤排屑容易要求。

2. 数控铣床/加工中心夹具的类型

根据工件生产规模的不同,数控铣床/加工中心常用夹具主要有以下几种类型。

(1) 装夹单件、小批量工件的夹具

①平口钳是数控铣床/加工中心最常用的夹具之一,这类夹具具有较大的通用性和经济性,适用于尺寸较小的方形工件的装夹。精密平口钳如图 4-19 所示,通常采用机械螺旋式、气动式或液压式夹紧方式。

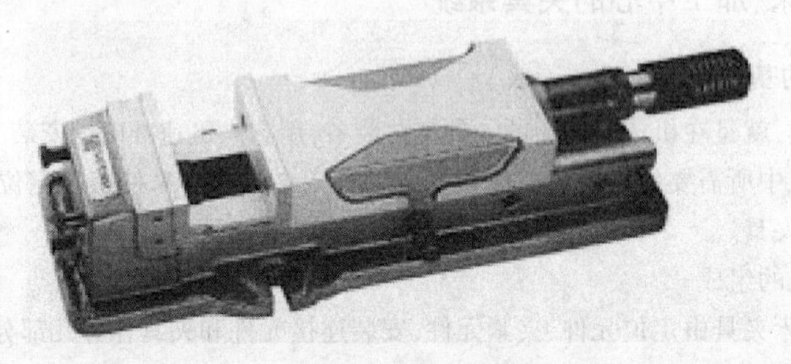

图 4-19　精密平口钳

②分度头。这类夹具常配装有卡盘及尾座,工件横向放置,从而实现对工件的分度加工,如图 4-20所示,主要用于轴类或盘类工件的装夹。根据控制方式的不同,分度头可分为普通分度头和数控分度头,其卡盘的夹紧也有机械螺旋式、气动式或液压式等多种形式。

③压板。对于形状较大或不便用平口钳等夹具夹紧的工件,可用压板直接将工件固定在机床工作台上,但这种装夹方式只能进行非贯通的挖槽、钻孔及部分外形等加工;也可在工件下面垫上厚度适当且加工精度较高的等高垫块后再将其夹紧,这种装夹方法可进行贯通的挖槽、钻孔或部分外形加工。另外,压板通过 T 形螺母、螺栓、垫铁等元件将工件压紧。

(2) 装夹中、小批量工件的夹具

中、小批量工件在数控铣床/加工中心上加工时,可采用组合夹具进行装夹。组合夹具由于具

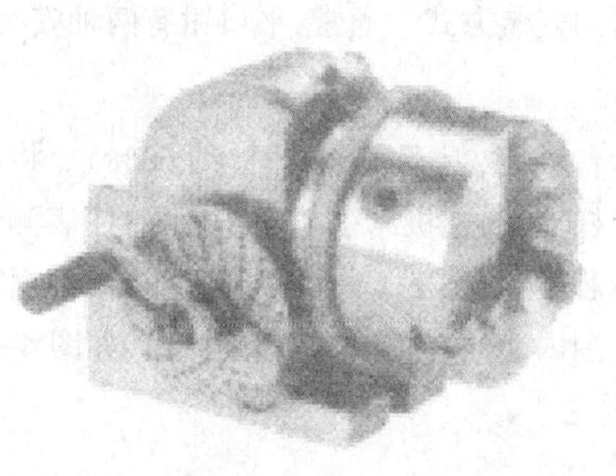

图 4-20 分度头

有可拆卸和重新组装的特点，是一种可重复使用的专用夹具系统。但组合夹具各元件间相互配合的环节较多，夹具刚性和精度比不上其他夹具。其次，使用组合夹具首次投资大，总体显得笨重，还有排屑不便等不足。

(3) 装夹大批量工件的夹具

大批量工件加工时，为保证加工质量、提高生产率，可根据工件形状和加工方式采用专用夹具装夹工件。

专用夹具是根据某一零件的结构特点专门设计的夹具，具有结构合理、刚性强、装夹稳定可靠、操作方便、装夹速度快等优点，因而可大大提高生产效率。但是，由于专用夹具具有加工适应用性差(只能定位夹紧某一种零件)，且设计制造周期长、投资大等缺点，因而通常用于工序多、形状复杂的零件加工。图 4-21 所示为连杆专用夹具。

图 4-21 连杆专用夹具

任务操作

一、任务描述

平口钳的安装、校正与利用平口钳装夹工件的要求。

二、任务实施

1. 安装平口钳

在安装平口钳之前，应先擦净钳座底面和机床工作台面，然后将平口钳轻放到机床工作台面上。应根据加工工件的具体要求,选择好平口钳的安装方式。通常,平口钳有两种安装方式。

2. 用百分表校正平口钳

在校正平口钳之前,用螺栓将其与机床工作台固定,但不完全紧固(约60%)。将磁性表座吸附在机床主轴或导轨面上,百分表安装在表座接杆上,通过机床手动操作模式,使表测量触头垂直接触平口钳,百分表指针压缩量为2圈(5 mm量程的百分表),来回移动工作台,根据百分表的读数调整平口钳位置,直至表的读数在钳口全长范围内一致,再完全紧固平口钳,如图4-22所示。

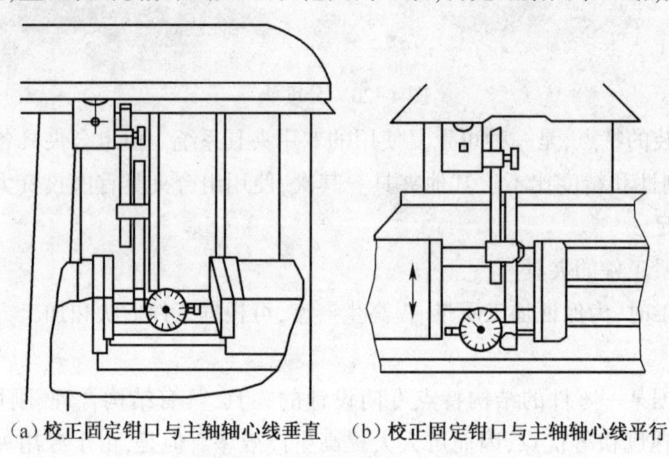

(a)校正固定钳口与主轴轴心线垂直　(b)校正固定钳口与主轴轴心线平行

图4-22　用百分表校正平口钳

3. 工件在平口钳上的装夹

①毛坯件的装夹。装夹毛坯件时,应选择一个平整的毛坯面作为粗基准,靠向平口钳的固定钳口。装夹工件时,在活动钳口与工件毛坯面间垫上铜皮,确保工件可靠夹紧。工件装夹后,用划针盘校正毛坯的上平面,基本上与工件台面平行,如图4-23所示。

②具有已加工表面工件的装夹。在装夹表面已加工的工件时,应选择一个加工表面作基准面,将这个基准面靠向平口钳的固定钳口或钳体导轨面,完成工件装夹。

工件的基准面靠向平口钳的固定钳口时,可在活动钳口间放置一圆棒,并通过圆棒将工件夹紧,这样能够保证工件基准面与固定钳口很好地贴合。圆棒放置时,要与钳口上平面平行,其高度在钳口所夹持工件部分的高度中间,或者稍偏上一点,如图4-24所示。

工件的基准面靠向钳体导轨面时,在工件基准面和钳体导轨平面间垫一大小合适且加工精度较高的平行垫铁。

夹紧工件后,用铜锤轻击工件上表面,同时用手移动平行垫铁,垫铁不松动时,工件基准面与钳身导轨平面贴合好。敲击工件时,用力大小要适当,并与夹紧力的大小相适应。敲击的位置应从已经贴合好的部位开始,逐渐移向没有贴合好的部位。敲击时不可连续用力猛敲,应克服垫铁和钳身反作用力的影响。

4. 工件在平口钳上装夹时的注意事项

①安装工件时,应擦净钳口平面、钳体导轨面及工件表面。

②工件应安装在钳口比较中间的位置,并确保钳口受力均匀。

③工件安装时其铣削余量应高出钳口上平面,装夹高度以铣削尺寸高出钳口平面的3~5 mm为宜。

④如工件为批量生产，因其尺寸、形状等各项精度指标均在公差范围内，故加工时无须再校正工件，可直接装夹工件并加工；而对于加工精度不高且单件生产的工件，加工前必须对工件进行校正方可加工。

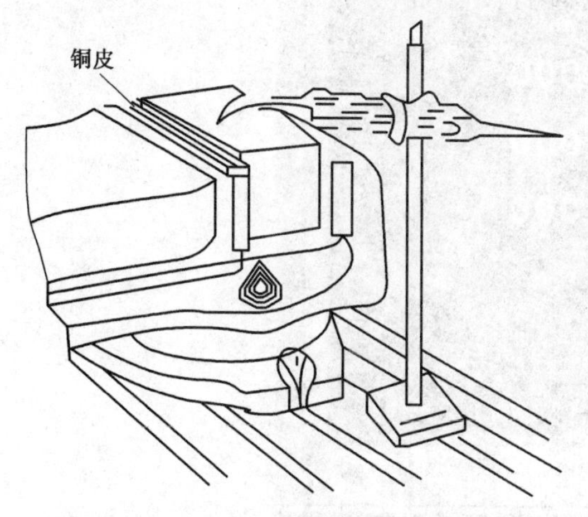

图 4-23 钳口垫铜皮装夹毛坯件

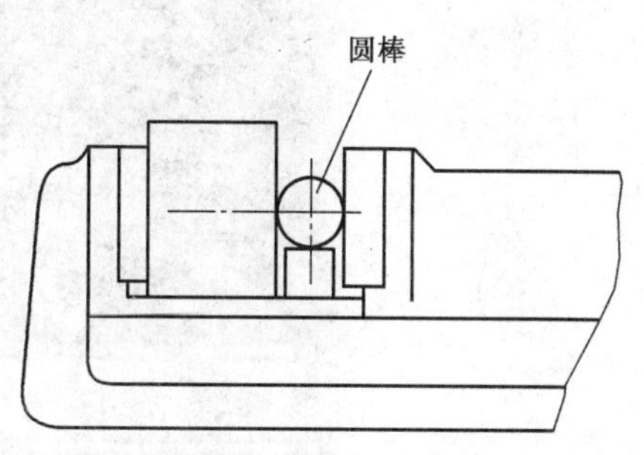

图 4-24 用圆棒夹持工件

任务 4 操作数控铣床/加工中心面板

通过本任务的学习，学会使用 FANUC 和 SINUMERIK 两类数控系统的操作面板，并掌握相关操作方法和数控铣床/加工中心加工参数的设置方法，并了解数控机床坐标系及其相关知识和常用的对刀方法。

一、FANUC0i Mate-MC 数控系统面板操作

FANUC0i Mate-MC 数控系统面板主要由 CRT 显示区、编辑面板及控制面板 3 部分组成。

1. CRT 显示区

FANUC0i Mate-MC 数控系统的 CRT 显示区位于整个机床面板的左上方，包括 CRT 显示屏及软键，如图 4-25 所示。

2. 编辑面板

FANUC0i Mate-MC 数控系统的编辑面板通常位于 CRT 显示区的右侧（见图 4-26）。

3. 控制面板

FANUC0i Mate-MC 数控系统的控制面板通常位于 CRT 显示区的下侧（见图 4-27）。

二、FANUC0i Mate-MC 数控系统机床操作

1. 开机

打开机床总电源，按系统电源打开键，直至 CRT 显示屏出现 NOT READY 提示后，旋开急停旋

钮,当 NOT READY 提示消失后,开机成功。

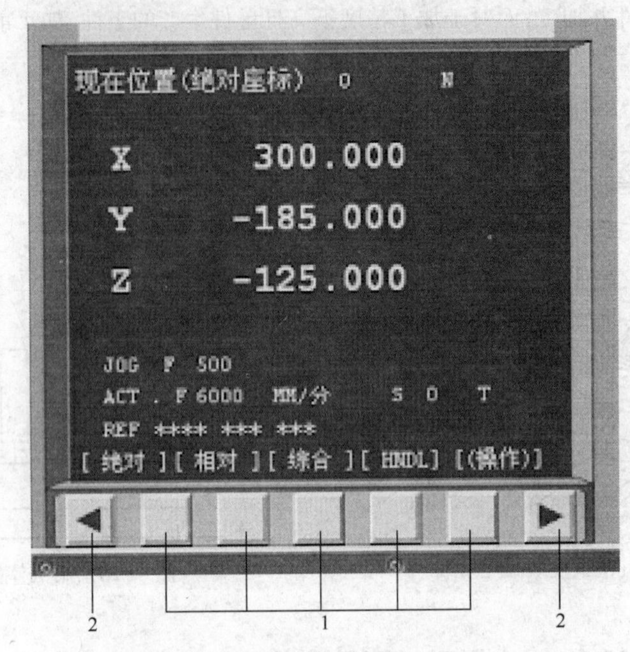

图 4-25 FANUC0i Mate-MC 数控系统 CRT 显示区

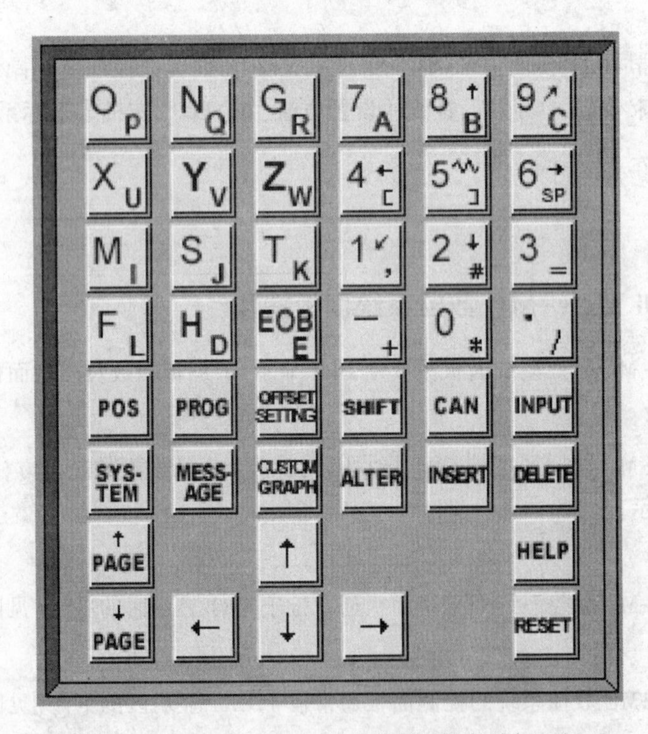

图 4-26 FANUC0i Mate-MC 数控系统的编辑面板

2. 机床回参考点

将操作模式选择旋钮置于 ZRN 模式,将进给倍率旋钮旋至最大倍率 150%,快速倍率旋钮置于最大倍率 100%,依次按【+Z】、【+X】、【+Y】轴进给方向键(必须先按【+Z】键确保回参考点时不会使刀具撞上工件），待 CRT 显示屏中各轴机械坐标值均为零时，如图 4-28 所示，机床回参考点操作成功。

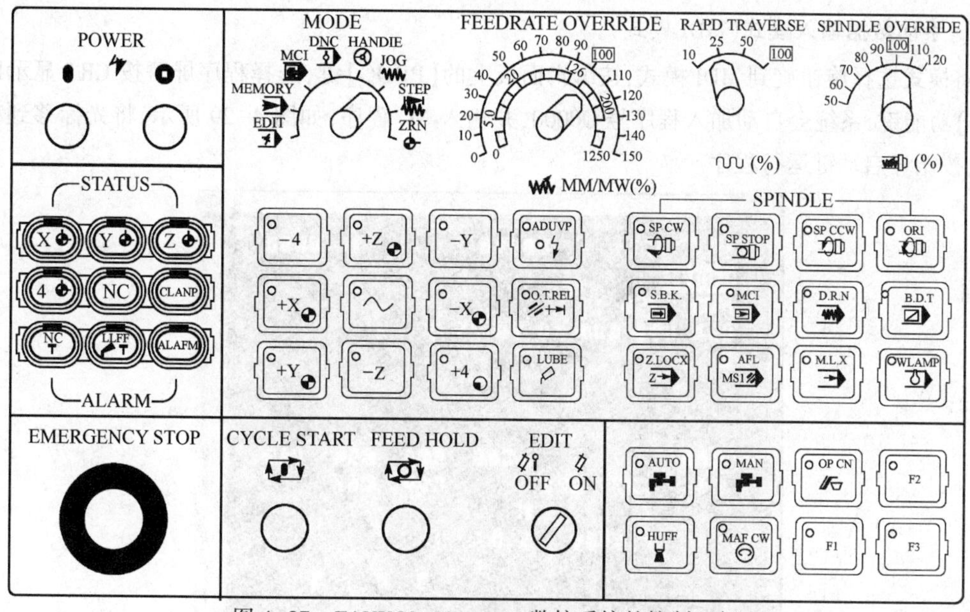

图 4-27　FANUC0i Mate-MC 数控系统的控制面板

3. 关机

按下急停旋钮，关闭系统电源，再关闭机床总电源，关机成功。

4. 手动模式操作

手动模式操作主要包括手动移动刀具、手动控制主轴及手动开关冷却液等。

（1）手动移动刀具

将模式选择旋钮旋到 JOG 模式，分别按住各轴选择键【+Z】、【+X】、【+Y】、【-X】、【-Y】、【-Z】，即可使机床向选定轴方向连续进给，若同时按快速移动键，则可快速进给。通过调节进给倍率旋钮、快速倍率旋钮，可控制进给、快速进给的速度。

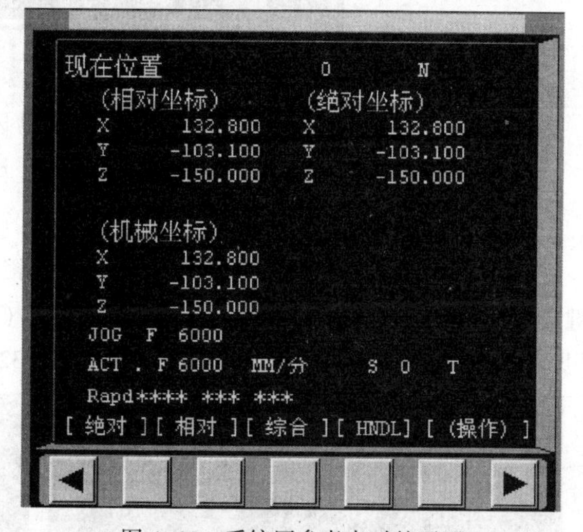

图 4-28　系统回参考点时的画面

（2）手动控制主轴

将模式选择旋钮旋到 JOG 模式，按【○ SP ○ CW】键，此时主轴按系统指定的速度顺时针转动；若按【○ SP CCW】键，则主轴按系统指定的速度逆时针转动；按【○ SP STOP】键，主轴停止转动。

将模式选择旋钮旋到 JOG 模式，按【MAN】键，此时冷却液打开，若再按一次该键，冷却液关闭。

5. 手轮模式操作

将模式选择旋钮旋到 HANDLE 模式，通过手轮上的轴向选择旋钮可选择轴向运动——顺时针转动手轮脉冲器，轴向正向移动，反之，则轴向负向移动。通过选择脉动量×1、×10、×100（分别是0.001mm、0.01mm、0.1mm/格）来确定进给速度。

6. 手动数据输入模式（MDI模式）

将模式选择旋钮旋到MDI模式，按编辑面板上的【PROG】键，选择程序屏幕按CRT显示区的【MDI】功能键，系统会自动加入程序号O0000，并输入NC程序，如图4-29所示，将光标移到程序首段，按循环启动键运行程序。

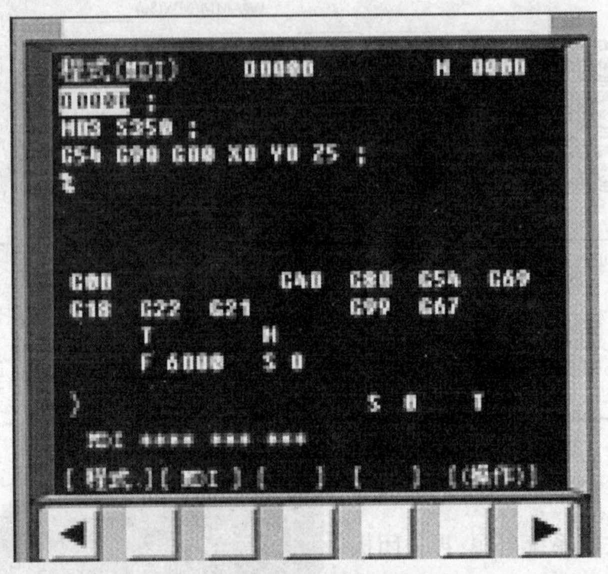

图4-29　MDI功能画面

7. 程序编辑

（1）创建新程序

将模式选择旋钮旋到EDIT模式，将程序保护锁调到ON状态下按【PROG】键，按【LIB】功能键，进入程序列表画面（见图4-30），输入新程序名（如O0001），按【INSERT】键，完成新程序创建［见图4-30(b)］。程序创建过程见图4-31、图4-32。

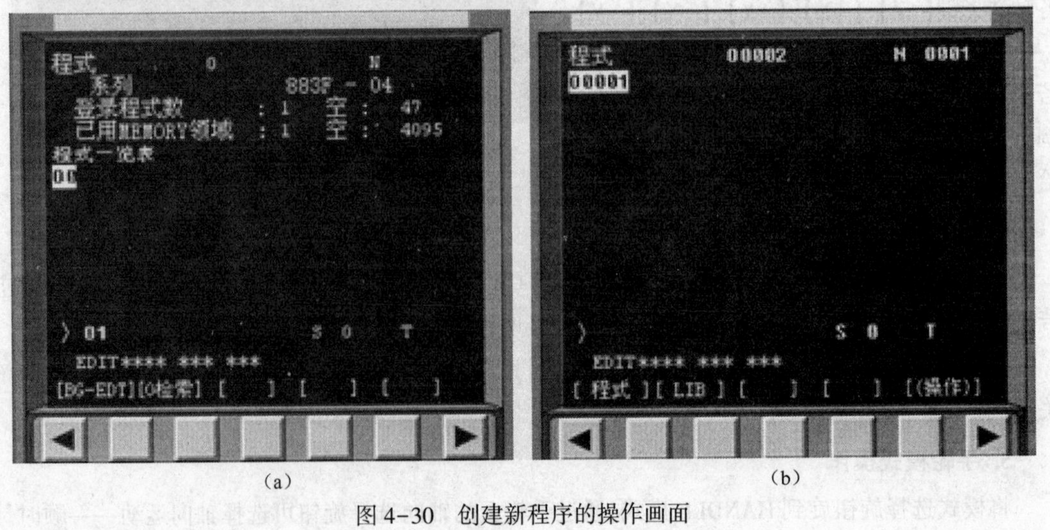

（a）　（b）

图4-30　创建新程序的操作画面

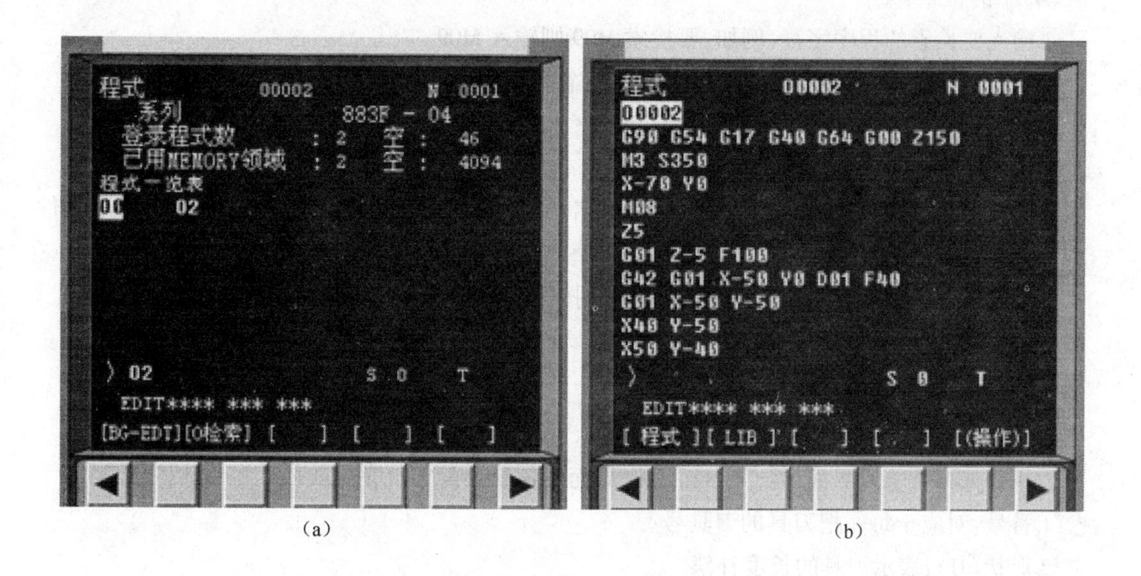

图 4-31 打开程序的操作画面

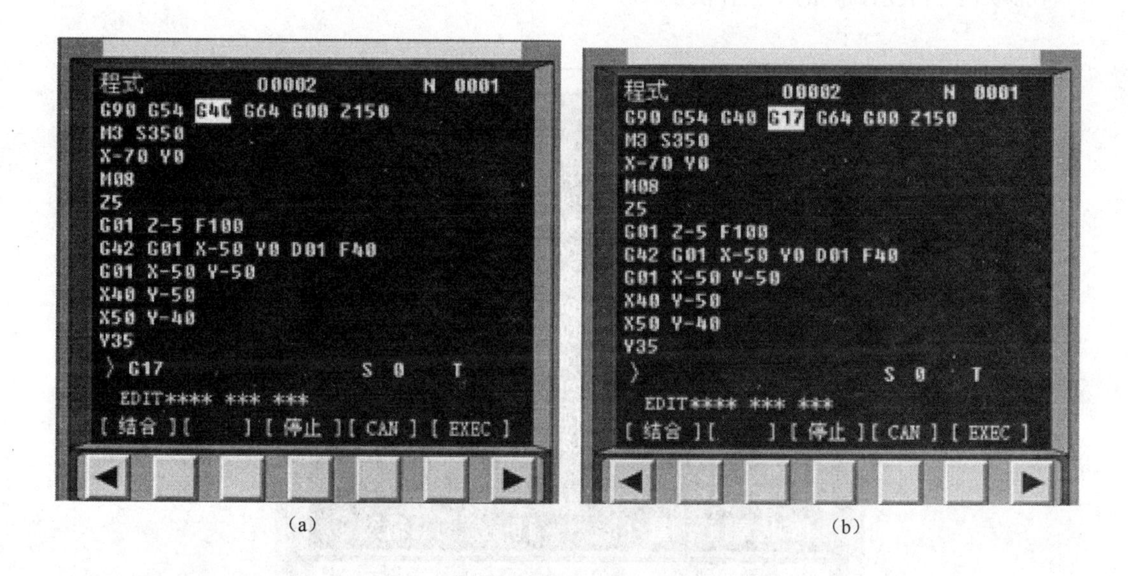

图 4-32 程序字插入操作

(2)字的替换

①使用光标移动键,将光标移至要替换的程序字符上。

②键入要替换的程序字,按【ALTER】键。光标所在的字符被替换成新的字符,同时光标移到下一个字符上。

(3)字的删除

①使用光标移动键,将光标移至要删除的程序字符上。

②按【DELETE】键,即完成了字符的删除操作。

(4)字的检索

①输入要检索的程序字符,例如,要检索 M09 则输入 M09。

②按【↓】光标键,光标即定位在要检索的字符位置。

(5)删除程序

删除程序有以下两种操作:

①删除单一程序文件:输入要删除的程序名(如 O10),按【DELETE】键,即可删除程序文件(O10)。

②删除内存中所有程序文件:输入 O-9999,按【DELETE】键,即删除内存中全部程序文件。

(6)程序复位

按【RESET】键,光标即可返回到程序首段。

8. 刀具补偿参数的设置

刀具补偿参数输入界面如图 4-33 所示,界面中各参数含义如下:

①番号:对应于每一把刀具的刀具号。

②形状(H):表示刀具的长度补偿。

③磨耗(H):表示刀具在长度方向的磨损量。刀具的实际长度补偿=形状(H)+磨耗(H)。

④形状(D):表示刀具的半径补偿。

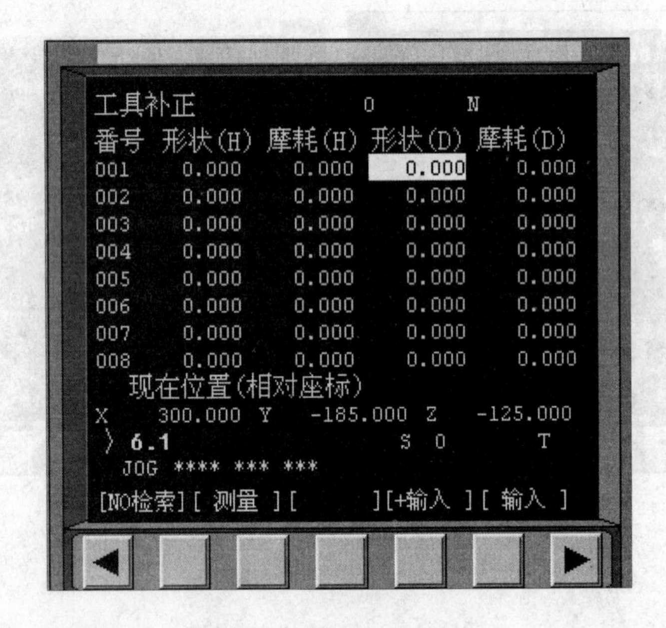

图 4-33 刀具补偿值输入界面

三、SINUMERIK-802D 数控系统面板操作

SINUMERIK-802D 数控系统面板主要由 CRT 显示区、编辑面板及控制面板 3 部分组成。

1. CRT 显示区

SINUMERIK-802D 数控系统的 CRT 显示区位于整个机床面板的左上方,可划分为状态区、应用区和软键区 3 个区域，如图 4-34 所示。

（1）状态区

状态区主要用于显示机床目前所处的状态，如图 4-35 所示。

（2）应用区

该区主要显示系统当前加工状态，包括坐标值、程序及工艺参数等，如图 4-34 所示。

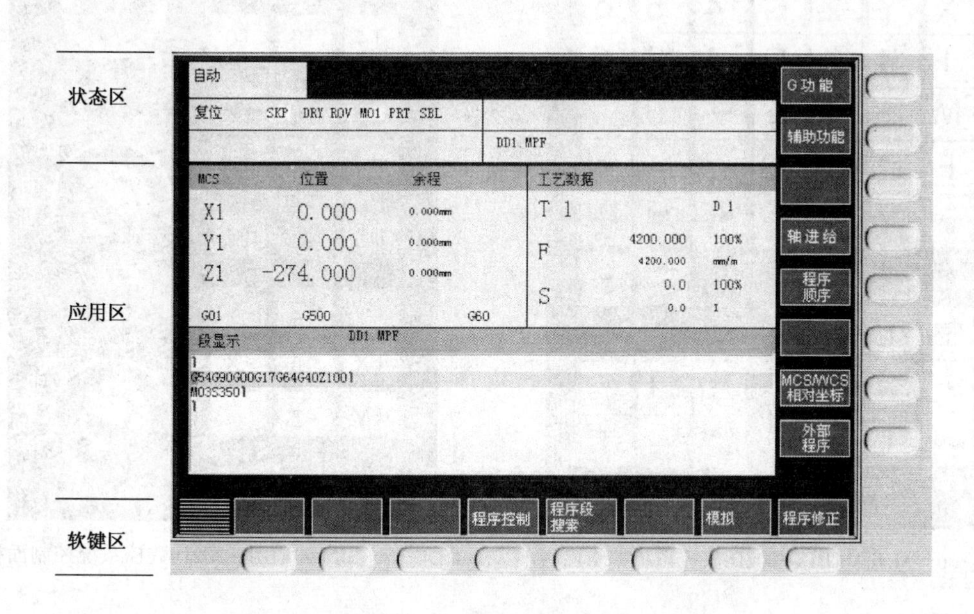

图 4-34　SINUMERIK-802D 数控系统 CRT 显示界面

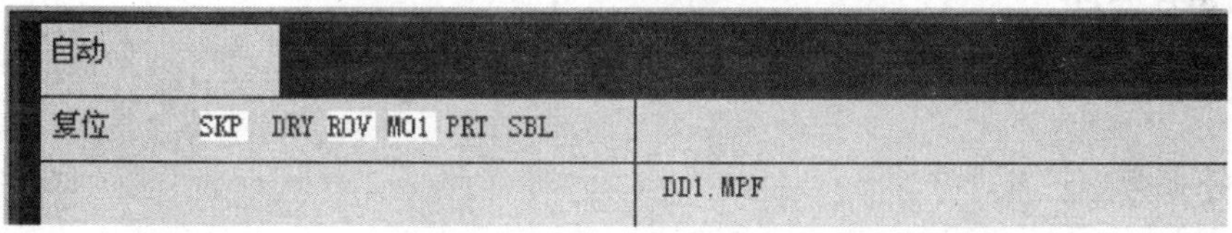

图 4-35　SINUMERIK-802D 数控系统屏幕状态区

（3）软键区

显示屏右侧和下方的方块为功能键，按下键，可以进入键上方对应的菜单。有些菜单下有多级子菜单，当进入子菜单后，可通过按【返回】键返回上一级菜单。

2. 编辑面板

SINUMERIK-802D 数控系统的编辑面板位于 CRT 显示区正下方（见图 4-36）。

3. 控制面板

SINUMERIK-802D 数控系统控制面板通常位于 CRT 显示区的正右侧（见图 4-37）。

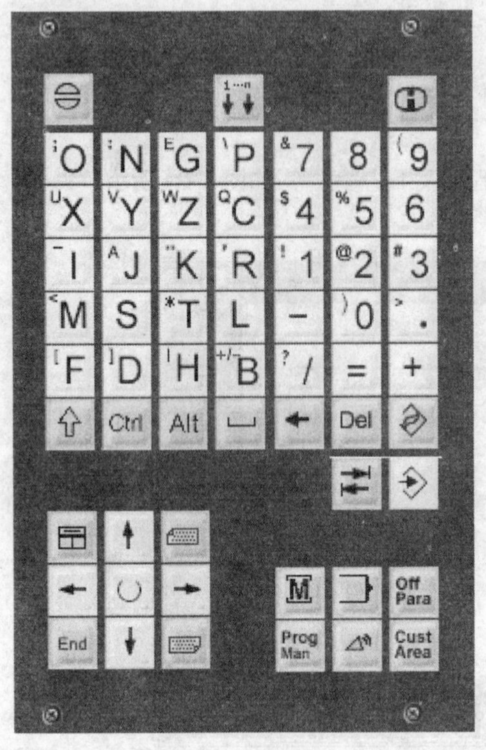

图 4-36　SINUMERIK-802D 数控系统编辑面板

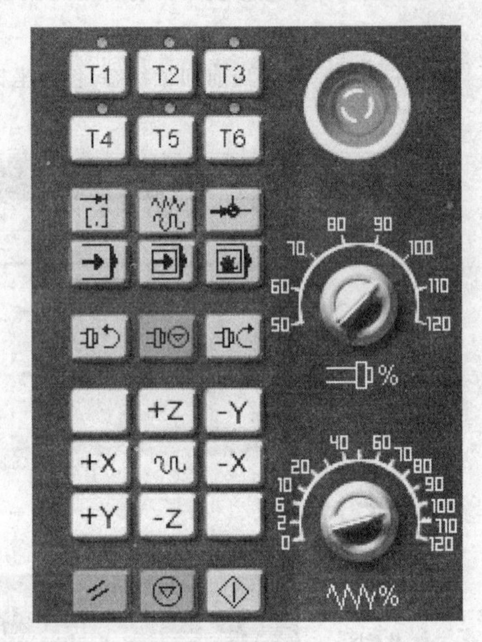

图 4-37　SINUMERIK-802D 数控系统控制面板

任务操作

一、任务描述

SINUMERIK-802D 数控系统的操作。

二、任务实施

1. 开机

打开机床总电源,按下系统电源打开键,直至 CRT 显示屏进入加工界面后,旋开急停旋钮,按复位键,开机结束。

2. 机床回零

按回零模式键,将手轮上的轴向选择旋钮旋至 OFF 档。依次按【+Z】、【+X】、【+Y】键,当系统出现图 4-38 所示画面后,机床回零成功。

机床回零操作应注意以下几点:

①当机床工作台或主轴当前位置接近机床参考点或处于超程状态时,应采用手动方式,将机床工作台或主轴移至各轴行程中间位置,否则无法完成回参考点操作。

②机床正在执行回零动作时,不允许按其他操作模式键,否则回零操作失败。

③回零操作完成后,按手动模式键,即依次按住各轴选择键【-X】、【-Y】、【-Z】,让机床在 3 个

坐标方向上回退至距零点约 100 mm 的距离(见图 4-39),以便进行后续操作。

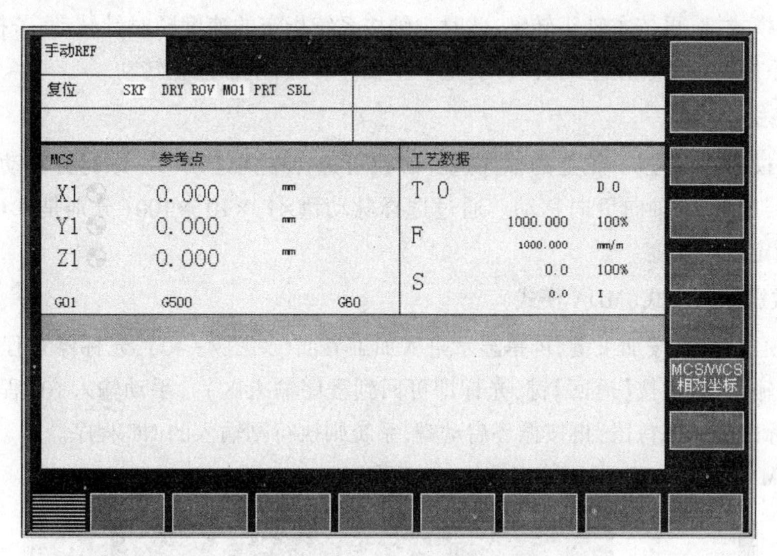

图 4-38 系统回零时的画面

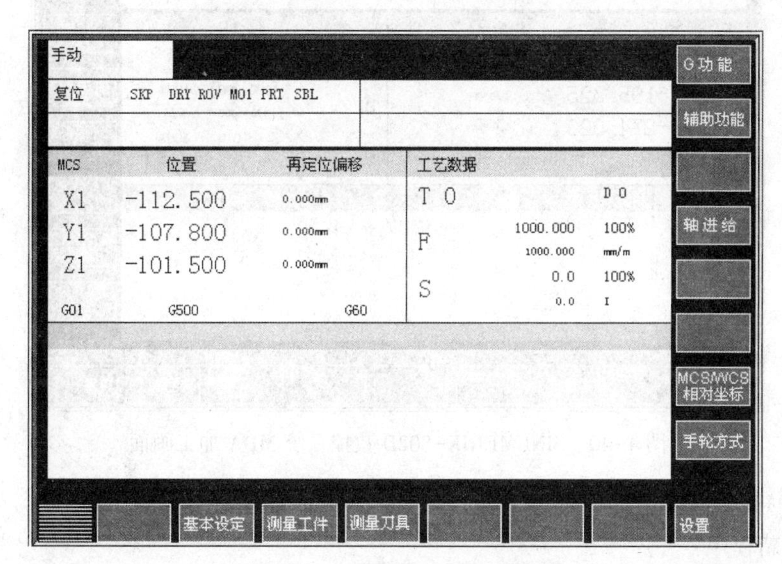

图 4-39 手动操作后的系统画面

3. 关机

按下急停旋钮,关闭系统电源,再关闭机床总电源,完成关机操作。

4. 手动模式操作

手动模式操作主要包括手动移动刀具及手动控制主轴等。

(1) 手动移动刀具

按手动模式键,即分别按住各轴选择键【+Z】、【+X】、【+Y】、【-X】、【-Y】、【-Z】,可使机床向选定轴方向连续进给,若同时按快速移动键,则可快速进给(通过调节进给倍率旋钮、快速倍率旋钮,可控制进给、快速进给的速度)。

(2) 手动控制主轴

按下手动模式键,再按主轴正转键,此时主轴按系统指定的速度顺时针转动;若按下主轴反转键,主轴则按系统指定的速度逆时针转动;按下主轴停转键,主轴停止转动。

5. 手轮模式操作

按下手动模式键,通过手轮上的轴向选择旋钮可选择轴向运动——顺时针转动手轮脉冲器,轴向正向移动,反之,则轴向负向移动。通过选择脉动量×1、×10、×100(分别是0.001、0.01、0.1毫米/格)来确定进给速度。

6. 手动数据输入模式(MDA模式)

按MDA模式键,再按加工键,屏幕显示进入加工界面(见图4-40),光标停在程序输入区(若光标不在程序输入区,则按【返回】键,光标即可回到程序输入区)。手动输入NC程序段,然后按复位键,使光标回到程序首段,再按循环启动键,系统则执行刚输入的NC程序。

按【删除MDA程序】键,可删除当前的MDA程序。

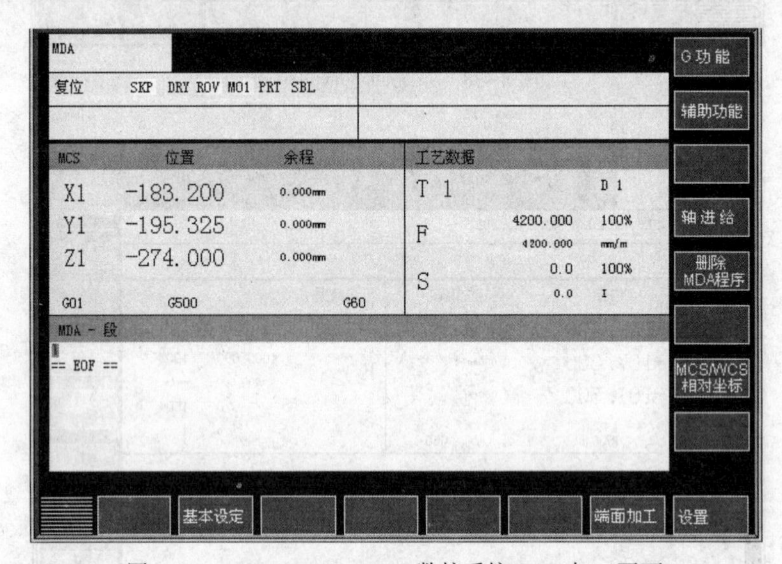

图4-40 SINUMERIK-802D数控系统MDA加工画面

7. 程序编辑

(1) 创建新程序

按程序管理操作区域键,系统进入程序管理界面[见图4-41(a)所示]。按下【新程序】键后,弹出对话框[见图4-41(b)所示],输入新程序名(如GN9)后,按【确认】键,即已创建一新程序,同时系统进入新程序编辑页面,如图4-41(c)所示。

(2) 打开程序

按程序管理操作区域键,系统进入程序管理界面,将光标移至想要打开程序的位置后,按【打开】键,即打开所选程序并进入程序编辑界面。

(3) 程序编辑

SINUMERIK-802D数控系统NC程序的输入、修改等编辑操作与计算机文字编辑方法非常相似,因而其操作过程此处略。

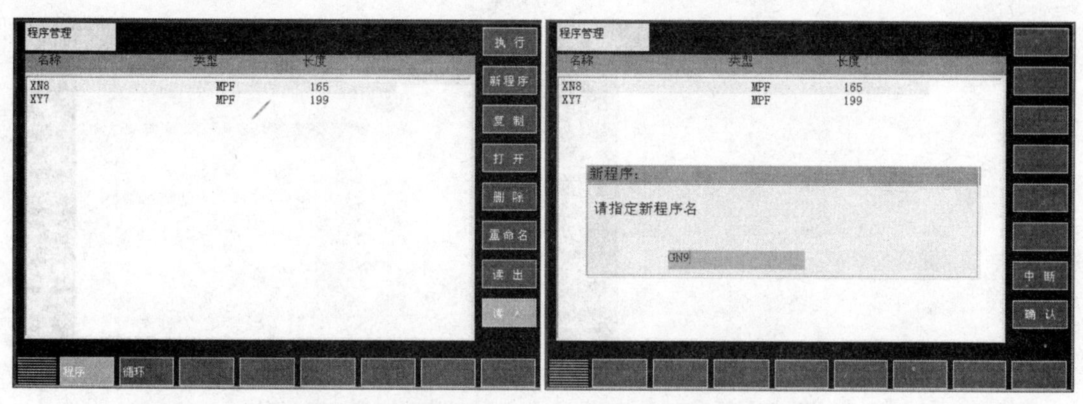

（a）SINUMERIK-802D 数控系统程序管理界面　　（b）SINUMERIK-802D 数控系统创建新程序界面

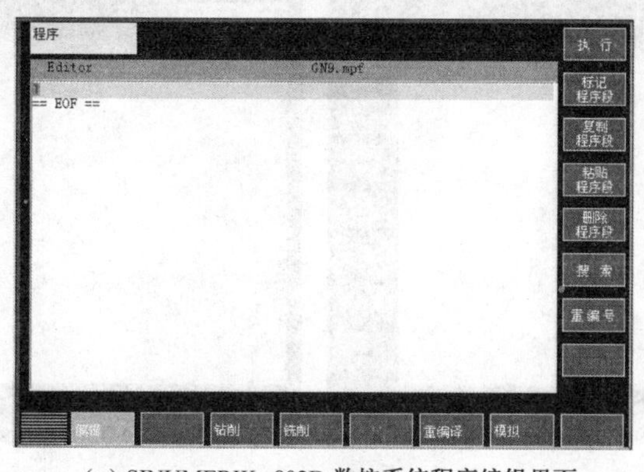

（c）SINUMERIK-802D 数控系统程序编辑界面

图 4-41　创建新程序

（4）程序复制

①复制部分程序段。这里所说的复制部分程序段的操作，主要是指文件内复制。在程序编辑状态下，将光标移到要复制的程序段的起始位置，如图 4-42(a) 所示。按【标记程序段】键，将光标移到要复制的程序段终止位置，如图 4-42(b) 所示。按【复制程序段】键，完成部分程序段的复制，再将光标移至粘贴的目标位置，如图 4-42(c) 所示。按【粘贴程序段】键，即可完成文件内部程序的复制，如图 4-42(d) 所示。

②复制整个程序文件。按【程序管理操作区域】键，系统进入程序管理界面，如图 4-41(a) 所示，移动光标，选择要复制的程序名后，按【复制】键，弹出图 4-41(b) 所示的对话框，输入新文件名，即完成复制整个程序文件的操作。

（5）程序删除

与程序复制相似，程序删除也分删除部分程序段和删除整个程序文件两项操作。

①删除部分程序段。将光标移到要删除的程序段的起始位置，如图 4-42(a) 所示。按【标记程序段】键，再将光标移到要删除的程序段终止位置，如图 4-42(b) 所示。按【删除程序段】键，完成部分程序段的删除。

②删除整个程序文件。按手动模式键，再按程序管理操作区域键，系统进入程序管理界面，如图 4-41(a) 所示，移动光标，选择要删除的程序名并按【删除】键，之后按【确认】键，即可完成删除整个程序文件的操作。

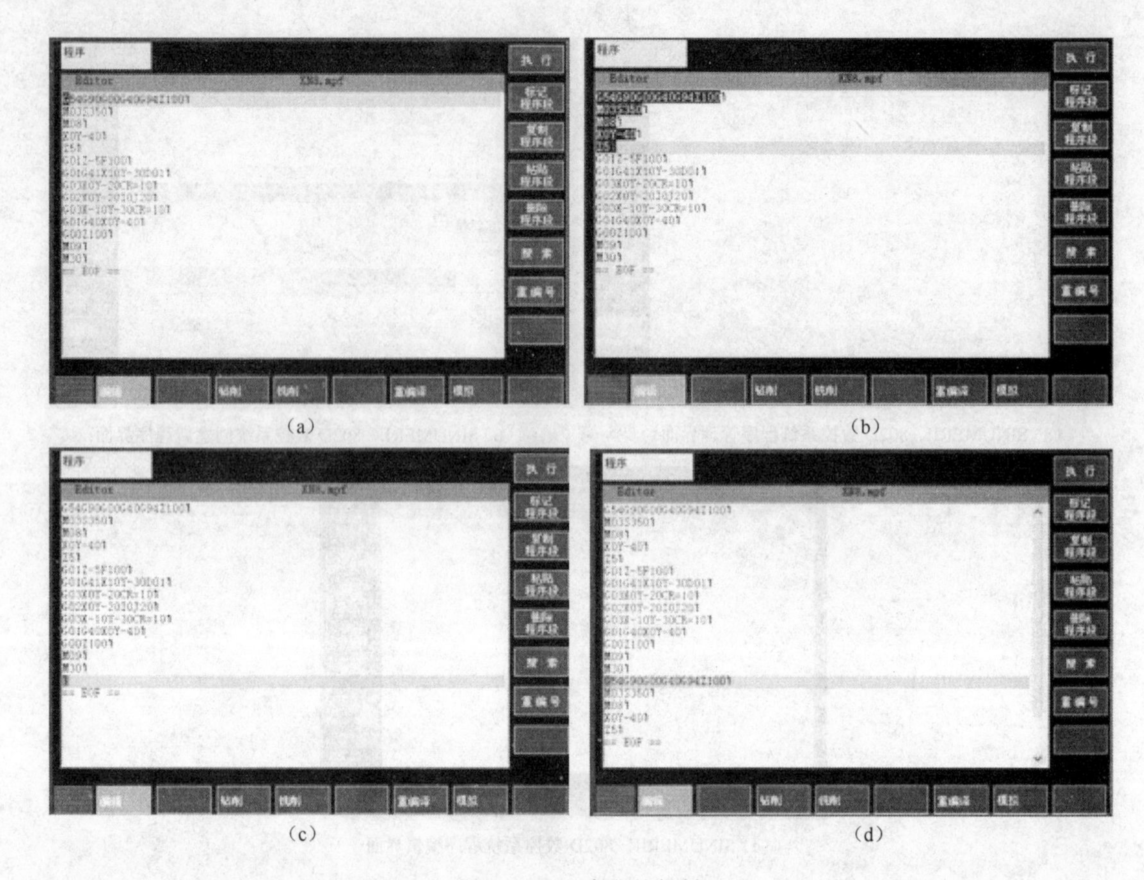

（a）（b）

（c）（d）

图 4-42　程序段的复制

8. 刀具补偿参数的设置

(1) 建立新刀具

按【参数操作区域】键后，按【刀具表】键，弹出图 4-43(a)所示界面。按【新刀具】键后，按【铣刀】键(如要建立钻头刀具参数，则按【钻头】键)，弹出图 4-43(b)所示的对话框，输入刀具号并按【确认】键，即可创建一个新刀具。

(2) 建立新刀沿

SINUMERIK 系统中的刀沿相当于 FANUC 系统中的刀补号。当刀具需要多个刀补号时，则要建立相应的新刀沿。建立新刀沿的操作步骤：按参数操作区域键后，按下【刀具表】键，再按【切削沿】键，最后按【新刀沿】键一次，即创建了一个新刀沿，如图 4-43(c)所示。

(3) 刀具参数的输入

按“参数操作区域”键，再按【刀具表】键，之后按【切削沿】键，弹出图 4-43(c)所示的界面，通过【D>>】键和【D<<】键变换刀沿号，将对应刀沿号输入刀具相关的补偿参数，如图 4-43(d)所示。

9. 程序空运行操作

SINUMERIK-802D 数控系统提供了两种模式的程序空运行，即机床锁定空运行及机床空运行。

在完成刀具补偿参数的设置后，即可进行空运行操作。

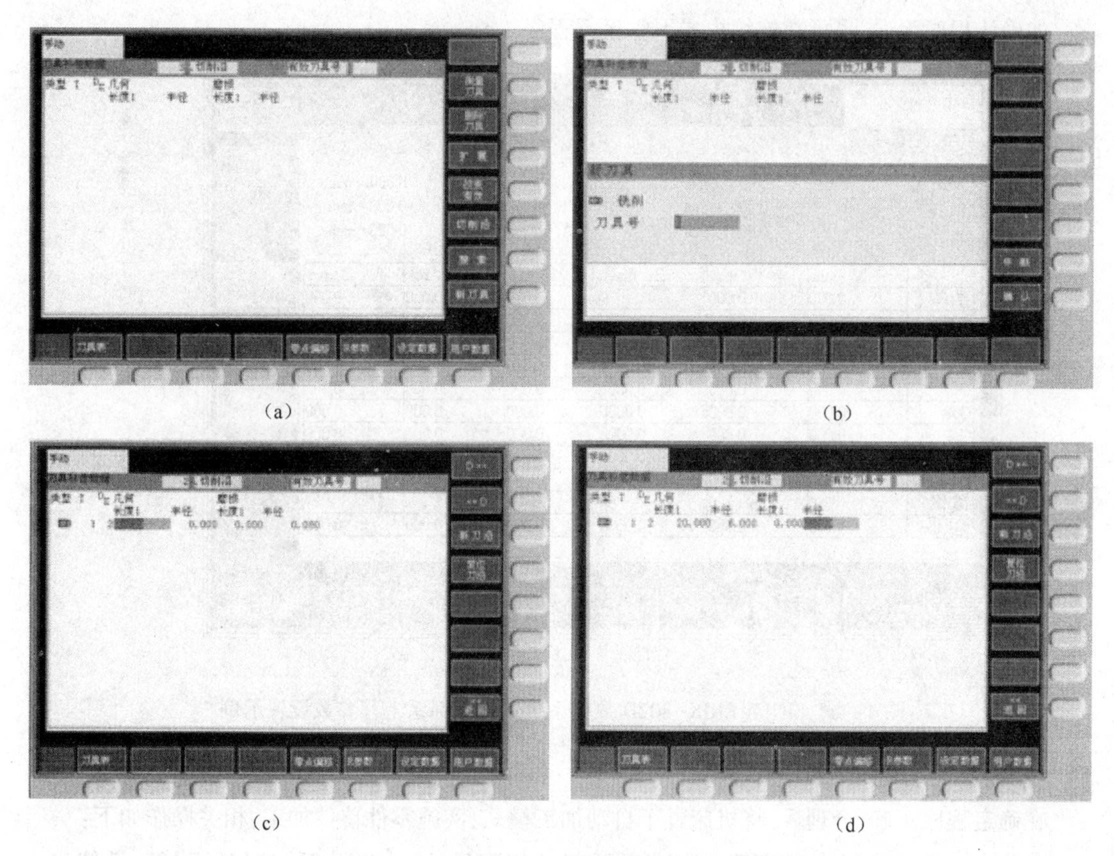

(a) (b) (c) (d)

图 4-43 刀具参数界面

(1) 机床锁定空运行

①按【自动模式】键,再按【程序管理区域】键,选择并打开要运行的程序,按【执行】软键,系统进入加工状态界面。

②按【程序控制】键,再按【程序测试】键,使之有效,并按【空运行】键,使之有效(注意:若要执行单段运行程序,则加按单段模式键)。

③将【进给速度倍率】旋钮调至最小,按【循环启动】键,调整【进给倍率】旋钮,即可进行程序锁定空运行。

(2) 机床空运行

机床空运行在机床运动部件不锁定情况下,系统快速运行 NC 程序,主要用于检查刀具在加工过程中是否与夹具等发生干涉、工件坐标系设置是否正确等情况。

①按【参数操作区域】键,再按【零点偏移】键,在图 4-44 所示光标位置输入一数值(如 50.0),将工件坐标系上移至一定高度。

②按自动模式键,再按程序管理区域键,选择并打开要运行的程序,后按【执行】键,系统进入加工状态界面。

③按【程序控制】键,再按【空运行】键,使之有效。

④将进给速度倍率旋钮调至最小,再按【循环启动】键,调整【进给倍率】旋钮,即可进行程序空运行,检查程序编制是否合理。

如确认程序无误,也可在连续模式下空运行程序。

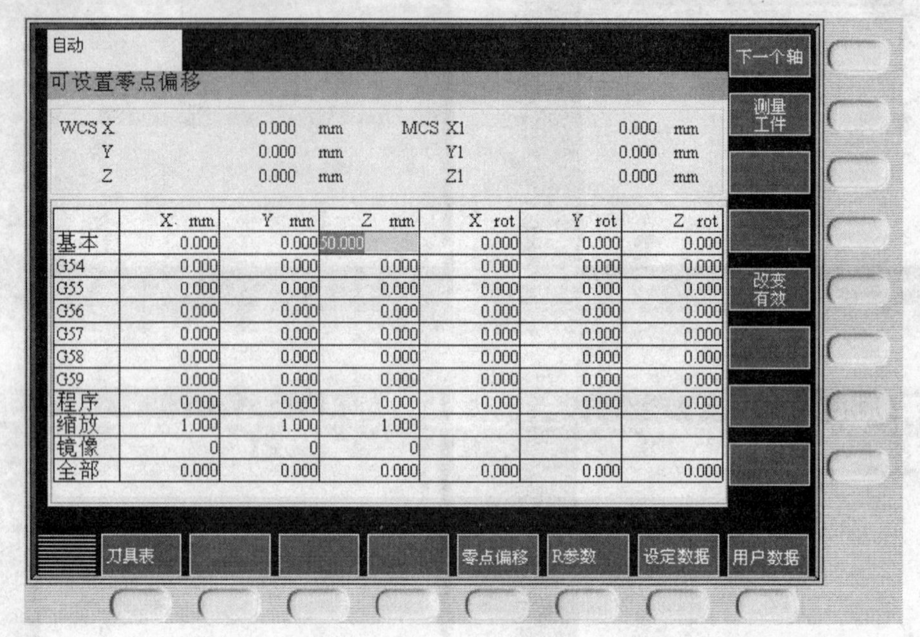

图 4-44 SINUMERIK-802D 数控系统工件坐标系上移参数设置示例

10. 程序自动运行

在确定程序正确、合理后,将机床置于自动加工模式,实施零件首件加工,相关操作如下:

①按自动模式键,再按程序管理区域键,选择并打开要运行的程序后,按【执行】键,系统进入加工状态界面。

②将进给速度倍率旋钮调至最小,再按"循环启动"键,调整"进给倍率" 旋钮,即可进行程序自动运行,完成零件首件加工。

如确认程序无误,也可在连续模式下空运行程序。

任务 5 学习数控铣/加工中心对刀操作

通过本任务的学习,能够理解数控机床坐标系及其相关知识。学会 FANUC0i Mate-MC 和 SINUMERIK-802D 数控系统试切的对刀方法。

一、数控铣/加工中心的坐标系统

1. 数控铣/加工中心机床坐标系

(1) 机床坐标系的定义及规定

在数控机床上加工零件,机床动作是由数控系统发出的指令来控制的。为了确定机床的运动方向和移动距离,就要在机床上建立一个坐标系,这个坐标系称为机床坐标系,又称标准坐标系。

数控机床的加工动作主要有刀具的动作和工件的动作两种类型，在确定数控机床坐标系时通常有以下规定。

①永远假定刀具相对于静止的工件运动。

②采用右手直角笛卡儿坐标系作为数控机床的坐标系，如图 4-45 所示。

③规定刀具远离工件的运动方向为坐标的正方向。

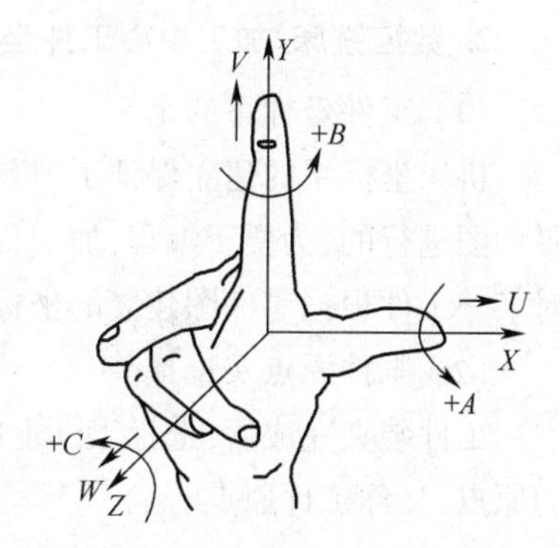

图 4-45 右手直角笛卡儿坐标系

(2) 数控铣床/加工中心机床坐标系方向

①*Z* 轴。规定平行于主轴轴线（即传递切削动力的主轴轴线）的坐标轴为机床 *Z* 轴。

对于数控铣床/加工中心，其 *Z* 轴方向就是机床主轴轴线方向，同时刀具沿主轴轴线远离工件的方向为 *Z* 轴的正方向。

②*X* 轴。*X* 坐标一般取水平方向，它垂直于 *Z* 轴且平行于工件的装夹面。

对于立式数控铣床/加工中心，机床 *X* 轴正方向的确定方法是：操作者站立在工作台前，沿刀具主轴向立柱看，水平向右的方向为 *X* 轴的正方向；

对于卧式数控铣床/加工中心，其 *X* 轴正方向的确定方法是：操作者面对 *Z* 轴正向，从刀具主轴向工件看（即从机床背面向工件看），水平向右的方向为 *X* 轴正方向。

③*Y* 轴。*Y* 坐标轴垂直于 *X*、*Z* 坐标轴，根据右手直角笛卡儿坐标来进行判别。

④旋转坐标轴方向。旋转坐标轴 *A*、*B*、*C* 对应表示其轴线分别平行于 *X*、*Y*、*Z* 坐标轴的旋转运动。*A*、*B*、*C* 的正方向，相应地表示在 *X*、*Y*、*Z* 坐标正方向上按照右旋旋进的方向。

图 4-46 中标出了立式和卧式两类数控铣床的机床坐标系及其方向。

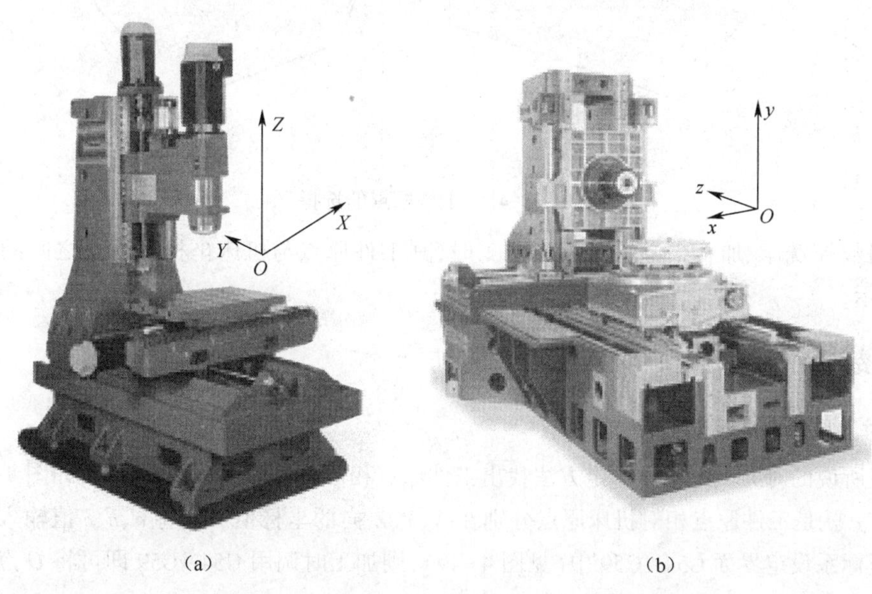

图 4-46 立式和卧式两类数控铣床机床坐标系

(3) 数控铣床/加工中心的机床原点

机床原点即机床坐标系原点，是机床生产厂家设置的一个固定点。它是数控机床进行加工运动的基准参考点。数控铣床/加工中心的机床原点一般设在各坐标轴极限位置处,即各坐标轴正向极限位置或负向极限位置,并由机械挡块来确定其具体的位置。

2. 数控铣床/加工中心工件坐标系及原点的选择

(1) 工件坐标系的定义

机床坐标系的建立保证了刀具在机床上的正确运动。但是,零件加工程序的编制通常是根据零件图进行的,为便于编程,加工程序的坐标原点一般都与零件图纸的尺寸基准相一致。这种针对某一工件根据零件图建立的坐标系称为工件坐标系。

(2) 工件原点及选择

工件装夹完成后,选择工件上的某一点作为编程或工件加工的原点,这一点就是工件坐标系的原点,又称工件原点。

工件原点的选择,通常遵循以下几点原则:

①工件原点应选在零件图的尺寸基准上,以便于坐标值的计算,并减少错误。

②工件原点应尽量选在精度较高的工件表面上,以提高被加工零件的加工精度。

③Z 轴方向上的工件坐标系原点,一般取在工件的上表面。

④当工件对称时,一般以工件的对称中心作为 XY 平面的原点,如图 4-47(a)所示。

⑤当工件不对称时,一般取工件其中的一个垂直交角处作为工件原点,如图 4-47(b)所示。

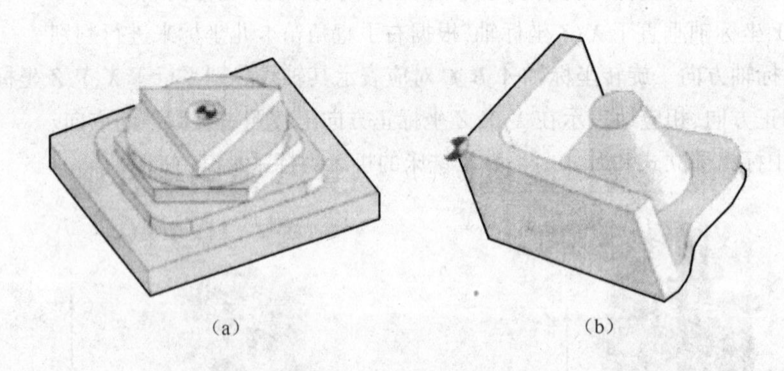

(a)　　　(b)

图 4-47　工件原点的选择

利用数控铣床/加工中心进行零件加工时,其工件原点与机床坐标系原点之间的关系如图 4-48 所示。

二、数控铣/加工中心对刀原理及方法

1. 对刀原理

这里所说的对刀就是通过一定方法找出工件原点相对于机床原点的坐标值,如图 4-48 所示,其中 a、b、c 就是工件原点相对机床原点分别在 X、Y、Z 向的坐标值。如将 a、b、c 值输入至数控系统工件坐标系设定界面 G54~G59 中(见图 4-49),则加工时调用 G54~G59 即可将 O 点作为工件坐标系原点进行零件加工。

2. 对刀方法

一般情况下,数控铣床/加工中心对刀包括 XY 向对刀及 Z 向对刀两方面内容。

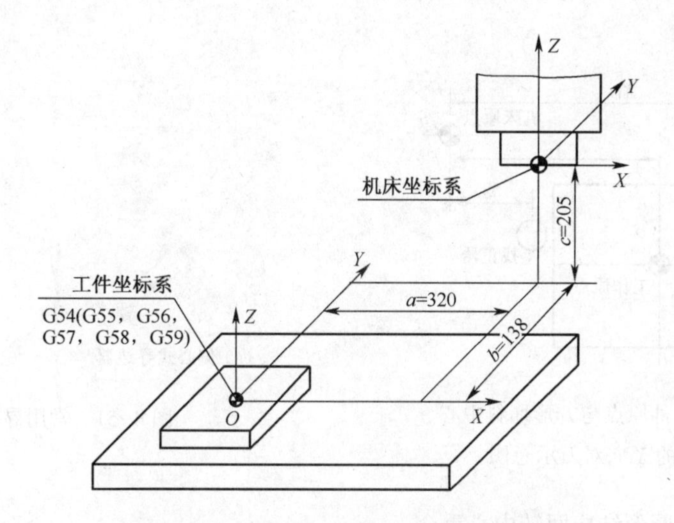

图 4-48　工件原点与机床坐标系原点之间的关系

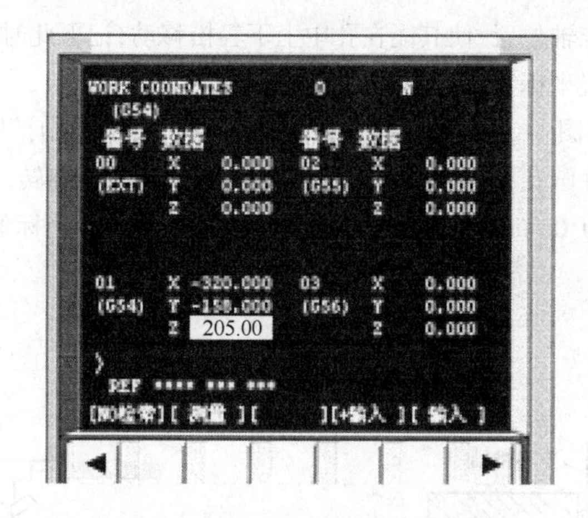

图 4-49　工件原点与机床原点的关系

(1) *XY* 向对刀

①当工件原点与方形坯料对称中心重合时。

a. *X* 向对刀过程：让刀具或找正器缓慢靠近并接触工件侧边 *A*，记录此时的机床坐标值 *X*1；再用相同的方法使对刀器接触工件侧边 *B*，记录此时的机床坐标值 *X*2；通过公式 $X=(X1+X2)/2$ 计算出工件原点相对机床原点在 *X* 向的坐标值。

b. *Y* 向对刀过程：重复上述步骤，最终找出工件原点相对机床原点在 *Y* 向的坐标值。如图 4-50所示。

在进行对刀操作时，必须根据工件加工精度要求来选择合适的对刀工具。

c. 对于精度要求不高的工件，常用立铣刀代替找正器以试切工件的方式找出工件原点相对机床原点的坐标值 *X*、*Y*。

d. 对于精度要求很高的工件，常用寻边器（见图 4-51）找出工件原点相对机床原点的坐标值 *X*、*Y*。

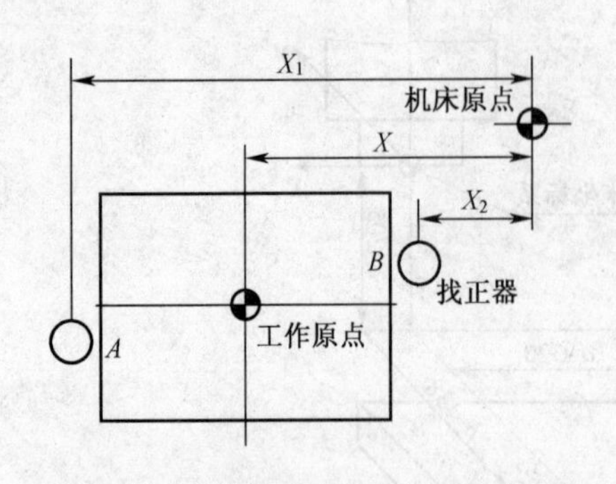

图 4-50　工件原点与方形坯料中心重合时的 X 向对刀示意图

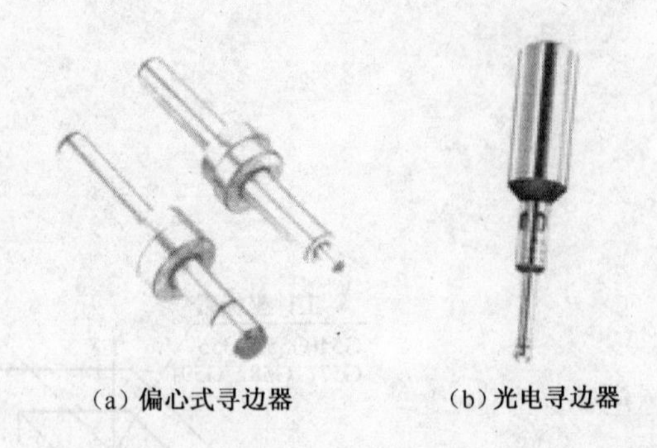

图 4-51　常用寻边器

②工件原点与圆形结构回转中心重合。

a. 用定心锥轴对刀。如图 4-52 所示，根据孔径大小选用相应的定心锥轴，使锥轴逐渐靠近基准孔的中心，通过调整锥轴位置，使其能在孔中上下轻松移动，记下此时机床坐标系中的 X、Y 坐标值，即为工件原点的位置坐标。

b. 用百分表对刀。如图 4-53 所示，用磁性表座将百分表粘在机床主轴端面上，通过手动操作，将百分表测头接近工件圆孔，继续调整百分表位置，直到表测头旋转一周时，其指针的跳动量在允许的找正误差内（如 0.02 mm），记下此时机床坐标系中的 X、Y 坐标值，即为工件原点的位置坐标。

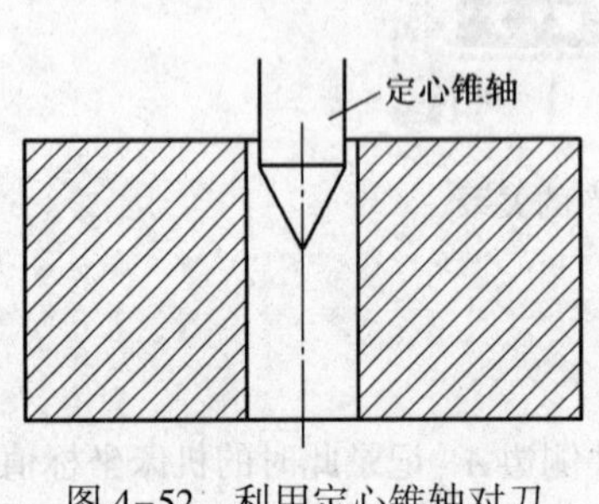

图 4-52　利用定心锥轴对刀

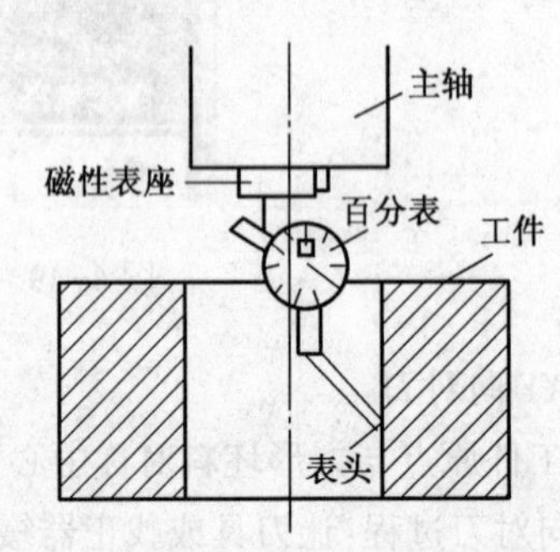

图 4-53　利用百分表对刀

（2）Z 向对刀

不同形状的工件，其工件坐标系的 Z 向零点位置可能有不同的选择。有的工件需要将 Z 向零点选择在工件上表面，也有的工件需要将机床工作台面作为 Z 向零点位置。通过 Z 向对刀操作，实现 Z 向零点的设定。Z 向对刀操作有两种方式，一种方法是用刀具端刃直接轻碰工件；另一种方法是利用 Z 向设定器（见图 4-54）精确设定 Z 向零点位置。现仅介绍用 Z 向设定器将 Z 向零点设定在工件上表面的操作方法。如图 4-55 所示，Z 向设定器的标准高度为 50 mm，将设定器放置在工件上表面，当刀具端刃与设定器接触致指示灯亮时，此时刀具在机床坐标系中的 Z 坐标值减去 50 mm 后即为工件原点相对机床原点的 Z 向坐标值。

图 4-54 Z 向设定器图

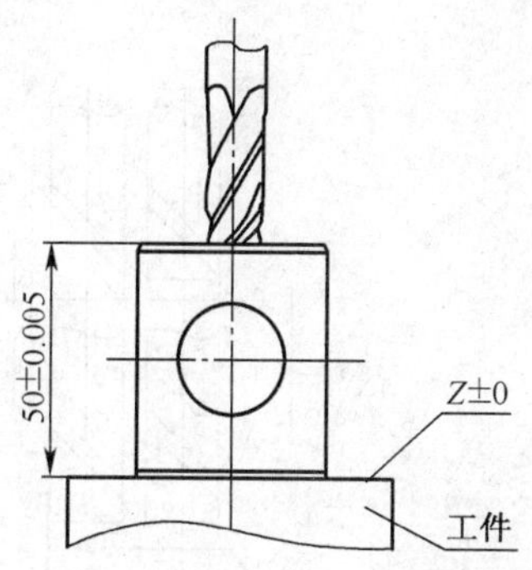

图 4-55 利用 Z 向设定器进行 Z 向零点对刀设定

一、任务描述

FANUC0i Mate-MC 和 SINUMERIK-802D 数控铣床/加工中心试切对刀操作。

二、任务实施

不同品牌的数控系统,其对刀建立工件坐标系的操作过程是不同的。下面将重点进行常用数控系统试切法对刀操作。

如图 4-49 所示,将工件原点选在工件中心上表面位置,并将相应的坐标值存入寄存器 G54 中,其操作步骤如下:

1. FANUC0i Mate-MC 数控系统对刀操作

①启动主轴(转速 350~400 r/min)。

②设定 X 向工件原点(刀具运动顺序如图 4-56 所示)。

a. 将模式选择旋钮旋到 HANDLE 模式,按编辑面板上的【POS】键,再按【相对】功能键。通过手轮移动刀具,使刀具轻碰工件,如图 4-56 中的 2 号位所示。

b. 按字符键【X】,再按 CRT 显示区下方的【起源】功能键,将 X 轴相对坐标清零,如图 4-57(a)所示。

c. 通过手轮控制刀具沿图 4-56 所示路径 2→3→4→5→6 移动,并使刀具轻碰工件,如图4-56 所示的 6 号位所示。

d. 记下屏幕此时显示的 X 相对坐标值[见图 4-57(b)中的-61. 932],并将该值除 2。

e. 通过手轮控制刀具沿图 4-56 所示路径 6→7→8 移动,调整手轮倍率,使刀具准确到达相对坐标 X=-61. 932/2 指示的位置,如图 4-58(c)所示。

f. 按【OFFSET SETING】键,再按【坐标系】功能键,将光标移动到 G54 中的 X 位置,输入 X0【见图 4-58(b)】。按【测量】功能键,G54 中的 X 值 299. 967 即为工件原点相对于机床原点在 X 向的坐标值,如图 4-58(c)所示。

③ 设定 Y 向工件原点,其操作过程与 X 向相似,此处略。

④设定 Z 向工件原点。

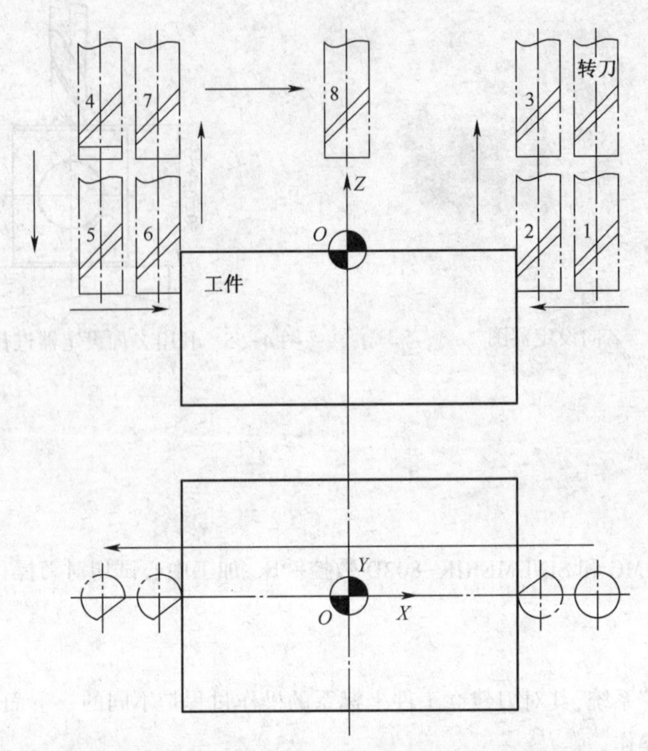

图 4-56　X 向对刀刀具运动示意图

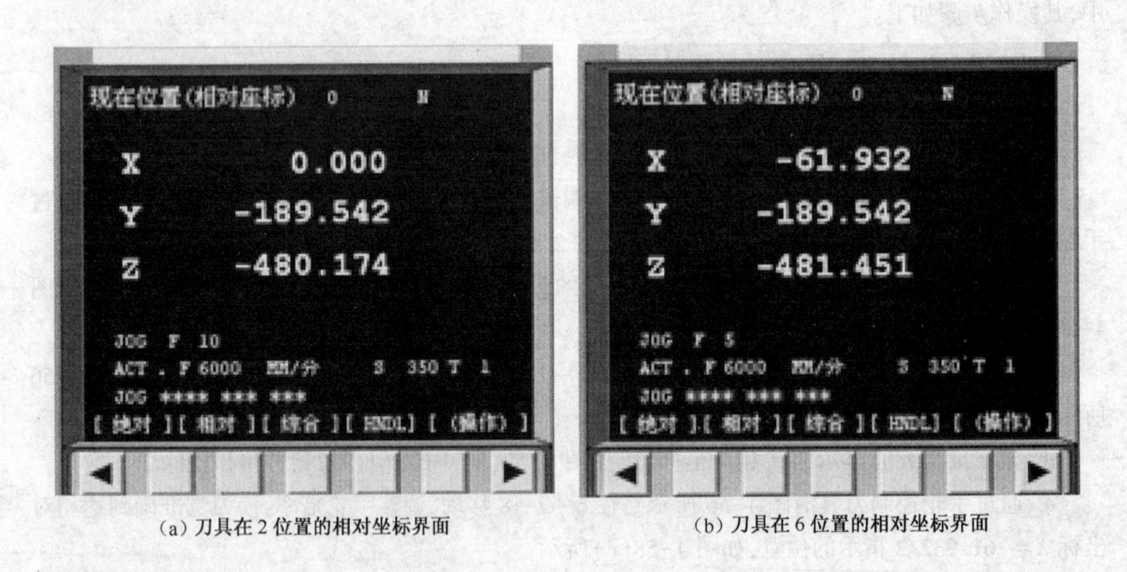

(a) 刀具在 2 位置的相对坐标界面　　(b) 刀具在 6 位置的相对坐标界面

图 4-57　FANUC0iMate—MC 系统对刀过程一

a. 通过手轮控制刀具移动,并使刀具轻碰工件上表面。

b. 按【OFFSET SETING】键,再按【坐标系】功能键,将光标移动到 G54 中的 Z 位置,输入 Z0,按【测量】功能键,G54 中的 Z 值-203.512 即为工件原点相对于机床原点在 Z 向的坐标值。

（a）刀具在 8 位置的相对坐标界面

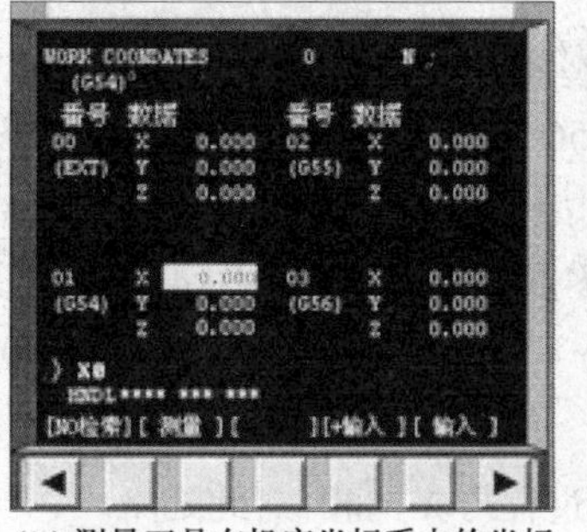

（b）测量刀具在机床坐标系中的坐标

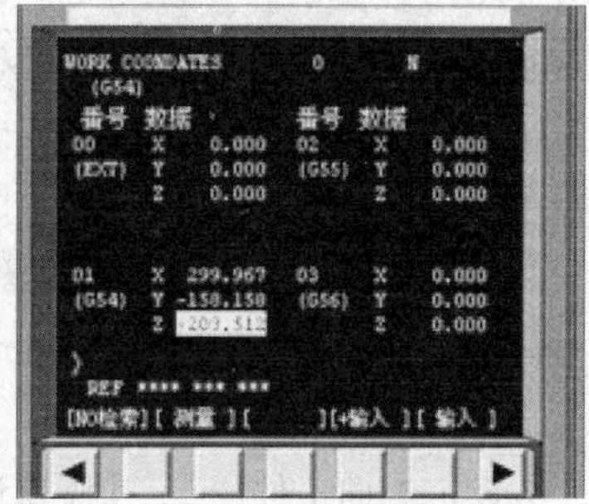

（c）*X* 向对刀结束后的界面

图 4-58　FANUC0iMate—MC 系统对刀过程二

2. SINUMERIK-802D 数控系统对刀操作

①启动主轴(转速 350~400 r/min)。

②设定 *X* 向工件原点(刀具运动顺序见图 4-56)。

a. 按手动模式键,再按加工键,通过手轮移动刀具,使刀具轻碰工件,如图 4-56 中的 2 号位所示。

b. 按【基本设定】功能键,再按【X=0】功能键,进行坐标清零[见图 4-59(a)所示]。

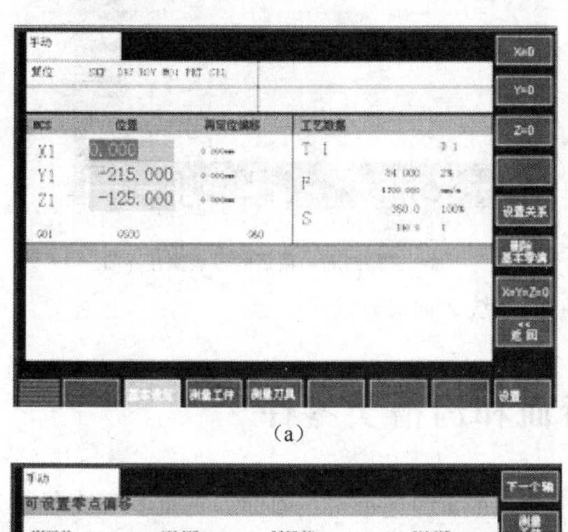

（a）

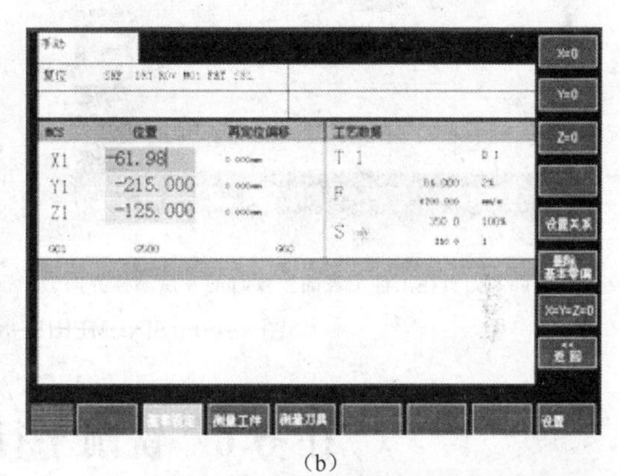

（b）

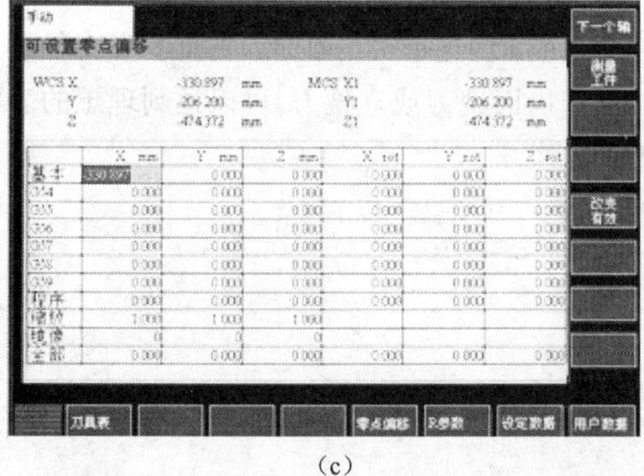

（c）

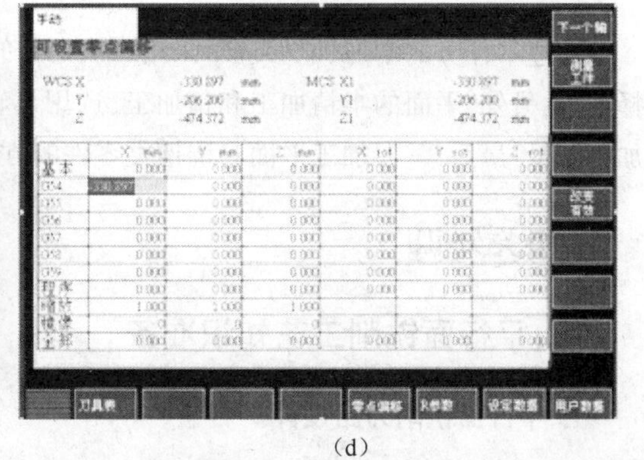

（d）

图 4-59　SINUMERIK-802D 系统 *X* 向对刀过程

c. 通过手轮控制刀具沿图 4-56 所示路径 2→3→4→5→6 移动,并使刀具轻碰工件,如图 4-

56 中的 6 号位所示。

d. 记下屏幕此时显示的 X 相对坐标值[见图 4-59(b)中的-61.98],并将该值除 2。

e. 通过手轮控制刀具沿图 4-56 所示路径 6→7→8 移动,调整手轮倍率,使刀具准确到达相对坐标 X=-61.98/2 指示的位置,并按【X=0】功能键,进行 X 向坐标再次清零。

f. 按参数操作区域键,再按【零点偏移】键,弹出图 4-59(c)所示界面。将基本中的 X 值剪切至 G54 中的 X 位置[见图 4-59(d)],此时 G54 中的 X 值-330.897 即为工件原点相对于机床原点在 X 向的坐标值。

③设定 Y 向工件原点,其操作过程与 X 向相似,此处略。

④设定 Z 向工件原点。

a. 通过手轮控制刀具移动,并使刀具轻碰工件上表面。

b. 按加工键,再按【基本设定】功能键,之后按【Z=0】功能键,进行 Z 向坐标清零。

c. 按参数操作区域键,再按【零点偏移】键,弹出图 4-60(a)所示界面。将基本中 Z 值剪切至 G54 中的 Z 位置[见图 4-60(b)],此时 G54 中的 Z 值-205.318 即为工件原点相对于机床原点在 Z 向的坐标值。

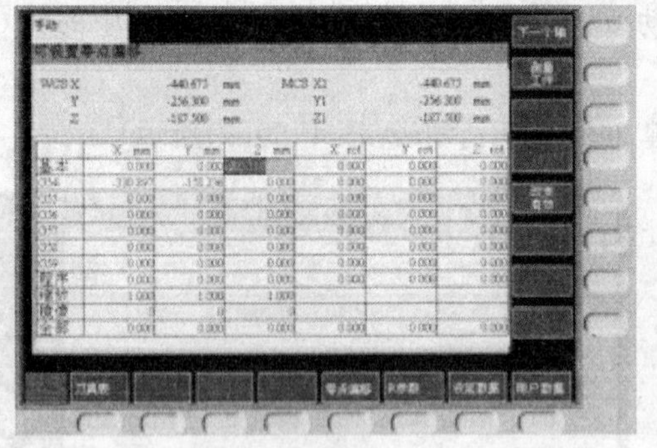

(a) 刀具在工件上表面位置时的零点偏移界面

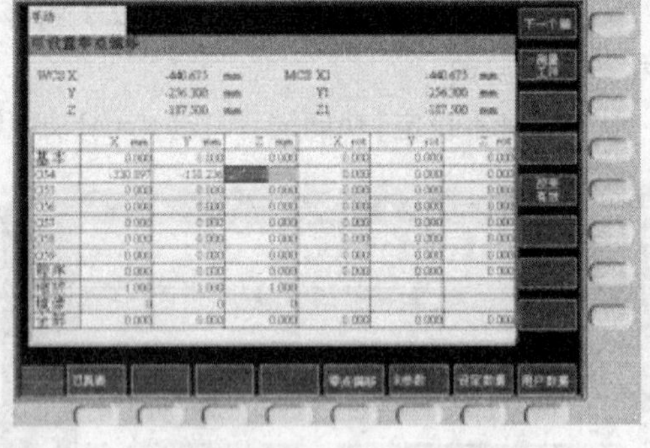

(b) Z 向对刀结束后的零点偏移界面

图 4-60 SINUMERIK-802D 系统 Z 向对刀过程

任务 6 铣削平行面和沟槽类零件

通过本任务的学习,能够理解采用二次走刀的含义并掌握选每次走刀的刀宽度和刀直径的选择方法;另外,平面的半精加工和精加工,选用可转位密齿面铣刀或立铣刀,可以达到理想的表面加工质量;最后,掌握加工平面与沟槽类零件的方法。

相关知识

一、平行面铣削工艺知识准备

1. 平行面铣削刀路设计

(1) 刀具直径大于平行面宽度

当刀具直径大于平行面宽度时,铣削平行面可分为对称铣削、不对称逆铣与不对称顺铣 3 种方式。

①对称铣削。铣削平行面时,铣刀轴线位于工件宽度的对称线上。如图 4-61(a)所示,刀齿切入与切出时的切削厚度相同且不为零,这种铣削称为对称铣削。

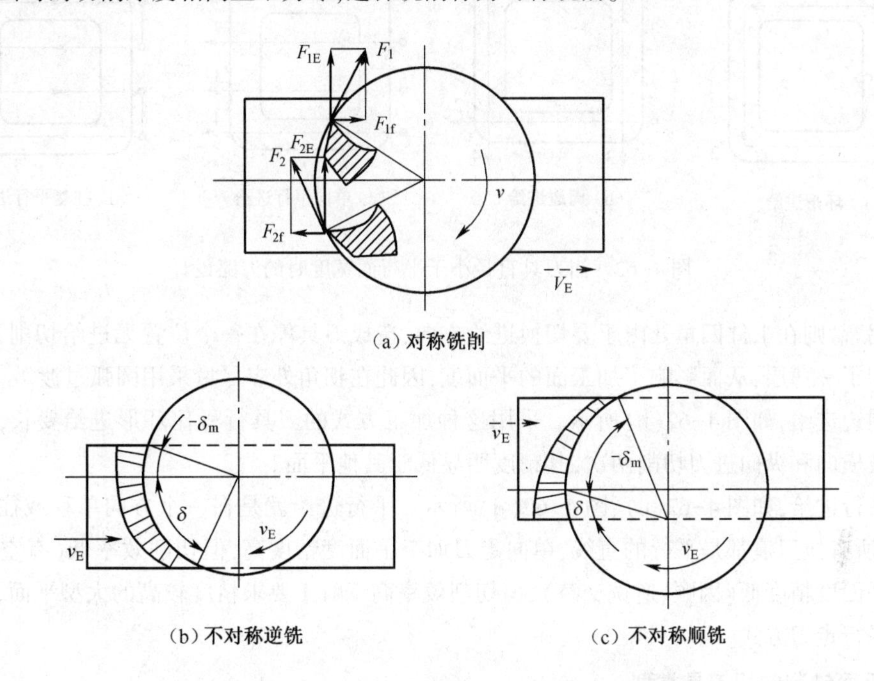

(a) 对称铣削

(b) 不对称逆铣　　(c) 不对称顺铣

图 4-61　当刀具直径大于平行面宽度时刀路设计

对称铣削时,刀齿在工件的前半部分为逆铣,在进给方向的铣削分力 F_{2f} 与工件进给方向相反;刀齿在工件的后半部分为顺铣,F_{1f} 与工件进给方向相同。对称铣削时,在铣削层宽度较窄和铣刀齿数少的情况下,由于竖直方向分力在进给方向上的交替变化,使工件和工作台容易产生窜动。另外,在横向的水平分力较大,对窄长的工件易造成变形和弯曲。因此,只有在工件宽度接近铣刀直径时才采用对称铣削。

②不对称逆铣。铣削平行面时,当铣刀以较小的切削厚度(不为零)切入工件,以较大的切削厚度切出工件时,这种铣削称为不对称逆铣,如图 4-61(b)所示。

不对称逆铣时,刀齿切入没有滑动,因此,也没有铣刀进行逆铣时所产生的各种不良现象。而且采用不对称逆铣,可以调节切入与切出的切削厚度。切入厚度小,可以减小冲击,有利于提高铣刀的耐用度,适合铣削碳钢和一般合金钢。这是最常用的铣削方式。

③不对称顺铣。铣削平行面时,当铣刀以较大切削厚度切入工件,以较小的切削厚度切出工件时,这种铣削称为不对称顺铣,如图 4-61(c)所示。

不对称顺铣时,刀齿切入工件时虽有一定冲击,但可避免刀刃切入冷硬层。在铣削冷硬性材料或不锈钢、耐热钢等材料时,可使切削速度提高 40%~60%,并可减少硬质合金刀具的热裂磨损。

(2) 刀具直径小于平行面宽度

当工件平面较大、无法用一次进给切削完成时,就须采用多次进给切削,而两次进给之间就会产生重叠接刀痕。一般大面积平行面铣削有以下三种进给方式。

①环形进给,如图 4-62(a)所示。这种加工方式的刀具总行程最短,生产效率最高。如果采

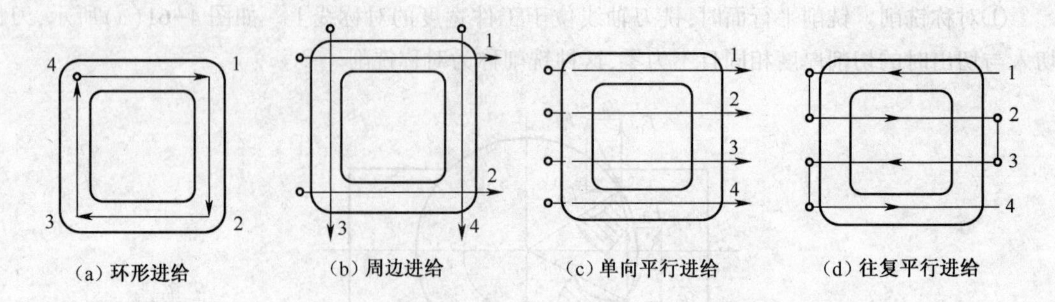

（a）环形进给　（b）周边进给　（c）单向平行进给　（d）往复平行进给

图 4-62　当刀具直径小于平行面宽度时的刀路设计

用直角拐弯，则在工件四角处由于要切换进给方向，造成刀具停在一个位置无进给切削，使工件四角被多切了一薄层，从而影响了加工面的平面度，因此在拐角处应尽量采用圆弧过渡。

②周边进给，如图 4-62(b)所示。采用这种加工方式的刀具行程比环形进给要长，由于工件的四角被横向和纵向进刀切削两次，其精度明显低于其他平面。

③平行进给，如图 4-62(c)、图 4-62(d)所示。平行进给就是在一个方向单程或往复直线走刀切削，所有接刀痕都是平行的直线，单向走刀加工平面度精度高，但切削效率低（有空行程），往复走刀平面度精度低（因顺、逆铣交替），但切削效率高。对于要求精度较高的大型平面，一般都采用单向平行走刀方式。

2. 平面铣削常用刀具类型

(1) 可转位硬质合金面铣刀

这类刀具由一个刀体及若干硬质合金刀片组成，刀片通过夹紧元件夹固在刀体上。按主偏角 k_r 值的大小分类，可转位硬质合金面铣刀可分为 45°、90°等类型，如图 4-63 所示。

可转位硬质合金面铣刀具有铣削速度高，加工效率高，所加工的表面质量好，并可加工带有硬皮和淬硬层的工件，因而得到了广泛的应用。适用于平面铣、台阶面铣及坡走铣等场合，如图4-63 所示。

(2) 可转位硬质合金 R 面铣刀

这类刀具的结构与可转位硬质合金面铣刀相似，只是刀片为圆形，如图 4-63 所示。

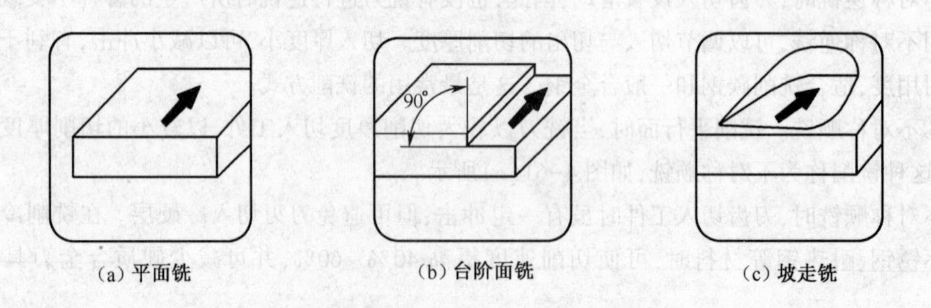

（a）平面铣　（b）台阶面铣　（c）坡走铣

图 4-63　可转位硬质合金面铣刀的铣削形式

(3) 立铣刀

在特殊情况下，也可用立铣刀进行平行面铣削。常用立铣刀的结构形式及材料如图 4-64 所示。立铣刀的圆柱表面和端面上都有切削刃，它们可同时进行切削，也可单独进行切削，立铣刀圆柱表面的切削刃为主切削刃,端面上的切削刃为副切削刃。主切削刃一般为螺旋齿,可以增加切削平稳性,提高加工精度。由于普通立铣刀端面中心处无切削刃,所以,立铣刀通常不能作轴向进给,端面刃主要用来加工与侧面相垂直的底平面。

为了改善切屑卷曲情况,增大容屑空间,防止切屑堵塞,刀齿数比较小,容屑槽圆弧半径则较大。一般粗齿立铣刀齿数 $z=3\sim4$,细齿立铣刀齿数 $z=5\sim8$。标准立铣刀的螺旋角 b 为 $40°\sim50°$(粗齿)和 $30°\sim35°$(细齿)。

由于数控机床要求铣刀能快速自动装卸,故立铣刀柄部的形式有很大的不同,有的制成带柄形式,有的制成套式结构,一般由专业刀具厂商按照一定的规范设计制造。

(a)高速钢立铣刀

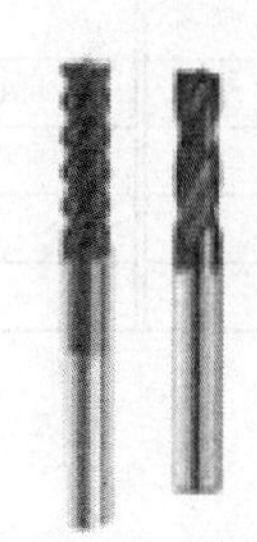
(b)整体硬质合金立铣刀

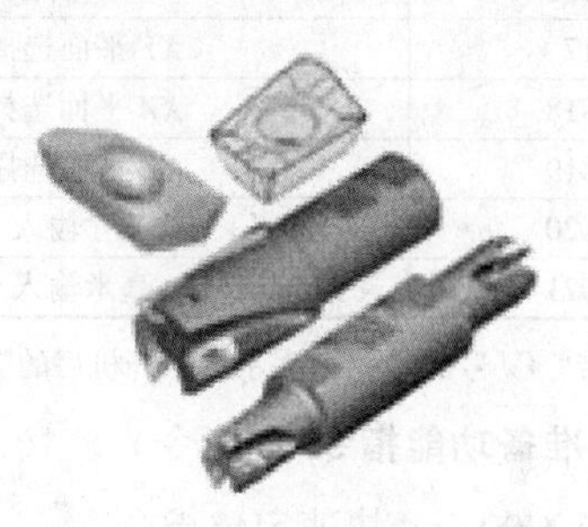
(c)可转位立铣刀

图 4-64 常用立铣刀的结构形式及材料

二、程序指令准备

1. 辅助功能指令(M 指令)

辅助功能指令又称 M 指令,其主要作用是控制机床各种辅助动作及开关状态,如主轴的转动与停止、冷却液的开与关等,通常是靠继电器的通断来实现控制过程的,用地址字符 M 及两位数字表示。程序的每一个程序段中 M 代码只能出现一次。

常用辅助功能 M 指令及其说明如表 4-1 所示。

表 4-1 常用辅助功能 M 指令及其说明

指令	功 能	指令	功 能
M00	程序暂停	M05	主轴停止
M01	程序有条件暂停	M07	第一冷却介质开
M02	程序结束	M08	第二冷却介质开
M03	主轴正转	M09	冷却介质关闭
M04	主轴反转	M30	程序结束(复位)并回到程序头

2. 主轴转速功能指令(S 指令)

主轴转速功能指令又称 S 功能指令,其作用是指定机床主轴的转速。

输入格式:S _ _——主轴速度。

3. 进给速度功能指令(F 指令)

又称 F 功能指令,其作用是指定刀具的进给速度。

输入格式:F _ _——刀具进给速度。

进给单位可以是 mm/min,也可以是 mm/r。编程时,程序中若输入了 G94 指令或省略,此时进给单位为 mm/min,如输入 F120,表示刀具进给速度为 120 mm/min;若输入了 G95 指令,则进给单位为 mm/r,如输入 F0.2,表示刀具进给速度为 0.2 mm/r。FANUC0i—MC 部分准备功能指令如表 4-2 所示。

表 4-2 FANUC0i-MC 部分准备功能指令

指令	功 能	指令	功 能
G00 *	快速定位	G54 * ~G59	工件坐标系的选择
G01	直线插补	G90 *	绝对值编程
G17 *	*XY* 平面选择	G91	增量值编程
G18	*XZ* 平面选择	G94 *	每分钟进给
G19	*YZ* 平面选择	G95	每转进给
G20	英寸输入	—	—
G21	毫米输入	—	—

注:带“ * ”号的 G 指令表示机床开机后的默认状态。

4. 准备功能指令(G 指令)

(1) G00——快速定位指令

该指令控制刀具以点定位从当前位置快速移动到坐标系中的另一指定位置,其移动速度不是通过程序指令 F 设定,而是由厂家预先设定。

指令格式:G00 X _ Y _ Z _。

其中,X _ Y _ Z _为刀具运动的目标点坐标,当使用增量编程时,X _ Y _ Z _为目标点相对于刀具当前位置的增量坐标,同时不运动的坐标可以不写。

如图 4-65 所示,刀具从当前点 *O* 点快速定位至目标点 *A*(*X*45 *Y*30 *Z*20),若按绝对坐标编程,其程序段如下:

G00 X45 Y30 Z20。

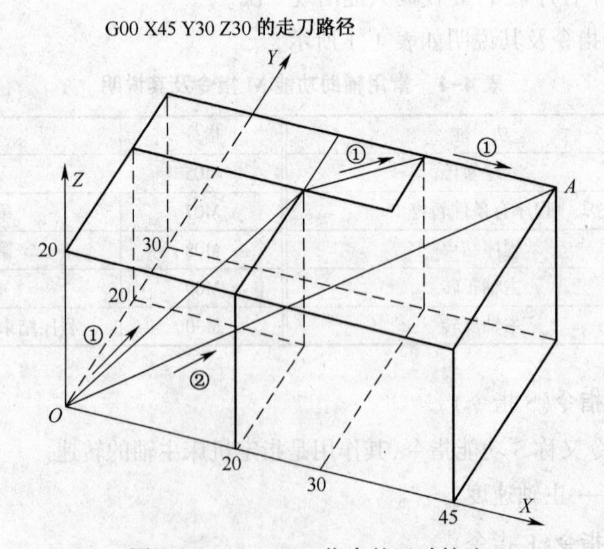

图 4-65 G00/G01 指令的运动轨迹

执行此程序段后,刀具的运动轨迹由标识①所示的三段折线组成。由此可看出,刀具在以三轴联动方式定位时,首先沿正方体(三轴中最小移动量为边长)的对角线移动,然后再以正方形(剩余两轴中最小移动量为边长)的对角线运动,最后再沿剩余轴长度运动。

因此,在执行 G00 时,为避免刀具与工件或夹具相撞,通常采用以下两种方式编程。

①刀具从上向下移动时。编程格式:G00 X _ Y _ Z _。

②刀具从下向上移动时。编程格式:G00 Z _ X _ Y _。

(2) G01——直线插补指令

该指令控制刀具从当前位置沿直线移动到目标点,其移动速度由程序指令 F 控制。它适合加工零件中的直线轮廓。

指令格式:G01 X _ Y _ Z _ F _.

其中,X _ Y _ Z _为刀具运动的目标点坐标。当使用增量编程时,X _ Y _ Z _为目标点相对于刀具当前位置的增量坐标,同时不运动时的坐标可以不写。

F _为指定刀具切削时的进给速度。刀具的实际进给速度通常与操作面板进给倍率开关所处的位置有关,当进给倍率开关处于 100%位置时,进给速度与程序中的速度相等。

如图 4-65 所示,刀具从当前点 *O* 点以 *F* 为 120 mm/min 的进给速度切削至目标点 *A*(*X*45 *Y*30 *Z*20)时,若按绝对坐标编程,其程序段如下:

```
G01 X45 Y30 Z20 F120;
```

执行此程序段后,刀具的运动轨迹为图 4-65 中标识②所示的一段直线。由此看出,G01 指令的运动轨迹为当前点与目标点之间的连线。

(3) G17/G18/G19——坐标平面选择指令

应用数控铣床/加工中心进行工件加工前,只有先指定一个坐标平面,即确定一个二坐标的坐标平面,才能使机床在加工过程中正常执行刀具半径补偿及刀具长度补偿功能。坐标平面选择指令的主要功能就是指定加工时所需的坐标平面。

指令格式:G17/(G18/G19)。其中,G17 表示指定 *XY* 坐标平面,G18 表示指定 *XZ* 坐标平面,G19 表示指定 *YZ* 坐标平面。

一般情况下,机床开机后,G17 为系统默认状态,在编程时 G17 可省略。G17、G18、G19 三个坐标平面的含义如表 4-3 所示。

表 4-3　G17、G18、G19 三个坐标平面的含义

指　令	坐 标 平 面	垂 直 坐 标
G17 *	*XY*	*Z*
G18	*XZ*	*Y*
G19	*YZ*	*X*

(4) G20/G21——FANUC0i-MC 系统单位输入设定指令

单位输入设定指令是用来设置加工程序中坐标值的单位是使用英制还是使用公制。FANUC0i-MC 系统采用 G20/G21 来进行英制和公制的切换。英制单位输入 G20;公制单位输入 G21。机床出厂前,机床生产厂商通常将公制单位输入设定为系统默认状态。

(5) G54~G59——工件坐标系选择指令

G54~G59 指令的功能就是在加工程序中用零点偏置方法设定的工件坐标系原点。

指令格式：G54/(G55/G56/G57/G58/G59)

为工件设定工件坐标系，能有效地简化零件加工程序，并减小编程错误（例如，加工图 4-66 所示的两型腔），其编程思路如下：

```
N10 G54 G00 Z100;
N20 M03S500;
N30 G00 X0 Y0;
.....
.....
N90 G00 Z100;
N100 G55;
N110 G00 X0 Y0;
.....
N200 M30;
```

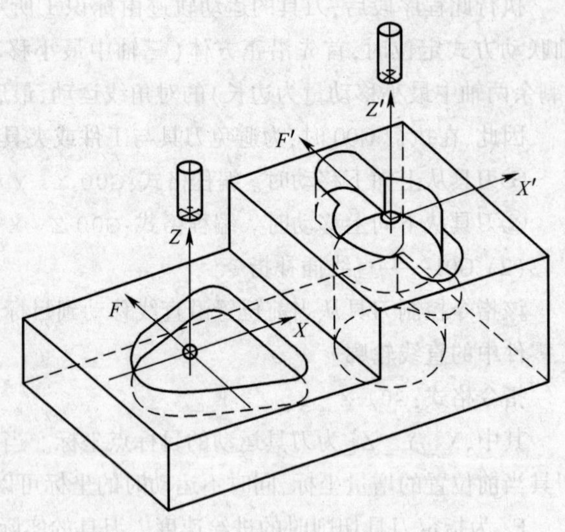

图 4-66　工件坐标系在加工中的应用

任务操作

一、任务描述

加工如图 4-67 所示正方形沟槽零件，零件材料为铝。

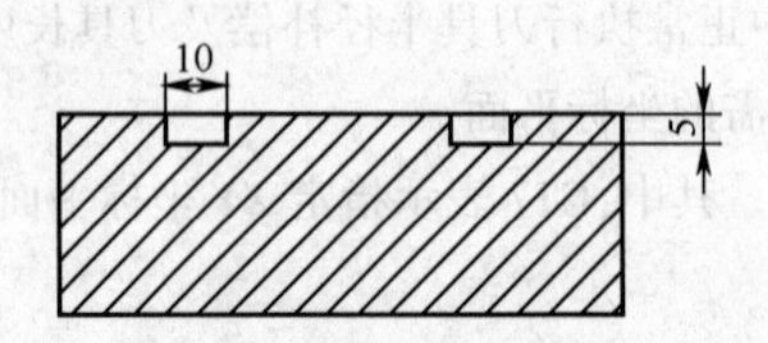

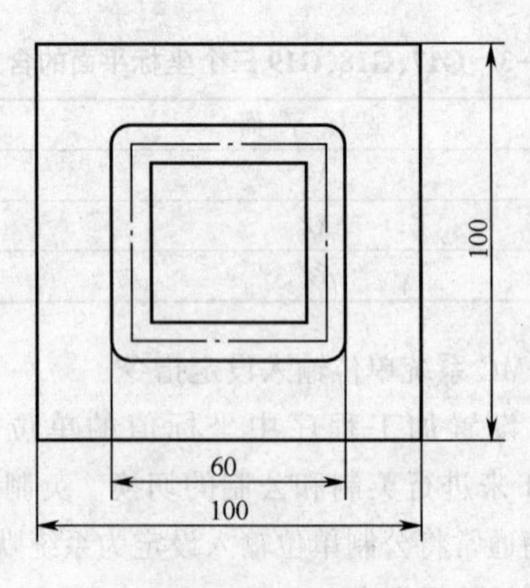

图 4-67　正方沟槽零件图

二、任务实施

1. 填写数控加工工艺卡(见表 4-4)

表 4-4 数控加工工艺卡

<table>
<tr><td colspan="4" rowspan="2">数控加工工艺卡</td><td colspan="2">工 序 号</td><td colspan="3">工 序 内 容</td></tr>
<tr><td colspan="2">1</td><td colspan="3">铣削正方形沟槽</td></tr>
<tr><td colspan="4" rowspan="2">正 方 沟 槽</td><td>零件名称</td><td>材 料</td><td colspan="2">夹 具 名 称</td><td>使用设备</td></tr>
<tr><td>沟槽</td><td>铝</td><td colspan="2">台虎钳</td><td>立数铣</td></tr>
<tr><td>工步号</td><td>程序号</td><td>工步内容</td><td>刀具号</td><td>刀具规格 /mm</td><td>主轴转速 /(r · min⁻¹)</td><td>进给量 /(mm · min⁻¹)</td><td>切削深度 /mm</td><td>备注 (检测说明)</td></tr>
<tr><td>1</td><td>O0001</td><td>铣削沟槽</td><td>1</td><td>$\phi10$ 键铣刀</td><td>800</td><td>100</td><td>5</td><td></td></tr>
<tr><td>编制</td><td></td><td>审核</td><td colspan="3"></td><td colspan="2">第 页</td><td>共 页</td></tr>
</table>

2. 编制加工程序

```
O0001                                   程序名
N10  G90 G40 G49 G80 G21 G17 G54;       程序初始化;
N20  G91 G28 Z0;                        回参考点;
N30  G90 G00 X0 Y0;                     快速到程序原点上方;
N40  M03 S800;                          主轴正转转速 800 r/mm;
N50  G00 Z15;                           快速接近工件;
N60  M08                                打开切削液;
N70  G00 X25. Y-25 ;                    快速移动到工件右下角;
N80  G01 Z-5. F100;                     刀具沿 Z 向进给至-5 mm 深;
N90  G01 X-25. Y-25;                    直线进给到左下方;
N100  X-25. Y25;                        直线进给到左上方;
N110  X25. Y25;                         直线进给到右上方;
N120  X25. Y-25;                        直线进给到右下方;
N130  G00  Z100;                        快速抬刀至 100 mm;
N140  X0.Y0. M09;                       返回工件原点,关切削液;
N150  M05                               主轴停;
N160  M30                               程序结束。
```

任务 7 铣削台阶面

通过本任务的学习,能够应用数控铣床/加工中心进行台阶面的铣削加工过程,了解刀具进给路线的设计，学会应用子程序加工零件。

一、台阶面铣削工艺知识准备

台阶面铣削在刀具、切削用量选择等方面与平行面铣削基本相同，但由于台阶面铣削除了要保证其底面精度之外，还应控制侧面精度，如侧面的平面度、侧面与底面的垂直度等，因此，在铣削台阶面时，刀具进给路线的设计与平行面铣削有所不同。以下介绍的是台阶面铣削常用的进刀路线。

1. 一次铣削台阶面

当台阶面深度不大时，在刀具及机床功率允许的前提下，可以一次完成台阶面铣削，刀具进给路线如图 4-68 所示。当台阶底面及侧面加工精度要求高时，可在粗铣后留 0.3~1 mm 余量进行精铣。

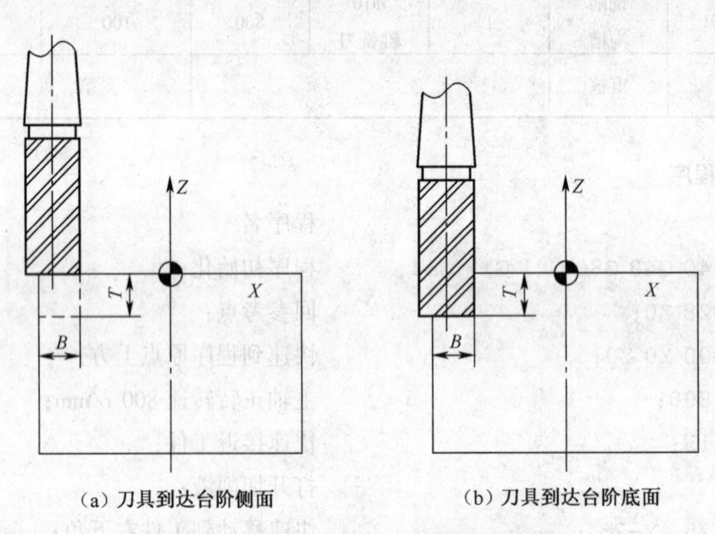

(a) 刀具到达台阶侧面　　(b) 刀具到达台阶底面

图 4-68　一次铣削台阶面的进刀路线

2. 在宽度方向分层铣削台阶面

当深度较大，不能一次完成台阶面铣削时，可采取图 4-69 所示的进刀路线，在宽度方向分层铣削台阶面。但这种铣削方式存在“让刀”现象，将影响台阶侧面相对于底面的垂直度。

3. 在深度方向分层铣削台阶面

当台阶面深度很大时，也可采取图 4-70 所示的进刀路线，在深度方向分层铣削台阶面。这种铣削方式会使台阶侧面产生“接刀痕”。在生产中，通常采用高精度且耐磨性能好的刀片来消除侧面“接刀痕”或在台阶的侧面留 0.2~0.5 mm 余量作一次精铣。

二、程序指令准备

数控铣床/加工中心机床通常采用子程序调用指令来执行分层铣削。

1. 子程序定义

在编制加工程序时，有时会遇到一组程序段在一个程序中多次出现，或者在几个程序中都要使用到，编程者可将这组多次出现的程序段编写成固定程序，并单独命名，这组程序段就称为子程序。

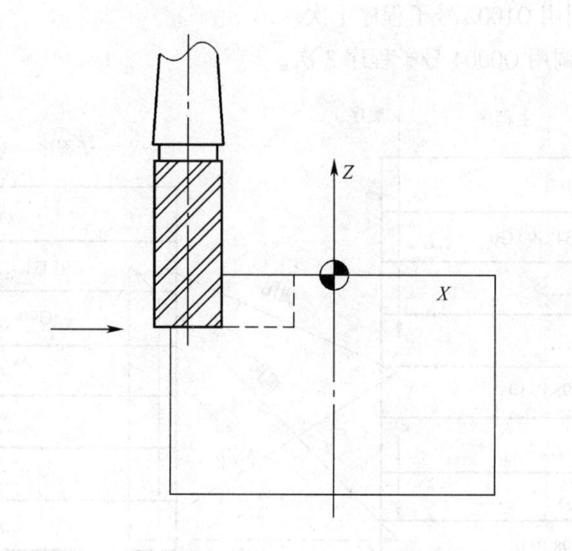

图 4-69 在宽度方向分层铣削台阶面的进刀路线

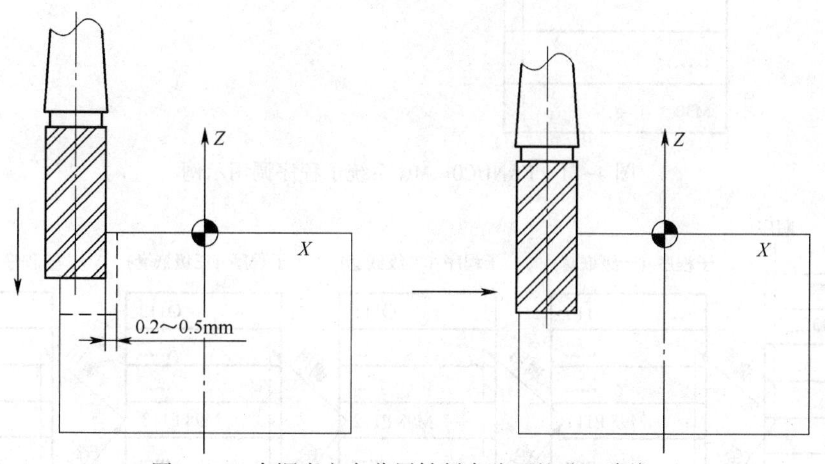

图 4-70 在深度方向分层铣削台阶面的进刀路线

图 4-71 所示为 FANUC0i-MC 数控系统子程序调用示例。从示例中可看出，子程序一般都不可以作为独立的加工程序使用，只有通过调用来实现加工中的局部动作。

2. 子程序嵌套

在一个子程序中调用另一个子程序，这种编程方式称为子程序嵌套（见图 4-72）。当主程序调用子程序时，该子程序被认为是一级子程序，数控系统不同，其子程序的嵌套级数也不相同，图 4-72所示为 FANUC0i-MC 系统的四层子程序嵌套。

3. FAUNC 系统子程序调用指令（M98/M99）

(1) M98——调用子程序

指令格式：M98P×××× ××××。其中，在地址 P 后面的 8 位数字中，前 4 位表示子程序调用次数，后 4 位表示子程序名。调用次数前面的 0 可以省略不写；当调用次数为 1 时，前 4 位数字可省略。例如：

M98 P51002;表示调用 O1002 号子程序 5 次。

M98 P1002;表示调用 O1002 号子程序 1 次。

M98 P30004;表示调用 O0004 号子程序 3 次。

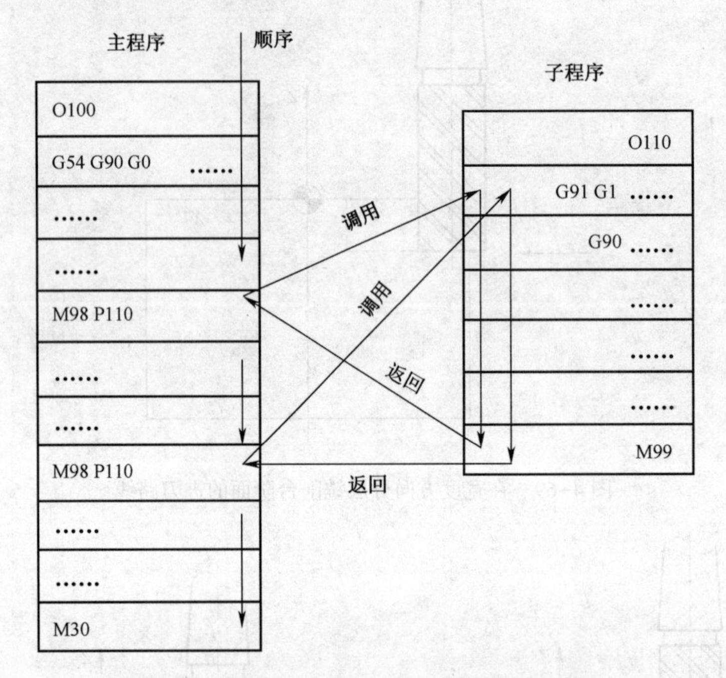

图 4-71　FANUC0i-MC 系统子程序调用示例

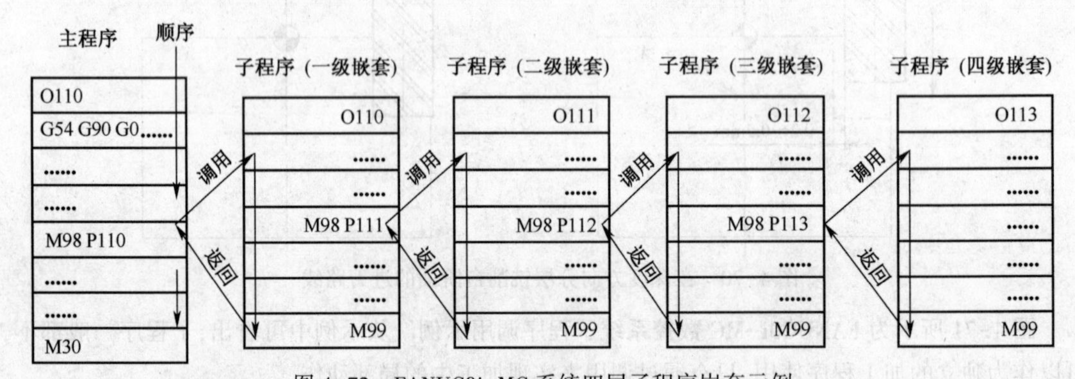

图 4-72　FANUC0i-MC 系统四层子程序嵌套示例

（2）M99——子程序调用结束，并返回主程序

FANUC0i-MC 系统常用 M99 指令结束子程序。

指令格式：M99。

（3）子程序编程应用格式

在 FANUC0i-MC 系统中，子程序与主程序一样，必须建立独立的文件名，但程序结束必须用 M99。其编程应用格式如图 4-70 及图 4-71 所示，此处略。FANUC0i-MC 系统四层子程序嵌套示例如图 4-72 所示。

4. SINUMERIK 系统子程序调用指令

(1) 子程序调用指令格式:△△△△△△△△ P××××

"△△△△△△△△"表示要调用的子程序名,其命名方式与一般程序的命名规则相同;P 后面的数字表示调用次数。

例如:L0101P2;表示调用 L0101 子程序 2 次。

(2) RET——子程序结束并返回主程序

RET 的作用与 FANUC0i-MC 系统的 M99 相同,此处略。

任务操作

一、任务描述

如图 4-73 所示,加工 6 条宽 4mm、长 34mm、深 2mm 的直槽。

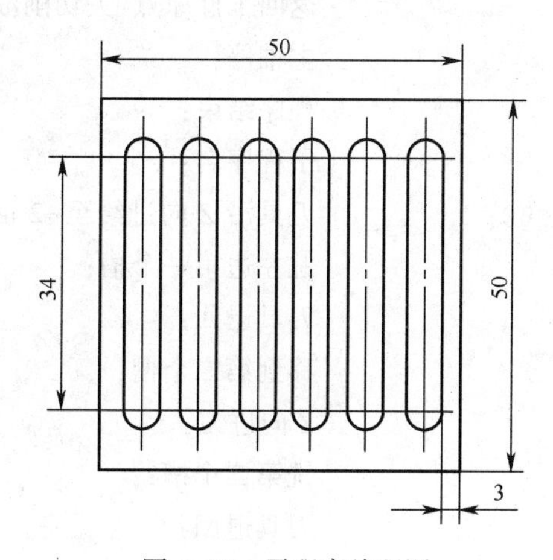

图 4-73 子程序编程图

二、任务实施

1. 填写数控加工工艺卡(见表 4-5)

表 4-5 数控加工工艺卡

<table>
<tr><td colspan="4" rowspan="2">数控加工工艺卡</td><td colspan="2">工 序 号</td><td colspan="3">工 序 内 容</td></tr>
<tr><td colspan="2">1</td><td colspan="3">铣削直槽</td></tr>
<tr><td colspan="4" rowspan="2">直 槽</td><td>零件名称</td><td>材料</td><td colspan="2">夹具名称</td><td>使用设备</td></tr>
<tr><td>槽</td><td>铝</td><td colspan="2">台虎钳</td><td>立数铣</td></tr>
<tr><td>工步号</td><td>程序号</td><td>工步内容</td><td>刀具号</td><td>刀具规格/mm</td><td>主轴转速/(r·min⁻¹)</td><td>进给量/(mm·min⁻¹)</td><td>切削深度/mm</td><td>备注(检测说明)</td></tr>
<tr><td>1</td><td>O0002</td><td>铣削槽</td><td>1</td><td>φ4 键铣刀</td><td>800</td><td>80</td><td>2</td><td></td></tr>
<tr><td>编制</td><td></td><td>审核</td><td colspan="3"></td><td colspan="2">第 页</td><td>共 页</td></tr>
</table>

2. 编制加工程序

```
O0002                                    程序;
N10  G90 G40 G49 G80 G21 G17 G54;       程序初始化;
N20  G91 G28 Z0;                         回参考点;
N30  G90 G00 X0 Y0;                      快速到程序原点上方;
N40  M03 S800;                           主轴正转转速 800 r/mm;
N50  G00 Z15;                            快速接近工件;
N60  M08;                                打开切削液;
N70  G00 X25. Y7;                        快速移动到工件右方;
N80  M98 P30200;                         调用 0200 子程序 3 次;
N90  G90 G00 Z100;                       快速抬刀至 100 mm;
N100  X0.Y0. M09;                        返回工件原点,关切削液;
N110  M05;                               主轴停;
N120  M30;                               程序结束;
0200                                     子程序名;
N130  G91 G01 Z-17 F80;                  刀具沿 Z 向进给至-2 mm 深;
N140  Y34;                               铣左边第一个槽;
N150  G00 Z17;                           刀具退回;
N160  X-8;                               移到第二个槽;
N170  G01 Z-17;                          Z 向进刀;
N180  Y-34;                              铣第二个槽;;
N190  G00 Z13;                           刀具退回;
N200  X-8;                               移到第三个槽;
N210  M99;                               返回主程序。
```

任务 8　铣削单一圆弧轮廓

通过本任务的学习,能够学会 G02/G03 圆弧插补指令的特点,能够正确指定圆弧沟槽零件的走刀路线,学会刀具补偿指令的编程方法,学会利用调整刀具偏置值进行粗、精加工。

相关知识

一、单一外形轮廓铣削工艺知识准备

单一外形轮廓铣削如图 4-74 所示,轮廓侧面是主要加工内容,其加工精度、表面质量均有较高的要求。因此,合理设计轮廓铣削路线、选择合适的铣削刀具以及切削用量非常重要。

1. 刀路设计

(1) 进、退刀路线设计

刀具进、退刀路线设计得合理与否，对保证所加工的轮廓表面质量非常重要。一般来说，刀具进、退刀路线的设计应尽可能遵循切向切入、切向切出工件的原则。根据这一原则，轮廓铣削中刀具进、退刀路线通常有三种设计方式，即直线—直线方式，如图 4-75(a)所示；直线—圆弧方式，如图 4-75(b)所示；圆弧—圆弧方式，如图 4-75(c)所示。

(2) 铣削方向的选择

进行零件轮廓铣削时有两种铣削方向，即顺铣与逆铣。

图 4-74 单一外形轮廓铣削示意图

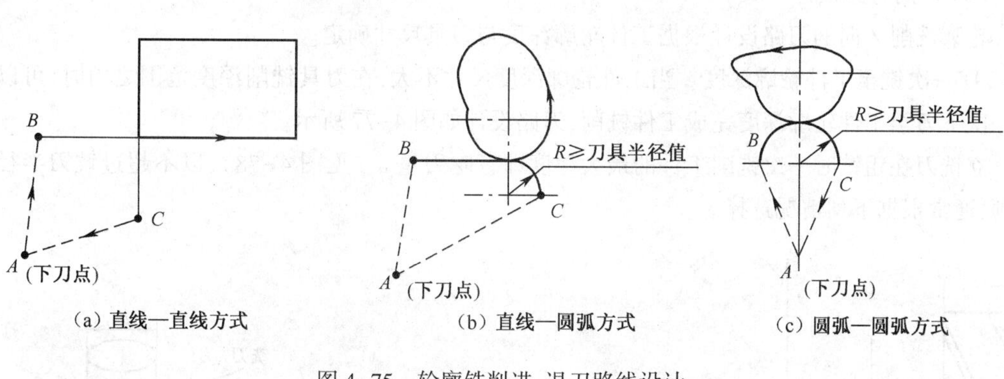

图 4-75 轮廓铣削进、退刀路线设计

①顺铣就是在切削区域内，刀具的旋转方向与刀具的进给方向相反时的铣削，如图 4-76(a)所示。顺铣加工有以下特点：

a. 观察者沿刀具进给方向看，刀具始终在工件的左侧。

b. 切削层厚度从最大开始逐渐减小至零，刀具产生向外“拐”的变形趋势，工件处于“欠切”状态，如图 4-76(a)所示。

c. 刀齿处于受压状态，此时无滑移，因而其耐用度高，所加工的表面质量好。

②逆铣就是在切削区域内，刀具的旋转方向与刀具的进给方向相同时的铣削，如图 4-76(b)

所示。逆铣加工有以下特点：

a. 观察者沿刀具进给方向看，刀具始终在工件的右侧。

b. 切削层厚度从零逐渐增加到最大，刀具此时因“抓地”效应产生向内“弯”的变形趋势，工件处于“过切”状态，如图 4-76(b)所示。

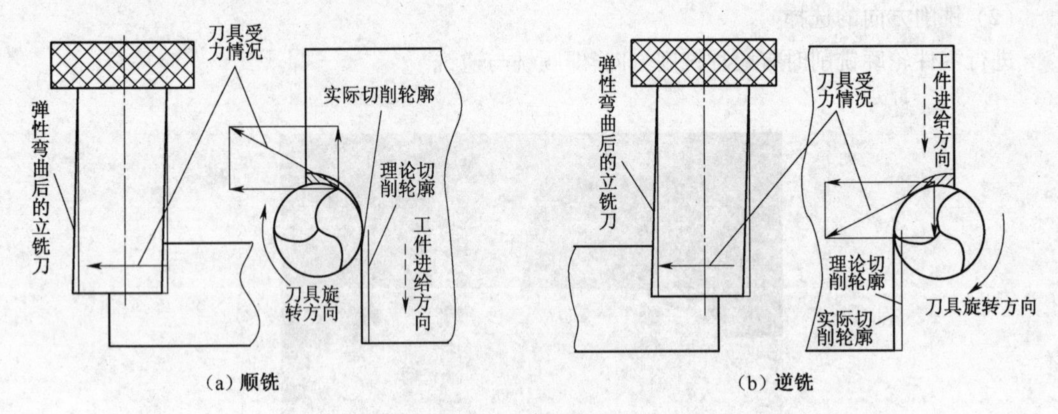

图 4-76　轮廓铣削方式

逆铣开始时，由于切削厚度为零，小于铣刀刃口钝圆半径，切不下切屑，刀齿在加工表面上产生小段滑移，刀具与工件表面产生强烈摩擦，这种摩擦一方面使刀刃磨损加剧，另一方面使工件已加工表面产生冷硬现象，从而增大了工件的表面粗糙度。

综上所述，为提高刀具耐用度及工件表面质量，在进行轮廓铣削时，一般都采用顺铣，逆铣只有在铣削带“硬皮”的工件时才使用。

(3) *Z* 向刀路设计

轮廓铣削 Z 向的刀路设计根据工件轮廓深度与刀具尺寸确定。

① 一次铣至工件轮廓深度。当工件轮廓深度尺寸不大，在刀具铣削深度范围之内时，可以采用一次下刀至工件轮廓深度完成工件铣削，刀路设计如图 4-77 所示。

立铣刀在粗铣时一次铣削工件的最大深度即背吃刀量 a_p(见图 4-78)，以不超过铣刀半径为原则，通常根据下列情况选择。

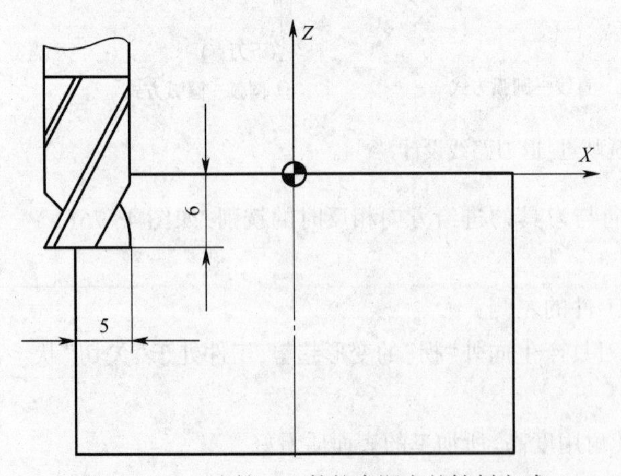

图 4-77　一次铣至工件轮廓深度的铣削方式

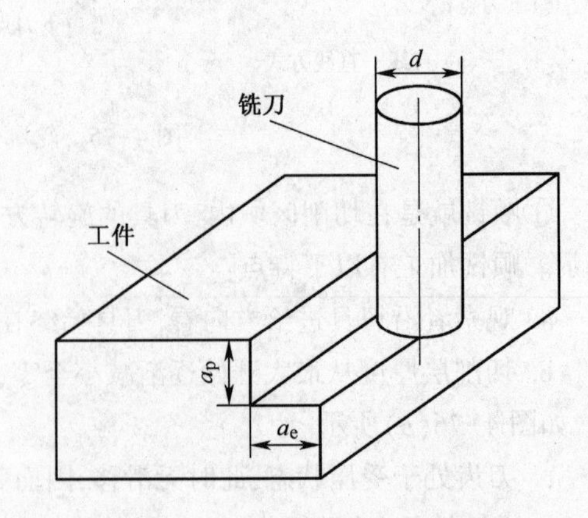

图 4-78　背、侧吃刀量示意图

a. 当侧吃刀量 $a_e<d/2$(d 为铣刀直径)时,取 $a_p=(1/3\sim1/2)d$;

b. 当侧吃刀量 $d/2\leqslant a_e<d$ 时,取 $a_p=(1/4\sim1/3)d$;

c. 当侧吃刀量 $a_e=d$(即满刀切削)时,取 $a_p=(1/5\sim1/4)d$。

采用一次铣至工件轮廓深度的进刀方式虽然使 NC 程序变得简单,但这种刀路使刀具受到较大的切削抗力而产生弹性变形,因而影响了工件轮廓侧壁相对底面的垂直度。

②分层铣至工件轮廓深度。当工件轮廓深度尺寸较大,刀具不能一次铣完时,则须采用在 Z 向分多层依次铣削工件,最后铣至工件轮廓深度,刀路设计如图 4-79 所示。

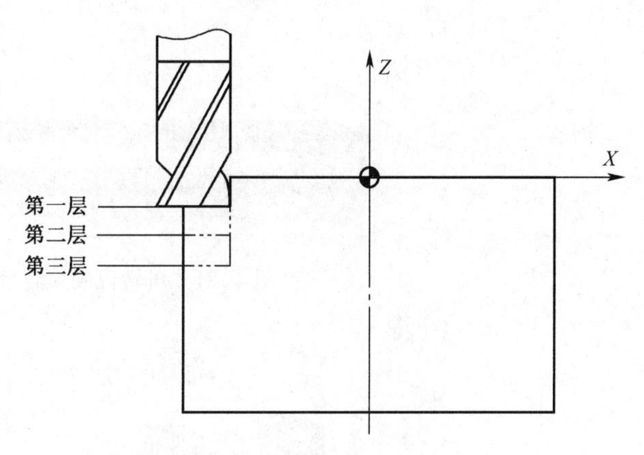

图 4-79　Z 向分层铣削示意图

在 Z 向分层铣削工件,有效地解决了工件轮廓侧壁相对底面的垂直度问题,因而在生产中得到了广泛的应用。

2. 常用的轮廓铣削刀具

一般情况下,常用立铣刀来执行零件 2D 外形轮廓铣削。立铣刀的结构形状如图 4-80 所示,其圆柱表面和端面上都有切削刃,它们可同时进行切削,也可单独进行切削。立铣刀圆柱表面的切削刃为主切削刃,端面上的切削刃为副切削刃,主要用来加工与侧面相垂直的底平面。主切削刃一般为螺旋齿,可以增加切削平稳性,提高加工精度。由于普通立铣刀端面中心处无切削刃,所以,立铣刀通常不能作轴向大深度进给。

根据刀具材料及结构形式分类,立铣刀通常有以下 3 种类型。

(1) 整体式立铣刀

整体式立铣刀主要有高速钢立铣刀和整体硬质合金立铣刀两大类型,如图 4-80 所示。

高速钢立铣刀具有韧性好、易于制造、成本低等特点,但由于刀具硬度特别是高温下的硬度低,难以满足高速切削要求,因而限制了其使用范围。

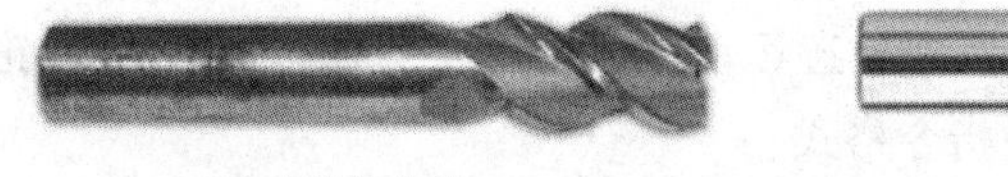

(a) 高速钢立铣刀　　(b) 整体硬质合金立铣刀

图 4-80　整体式立铣刀

硬质合金立铣刀具有硬度高和耐磨性好等特性,因而可获得较高切削速度及较长的使用寿命,且金属去除率高。刃口经过精磨的整体硬质合金立铣刀可以保证所加工零件的形位公差及较高的表面质量,通常作为精铣刀具使用。

(2) 可转位硬质合金立铣刀

可转位硬质合金立铣刀的结构如图 4-81 所示。与整体式硬质合金立铣刀相比,可转位硬质合金立铣刀的尺寸形状误差相对较大,直径一般大于 10 mm,因而通常作为粗铣刀具或半精铣刀具使用。

(3) 玉米铣刀

玉米铣刀可分为镶硬质合金刀片玉米铣刀及焊接式玉米铣刀两种类型,这种铣刀具有高速、大切深、表面质量好等特点,在生产中常用于大切深的粗铣加工或半精铣加工,其结构如图 4-82 所示。

图 4-81 可转位硬质合金立铣刀

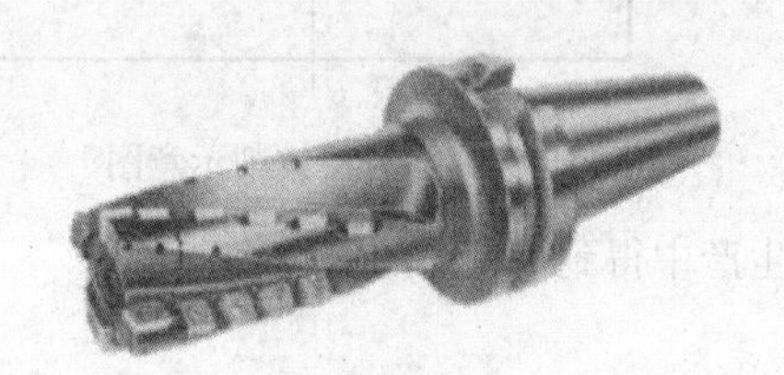

(a) 镶硬质合金刀片玉米铣刀

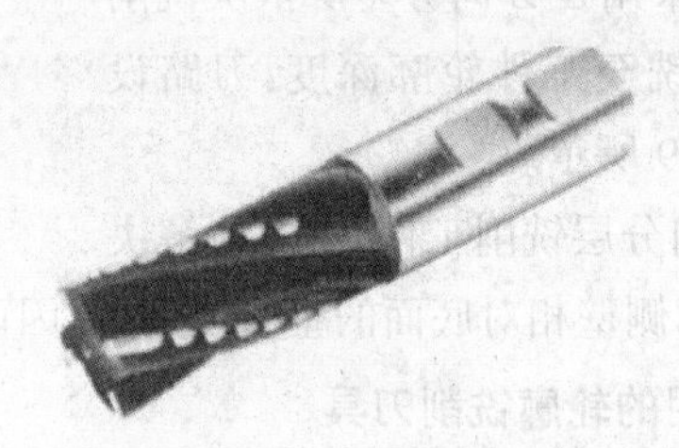

(b) 焊接刀刃玉米铣刀

图 4-82 玉米铣刀

3. 刀具直径的确定

为保证轮廓的加工精度和生产效率,合理确定立铣刀的直径非常重要。一般情况下,在机床功率允许的前提下,工件粗加工时应尽量选择直径较大的立铣刀进行铣削,以便快速去除多余材料,提高生产效率;工件精加工则选择相对较小直径的立铣刀,从而保证轮廓的尺寸精度和表面粗糙度值。

二、程序指令准备

1. FANUC0i-MC 系统的 G02/G03——圆弧插补指令

该指令控制刀具从当前点按指定的圆弧轨迹运动至圆弧终点,主要适用于圆弧轮廓的铣削加工。FANUC0i-MC 系统主要有以下几种指令格式。

(1) 在 XY 平面内圆弧插补

G17 G02/G03 X _ Y _ R _(I _ J _)F _;

其中:

①X _ Y _为圆弧终点坐标;

②I _ J _为圆心相对于圆弧起点的坐标增量值,即 $I=X_{圆心}-X_{圆弧起点}$;$J=Y_{圆心}-Y_{圆弧起点}$;

③R _为圆弧半径,当圆弧圆心角≤180°时,圆弧半径取正值;当 180°≤圆弧圆心角<360°时,圆弧半径取负值;当圆弧圆心角=360°,即插补轨迹为一整圆时,此时只能用 I、J 格式编程;当同时输入 R 与 I、J 时,R 有效。

④F 为圆弧插补时进给速度;

⑤G02 为顺圆插补,G03 为逆圆插补。

(2) 在 XZ 平面内圆弧插补

G18 G02/G03 X_Z_R_(I_K_)F_。

(3) 在 YZ 平面内圆弧插补

G19 G02/G03 Y_Z_R_(J_K_)F_。

圆弧顺、逆方向的判别方法是:逆着圆弧插补坐标平面的矢量正方向看,圆弧沿顺时针方向移动的为顺圆插补(G02),圆弧沿逆时针方向移动的为逆圆插补(G03),如图 4-83 所示。

如图 4-84 所示,刀具从当前点 A,沿不同圆弧轨迹插补至目标点,取 O 点为工件原点,刀具进给速度 $F=100$ mm/min,其对应的 NC 程序如表 4-6 所示。

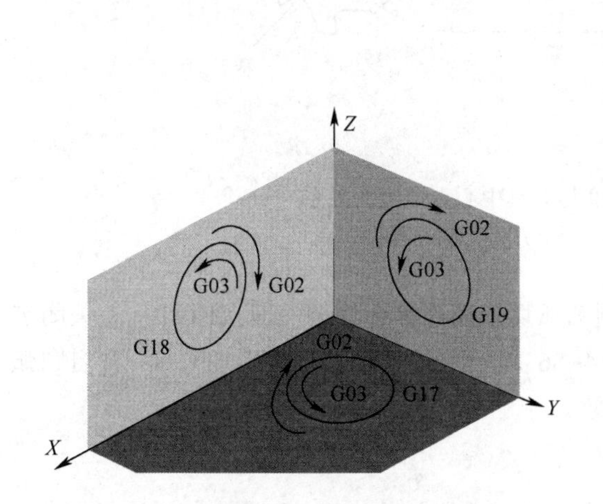

图 4-83 圆弧插补顺、逆判断示意图

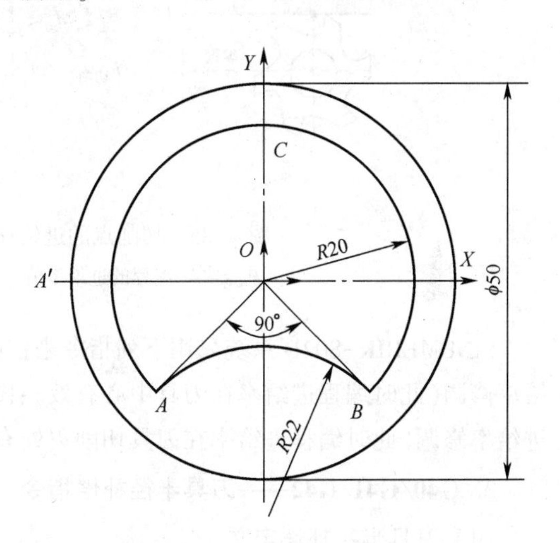

图 4-84 圆弧插补应用举例

表 4-6 圆弧插补编程示例

轨 迹 路 线	NC 程 序
$A \to B$	G02 X14.142 Y-14.142 R22 F100
$A \to C \to B$	G02 X14.142 Y-14.142 R-20 F100
$A' \to A'$	G02 X-25 Y0 I25 J0 F100

2. SINUMERIK-802D 系统的 G02/G03——圆弧插补指令

(1) 程序指令格式

SINUMERIK-802D 系统圆弧插补指令的含义与 FANUC 系统的完全相同,只是程序指令格式有差异。其中常用的编程格式为:

G02/G03 X_Y_ CR=_(I_J_)F_.

(2) 圆弧切削速度修调问题

在加工圆弧轮廓时,切削刃处的实际进给速度 $F_{切削}$ 并不等于编程设定的刀具中心点进给速度 $F_{编程}$。由图 4-85 所示,在铣削直线轮廓时,$F_{切削}=F_{编程}$。在铣削凹圆弧轮廓时,$F_{切削}=R_{轮廓}\times F_{编程}/(R_{轮廓}-R_{刀具})>F_{编程}$;在凸圆弧轮廓切削时,$F_{切削}=R_{轮廓}\times F_{编程}/(R_{轮廓}+R_{刀具})<F_{编程}$。在切削凹圆弧轮

廓时,如果 $R_{轮廓}$ 与 $R_{刀具}$ 很接近,则 $F_{切削}$ 将变得非常大,有可能损伤刀具或工件。因此要考虑圆弧半径对进给速度的影响,在编程时对切削圆弧处的进给速度作必要的修调。

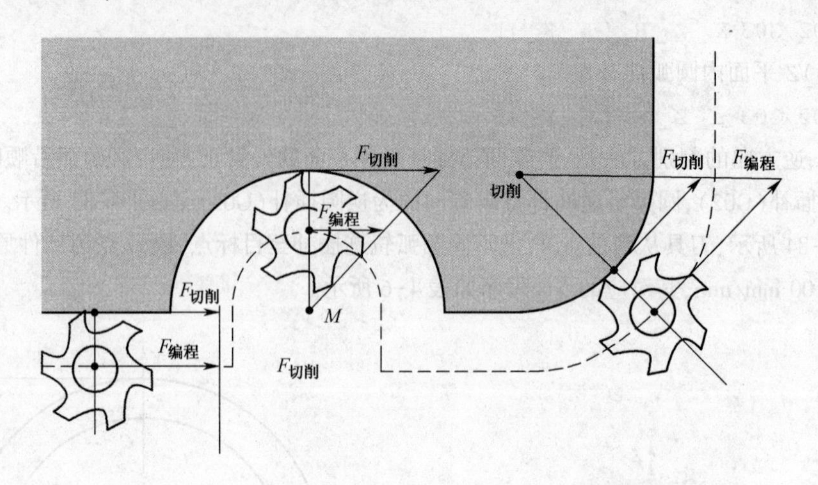

图 4-85　切削点的进给速度与刀具中心点速度的关系

$F_{编程}$——编程的进给率值;$F_{切削}$——刀具中心点修调进给率

SINUMERIK-802D 系统采用下列指令来控制圆弧切削速度是否修调。即:CFTCP——关闭进给率修调(此时编程进给率在刀具中心有效);图 4-86 为刀具半径补偿示意图;CFC——开启圆弧进给率修调(此时编程进给率在刀具切削刃处有效)。

3. G40/G41/G42——刀具半径补偿指令

(1) 刀具半径补偿定义

在编制零件轮廓铣削加工程序时,一般以工件的轮廓尺寸作为刀具轨迹进行编程,而实际的刀具运动轨迹则与工件轮廓有一偏移量(即刀具半径),如图 4-86 所示。数控系统这种编程功能称为刀具半径补偿功能。

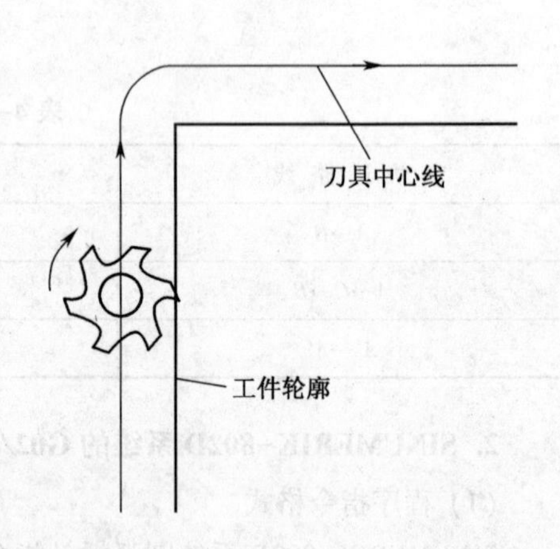

图 4-86　刀具半径补偿示意图

(2) 刀具半径补偿指令

①建立刀具半径补偿的程序指令格式如下:

G41/G42 G00(G01)X_Y_D_F_;其中:

a. X、Y 为 G00、G01 指令运动的终点坐标。

b. D 为刀具补偿偏置号,通常在字母 D 后用两位数字表示刀具半径补偿值在刀具参数表中的存放地址。

c. G41 为刀具半径左补偿指令,G42 为刀具半径右补偿指令,如图 4-87 所示。刀具半径补偿方向的判别方法是:沿着刀具的进给方向看,若刀具在工件被切轮廓的左侧,则为刀具半径左补偿,用 G41 指令;反之,则为刀具半径右补偿,用 G42 指令。

②取消刀具半径补偿的程序指令格式:

G41/G42 G00(G01)X_Y_D_(F_);其中,G40 为刀具半径补偿取消指令,使用该指令后,G41 和 G42 指令无效。

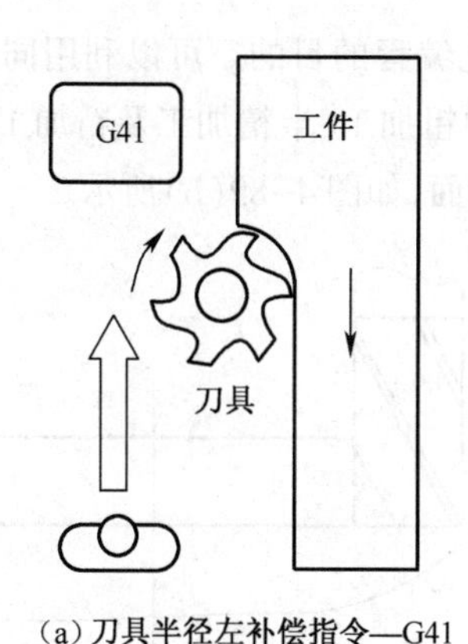

(a) 刀具半径左补偿指令—G41

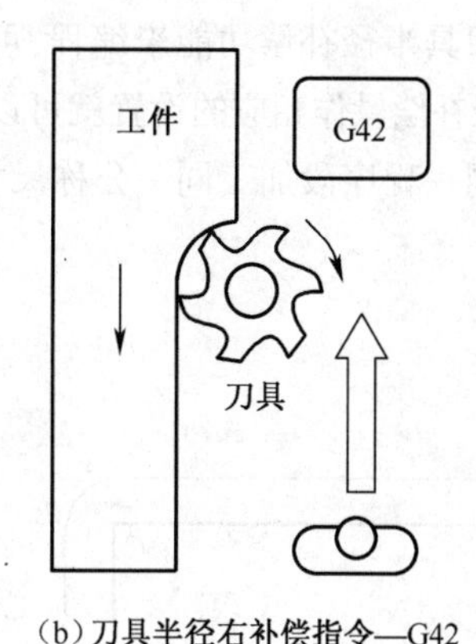

(b) 刀具半径右补偿指令—G42

图 4-87 刀具半径补偿指令及其判别

③刀具半径补偿指令编程应用格式。

在 G17 指令有效时,其编程格式为:

```
G41(G42)G00(G01)X_Y_D_(F_);     建立刀具半径补偿;
.....                           轮廓铣削;
G40 G00(G01)X_Y_(F_);           取消刀具半径补偿。
```

其刀具半径补偿的建立与取消过程如图 4-88 所示。

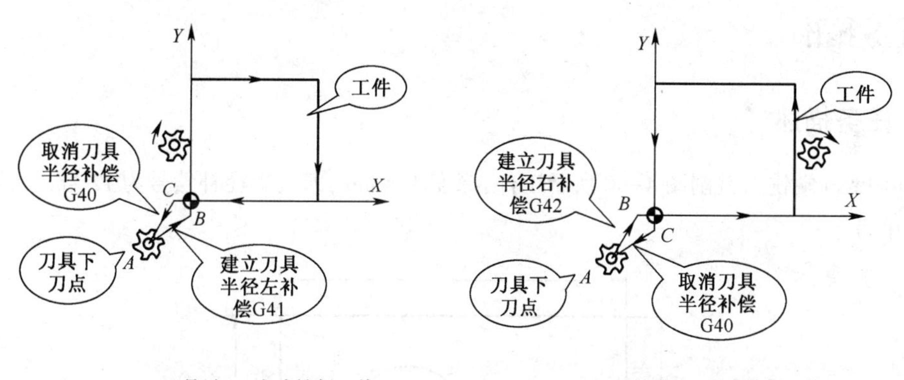

(a) 刀具以G41方式铣削工件　　(b) 刀具以G42方式铣削工件

图 4-88 刀具半径补偿的建立与取消示意图

(3) 刀具半径补偿指令使用的注意事项

①刀具半径补偿模式的建立与取消程序段只能在 G00 或 G01 插补指令状态下才有效,并且建立半径补偿时刀具移动的距离及取消半径补偿时刀具移动的距离均要大于半径补偿值。

②当采用"直线—圆弧"、"圆弧—圆弧"方式切入工件时,进、退刀线中的圆弧半径必须大于刀具半径值。

③在刀具补偿模式下,一般不允许存在连续两段以上的非补偿平面内的移动指令,否则刀具会出现过切等危险动作。

(4) 刀具半径补偿功能的应用

通过运用刀具半径补偿功能来编程,可以实现简化编程的目的。可以利用同一加工程序,只需要对刀具半径补偿量作相应的设置就可以进行零件的粗加工、半精加工及精加工,如图 4-89(a)所示。也可用同一程序段加工同一公称尺寸的凹、凸型面,如图 4-89(b)所示。

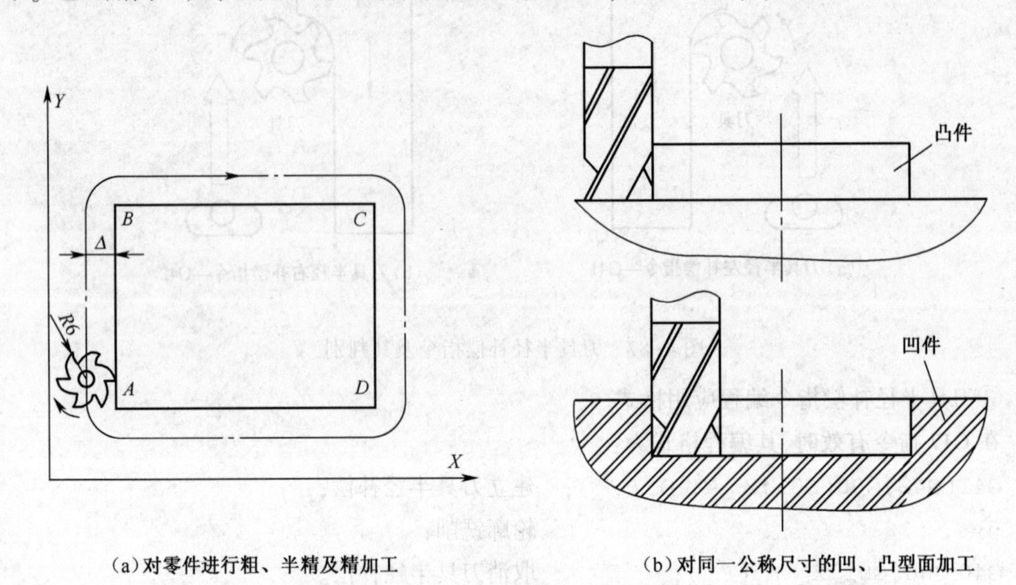

(a)对零件进行粗、半精及精加工　　(b)对同一公称尺寸的凹、凸型面加工

图 4-89　刀具半径补偿的应用

任务操作

一、任务描述

用 ϕ10 mm 端铣刀铣削图 4-90 所示工件,深度为 4 mm,刀具半径补偿号为 12 号,刀具长度补偿号为 01 号。

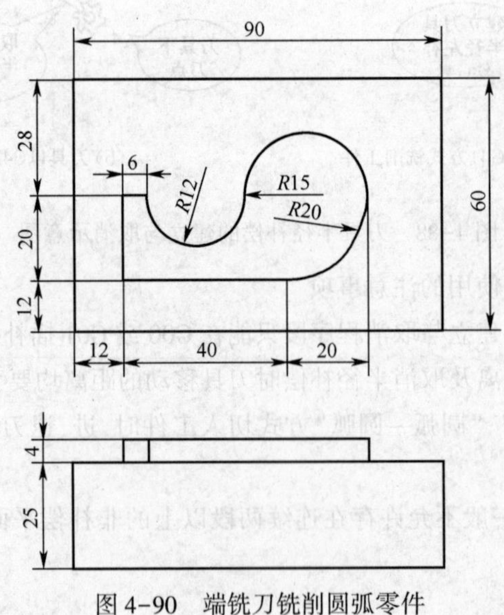

图 4-90　端铣刀铣削圆弧零件

二、任务实施

1. 填写数控加工工艺卡(见表4-7)

表4-7 数控加工工艺卡

数控加工工艺卡				工序号		工序内容		
				1		铣削圆弧零件		
圆弧零件				零件名称	材料	夹具名称		使用设备
				圆弧台	铝	台虎钳		立数铣
工步号	程序号	工步内容	刀具号	刀具规格/mm	主轴转速/$(r \cdot min^{-1})$	进给量/$(mm \cdot min^{-1})$	切削深度/mm	备注(检测说明)
1	O0004	铣削圆弧	1	$\phi10$ 键铣刀	800	60	4	
编制		审核				第 页		共 页

2. 编制加工程序

```
O0004                              程序名;
N10  G90 G40 G49 G80 G21 G17 G54;  程序初始化;
N20  G91 G28 Z0;                   回参考点;
N30  G90 G28 X0 Y0;                快速到程序原点上方;
N40  M03 S800;                     主轴正转转速 800 r/mm;
N50  G00X-20. Y-20.;               快速接近工件;
N60  M08                           打开切削液;
N70  G43 Z5. H01;
N80  G01 Z-4. F60;                 刀具沿 Z 向进给至-4 mm 深;
N90  G42 X12. Y12. D11 ;           启动刀具半径补偿,铣削至(12,12)处;
N100  X52;
N110  G03 X72. Y32. R20;
N120  G91 G03 X-30.R15;
N130  G02 X-24. R12;
N140  G01 X-6;
N150  G90 Y12;
N160  G00 Z20;                     快速移到工件表面上方 20 mm;
N170  G40                          取消刀具半径补偿;
N180  G28 G91 Z0;
N190  G28X0.Y0.M09;                返回工件原点,关切削液;
N200  M05;                         主轴停;
N210  M30                          程序结束。
```

任务 9　铣削叠加外形轮廓

通过本任务的学习，能够应用数控铣床/加工中心进行叠加外形轮廓铣削加工，掌握叠加外形轮廓铣削顺序及快速清除残料的方法。

一、叠加外形轮廓铣削工艺知识准备

叠加外形轮廓是指沿 Z 向串联分布的多个轮廓集合，如图 4-92(c)所示，就每个轮廓而言，叠加外形轮廓铣削所用的刀具、刀路的设计以及切削用量的选择与单一外轮廓基本相同，但从零件整体工艺看，轮廓间铣削的先后顺序将直接影响零件的加工效率甚至尺寸精度和表面质量。因此，如何安排叠加外形轮廓铣削的先后顺序将十分关键。此外，如何快速清除残料也是铣削轮廓时必须考虑的重要问题。

1. 叠加外形轮廓铣削工艺方案类型

(1) 先上后下的工艺方案

先上后下的工艺方案，就是按照从上到下的加工顺序，依次对叠加外形轮廓进行铣削的加工方案，如图 4-91 所示。

这种工艺方案的特点是：每层的铣削深度接近，粗铣轮廓时不需要刀刃很长的立铣刀，切削载荷均匀，但在铣最上层轮廓时，往往不可能一次走刀就把零件的所有余量全部清除，必须及时安排残料清除的程序段。常用于叠加层数较多的外形轮廓铣削。

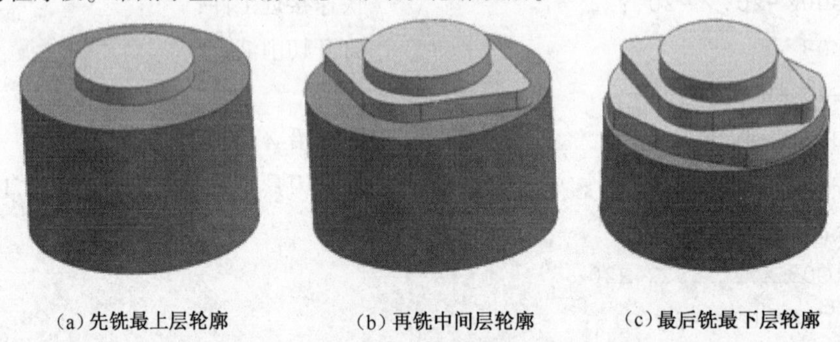

(a) 先铣最上层轮廓　　(b) 再铣中间层轮廓　　(c) 最后铣最下层轮廓

图 4-91　先上后下的工艺路线示意图

(2) 先下后上的工艺方案

先下后上的工艺方案，就是按照从下到上的加工顺序，依次对叠加外形轮廓进行铣削的加工方案，如图 4-92 所示。

与先上后下工艺方案相比较，这种工艺方案具有残料清除少，切削效率高的优点。但由于刀具粗铣时各层轮廓深度不一，因而存在着切削负荷不均匀，需要长刃立铣刀等缺点。常用于叠加层数较小(叠加层数在 2~3 层之间)的外形轮廓铣削。

2. 残料的清除方法

(1) 通过大直径刀具一次性清除残料

对于无内凹结构且四周余量分布较均匀的外形轮廓,可尽量选用大直径刀具在粗铣时一次性清除所有余量,如图 4-93 所示。

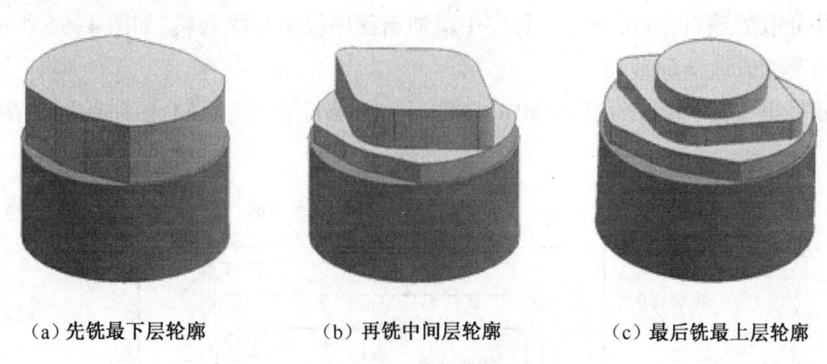

图 4-92 先下后上的工艺路线示意图

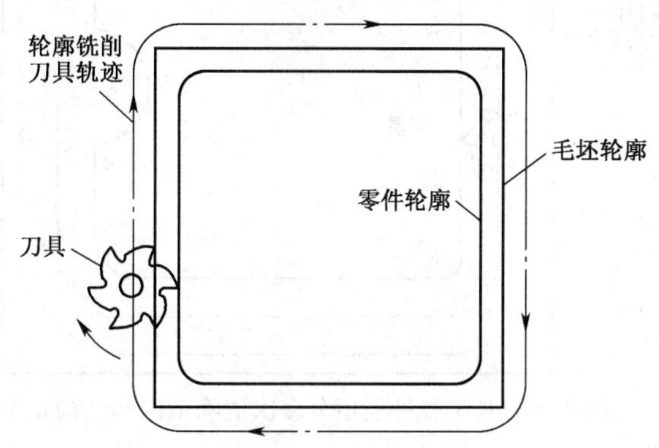

图 4-93 采用大直径刀具一次性清除残料示意图

(2) 通过增大刀具半径补偿值分多次清除残料

对于轮廓中无内凹结构的外形轮廓,可通过增大刀具半径补偿值的方式,分几次切削完成残料清除,如图 4-94 所示。

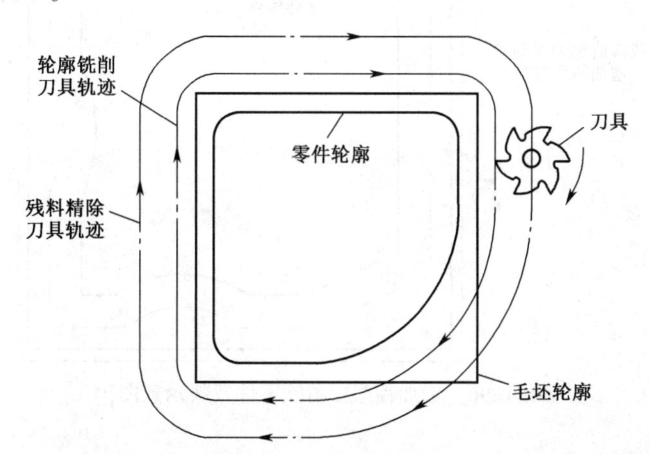

图 4-94 采用改变刀具半径补值分多次清除无内凹结构轮廓残料

对于轮廓中有内凹结构的外形轮廓,可以忽略内凹形状并用直线替代(在图 4-95 中将 *AB* 处看成直线)，然后增大刀具半径补偿值，分多次切削完成残料清除。

(3) 通过增加程序段清除残料

对于一些分散的残料，也可通过在程序中增加新程序段来清除残料，如图 4-96 所示。

(4) 采用手动方式清除残料

当零件残料很少时，可将刀具以 MDI 方式下移至相应高度，再转为手轮方式清除残料，如图 4-97 所示。

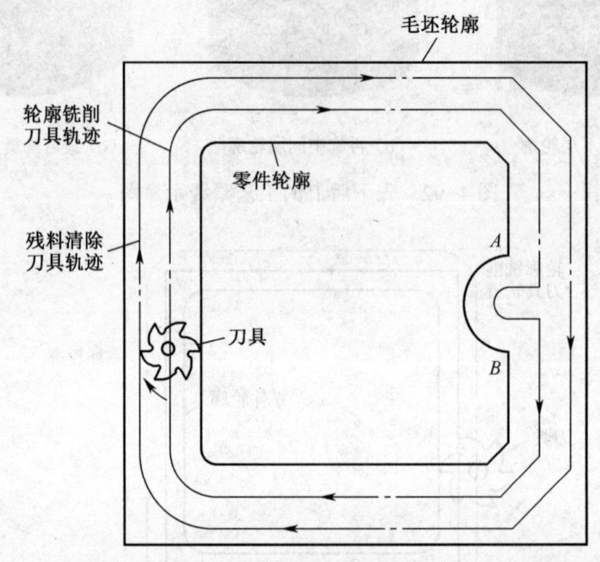

图 4-95　采用改变刀具半径补偿值分多次清除带内凹结构轮廓的残料

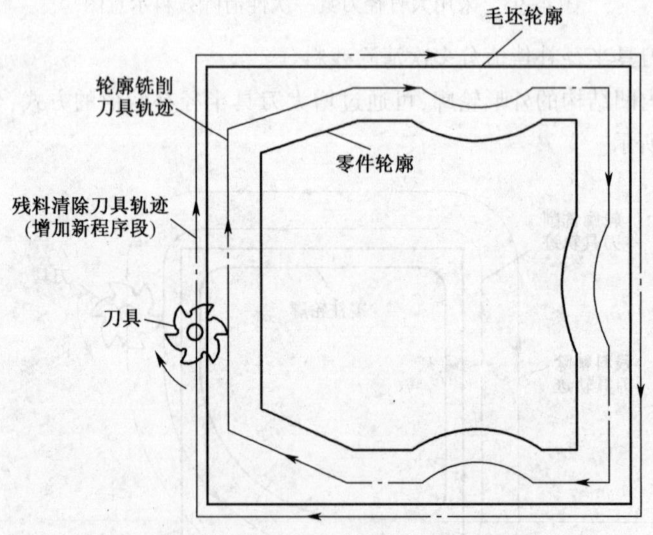

图 4-96　增加程序段清除零件残料示意图

二、程序指令准备

数控系统中某些编程指令的拓展功能，有时能极大地简化加工程序的编写，以下介绍的是利用 G01、G02、G03 指令的拓展功能进行的零件轮廓的倒角、倒圆铣削。

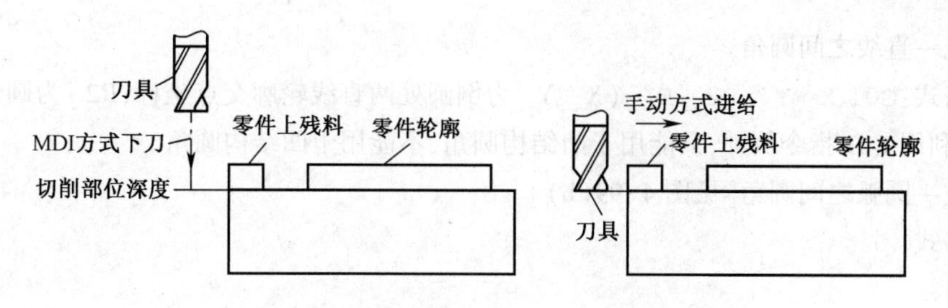

(a) MDI下移刀具到相应高度； (b) 手动清除残料

图 4-97 增加程序段清除零件残料示意图

1. 在 FANUC0i-MC 系统中，用 G01/G02/G03 指令加工倒角、倒圆

图 4-98 为 FANUC/SINUMERIK-802D 系统轮廓倒角示意图。

(1) 轮廓倒角(见图 4-99)

编程格式：G01 X _ Y _,C _ F _；(X _ Y _为倒角处两直线轮廓交点坐标；C _为等腰三角形边长)

(2) 轮廓倒圆[见图 4-99(a)]

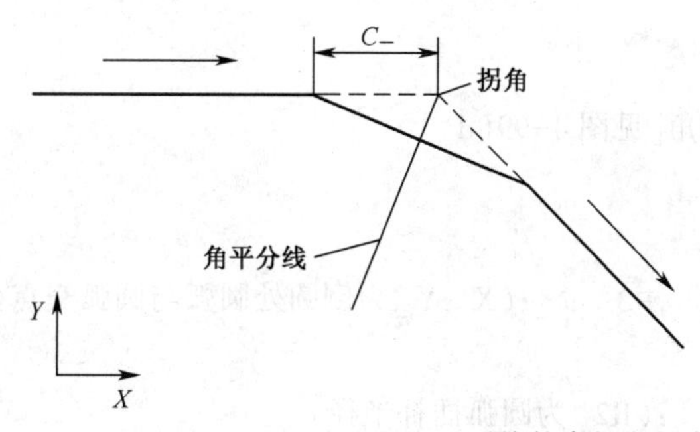

图 4-98 FANUC/SINUMERIK-802D 系统轮廓倒角示意图

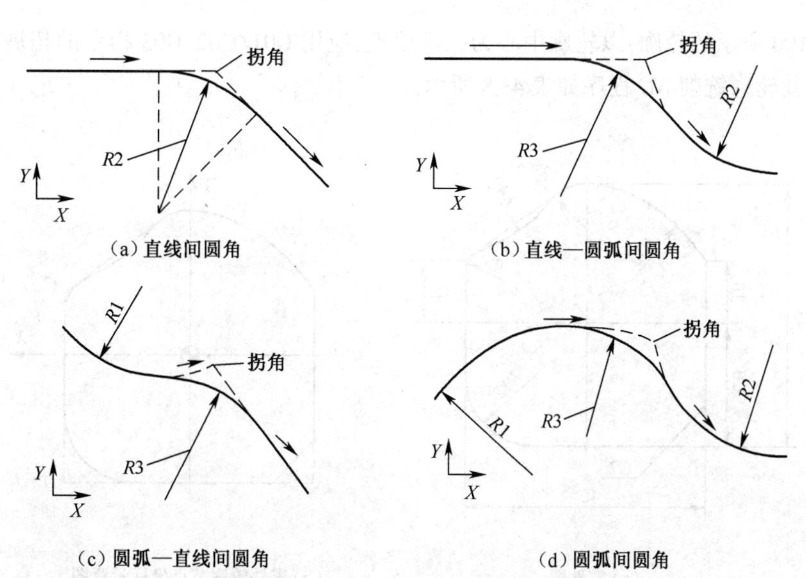

(a) 直线间圆角 (b) 直线—圆弧间圆角

(c) 圆弧—直线间圆角 (d) 圆弧间圆角

图 4-99 FANUC 系统轮廓倒圆示意图

①直线—直线之间圆角。

编程格式:G01 X _ Y _,R2 _ F _;(X _ Y _为倒圆处两直线轮廓交点坐标;R2 _为圆角半径)

注意:利用 G01 指令倒圆,只能用于凸结构圆角,不能用于凹结构圆角。

②直线—圆弧之间圆角[见图 4-99(b)]。

编程格式:

……

G01X _ Y _,R3 _ F _;(X _ Y _为倒圆处直线与圆弧交点坐标,R3 _为倒圆半径)

G03(G02)X _ Y _ R2 _;(R2 _为圆弧插补半径)

……

③圆弧—直线之间圆角[见图 4-99(c)]。

编程格式:

……

G03(G02)X _ Y _ R1 _,R3 _ F _;(X _ Y _为倒圆处圆弧与直线交点坐标,R1 _为圆弧插补半径,R3 _为倒圆半径)

G01X _ Y _;

……

④圆弧—圆弧之间圆角[见图 4-99(d)]。

编程格式:

……

G02(G03)X _ Y _ R1 _,R3 _ F _;(X _ Y _为倒圆处圆弧与圆弧交点坐标,R1 _为圆弧插补半径,R3 _为倒圆半径)

G02(G03)X _ Y _ R2 _;(R2 _为圆弧插补半径)

……

如图 4-100 所示的轮廓,以轮廓中心为工件原点,应用 G01/G02/G03 指令的拓展功能编写轮廓加工程序,其轮廓铣削 *NC* 程序如表 4-8 所示。

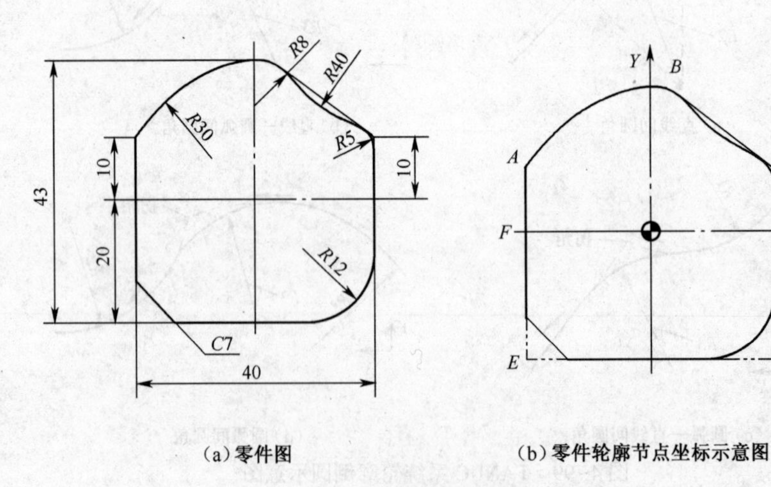

(a)零件图　　(b)零件轮廓节点坐标示意图

图 4-100　轮廓倒角、倒圆编程举例

表 4-8 轮廓倒角、倒圆编程示例

轨迹路线	FANUC0i 系统程序	SINUMERIK-802D 系统程序
$F\to A$	G01 X-20Y10 F100;	G01 X-20Y10 F100
$A\to B$	G02 X3 Y23 R30,R8;	G02 X3Y23 CR=30RND=8
$B\to C$	G03 X20 Y10 R40,R5;	G03X20Y10CR=40RND=5
$C\to D$	G01 X20 Y-20,R12;	G01X20Y-20RND=12
$D\to E$	X-20,C7;	X-20CHR=7
$E\to F$	X-20Y0;	X-20Y0

2. 在 SINUMERIK-802D 系统中,用 G01/G02/G03 指令的倒角和倒圆

SINUMERIK-802D 系统 G01/G02/G03 指令的倒角和圆角功能与 FANUC0i-MC 系统完全相同,只是编程格式有差异,SINUMERIK-802D 系统 G01/G02/G03 指令的倒角和圆角编程格式如下:

(1) 轮廓倒角

编程格式:G01 X _ Y _,CHR=_ F _;(X _ Y _为倒角处两直线轮廓交点坐标;CHR=_为等腰三角形的边长)。

(2) 轮廓倒圆

编程格式:G01X _ Y _,RND=_ F _;(X _ Y _为倒圆处直线与圆弧交点坐标,RND _为倒圆半径)。

G03(G02)X _ Y _ CR=_ RND=_ F _;(CR=_为圆弧插补半径,RND=_为倒圆半径)。

一、任务描述

加工如图 4-101 所示台阶板零件,零件材料为铝。

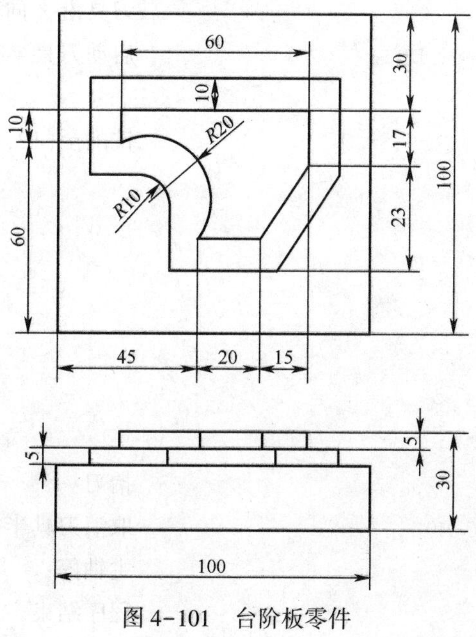

图 4-101 台阶板零件

二、任务实施

1. 填写数控加工工艺卡(见表4-9)

表 4-9　数控加工工艺卡

<table>
<tr><td colspan="4" rowspan="2">数控加工工艺卡</td><td colspan="2">工 序 号</td><td colspan="3">工 序 内 容</td></tr>
<tr><td colspan="2">1</td><td colspan="3">台阶板零件</td></tr>
<tr><td colspan="4" rowspan="2">台阶板零件</td><td>零件名称</td><td>材料</td><td colspan="2">夹具名称</td><td>使用设备</td></tr>
<tr><td>台阶板</td><td>铝</td><td colspan="2">台虎钳</td><td>立数铣</td></tr>
<tr><td>工步号</td><td>程序号</td><td>工步
内容</td><td>刀具号</td><td>刀具规
格/mm</td><td>主轴转速
/(r · min^{-1})</td><td>进给量
/(mm · min^{-1})</td><td>切削深度
/mm</td><td>备注
(检测说明)</td></tr>
<tr><td>1</td><td>O0005</td><td>铣削上
台阶板</td><td>1</td><td>ϕ20
键铣刀</td><td>800</td><td>80</td><td>5</td><td>刀具半径补
偿值 5 mm</td></tr>
<tr><td>2</td><td>O0005</td><td>铣削下
台阶板</td><td>1</td><td>ϕ20
键铣刀</td><td>800</td><td>80</td><td>10</td><td>刀具半径补
偿值 10 mm</td></tr>
<tr><td>编制</td><td></td><td>审核</td><td colspan="3"></td><td colspan="2">第　页</td><td>共　页</td></tr>
</table>

2. 编制加工程序

```
O0005                                   程序名;
N10  G90 G40 G49 G80 G21 G17 G54;       程序初始化;
N20  G91 G28 Z0;                        回参考点;
N30  G90 G28 X0 Y0;                     快速到程序原点上方;
N40  M03 S800;                          主轴正转转速 800 r/mm;
N50  G00 X15;                           快速接近工件;
N60  M08                                打开切削液;
N70  G01 Z-5. F80;                      刀具沿 Z 向进给至-5 mm 深;
N80  G41 G01 X45. Y5. D01;              启动刀具半径补偿;
N90  G01 X45. Y40;
N100  G03 X25. Y60. R20;                铣削至(12,12)处;
N110  G01 X20;
N120  Y70;
N130  X80;
N140  Y53;
N150  X65. Y30;
N160  X5;
N170  X0. Y0;
N180  G00 Z50                           抬刀;
N190  G40 G00 X0 Y0 M09;                取消刀具半径补偿;
N200  M05;                              主轴停;
N210  M30                               程序结束。
```

任务 10 铣削封闭型腔

通过本任务的学习，能够学会零件加工路线的设计方法，能够正确划分工序并确定加工路线，并能够完成凹轮廓零件的加工。

一、封闭型腔铣削工艺知识准备

封闭型腔的结构如图 4-102 所示，其轮廓曲线首尾相连，形成一个闭合的凹轮廓。与开放型腔相比，由于封闭型腔轮廓是闭合的，粗铣时切屑难以排出，散热条件差，故要求刀具应有较好的红硬性能，机床应有足够的功率及良好的冷却系统。同时，加工工艺的合理与否也直接影响型腔的加工质量，以下将重点介绍封闭型腔铣削工艺方法及常用刀具。

1. 封闭型腔铣削工艺方法

在进行封闭型腔粗铣时，通常有以下几种工艺方法。

（1）经预钻孔下刀方式粗铣型腔

经预钻孔下刀方式粗铣型腔就是事先在下刀位置预钻一个孔，然后立铣刀从预钻孔处下刀，将余量去除，如图 4-103 所示。这种工艺方法能简化编程，但立铣刀在切削过程中，多次切入、切出工件，振动较大，对刃口的安全性有负面作用。对于深度较大的型腔，立铣刀通常为长刃玉米铣刀，此时要求机床功率较大，且工艺系统刚度好。

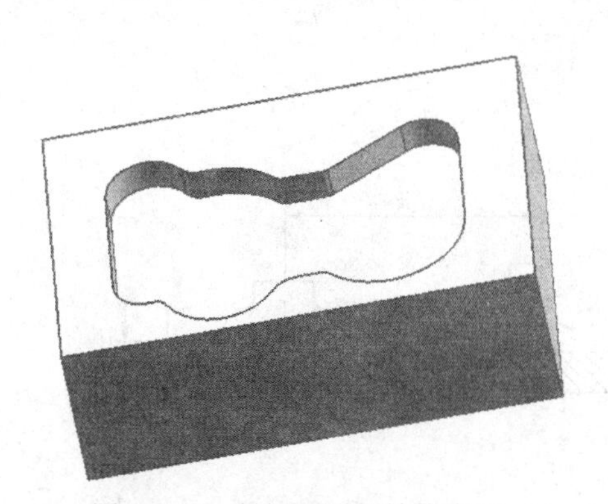

图 4-102 封闭型腔的结构类型

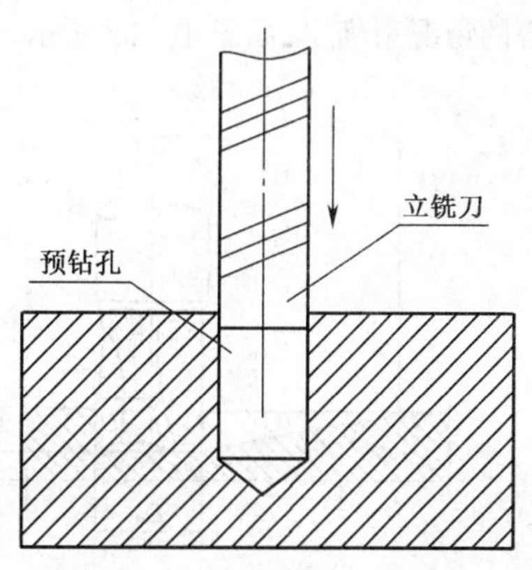

图 4-103 通过预钻孔下刀铣型腔

（2）以啄钻下刀方式粗铣型腔

以啄钻下刀方式粗铣型腔就是铣刀像钻头一样沿轴向垂直切入一定深度，然后使用周刃进行径向切削，如此反复，直至型腔加工完成，如图 4-104 所示。执行这种铣削方式时应注意三方面问题。

①每次啄铣深度由刀具中心刃可切削的深度决定，对于无中心刃立铣刀，每次啄铣深度不应超过刀具端面中心凹坑深度。

②由于立铣刀无定心功能，啄铣时刀具会发生剧烈晃动，因此不可贴着型腔侧壁下刀，否则会

过切侧壁,从而影响尺寸精度及表面质量。

③采用啄铣排屑较为困难,因此要采取有效措施将切屑从型腔中及时排出。

(3) 以坡走下刀方式粗铣型腔

以坡走下刀方式粗铣型腔,就是刀具以斜线方式切入工件来达到 Z 向进刀的目的,又称斜线下刀方式。

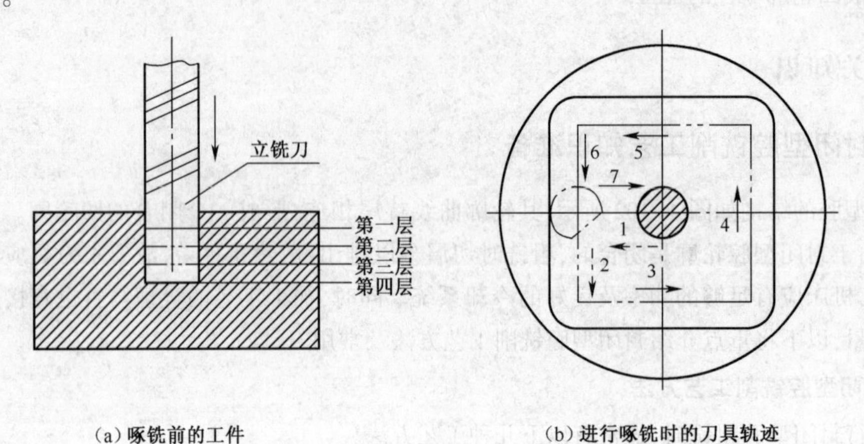

(a)啄铣前的工件　　(b)进行啄铣时的刀具轨迹

图 4-104　通过啄铣方式铣型腔

使用具有坡走功能的立铣刀或面铣刀,在 X、Y 或 Z 轴方向进行线性坡走,可以达到刀具在轴向的最大切深。坡走下刀的最大优点在于它有效地避免了啄铣时刀具端面中心处切削速度过低的缺点,极大地改善了刀具切削条件,提高了刀具使用寿命及切削效率,广泛应用于大尺寸的型腔粗铣。但执行坡走铣时坡走角度 α 必须根据刀具直径、刀片、刀体下面的间隙、刀片尺寸及背吃刀量 a_p 等的情况来确定,如图 4-105 所示。

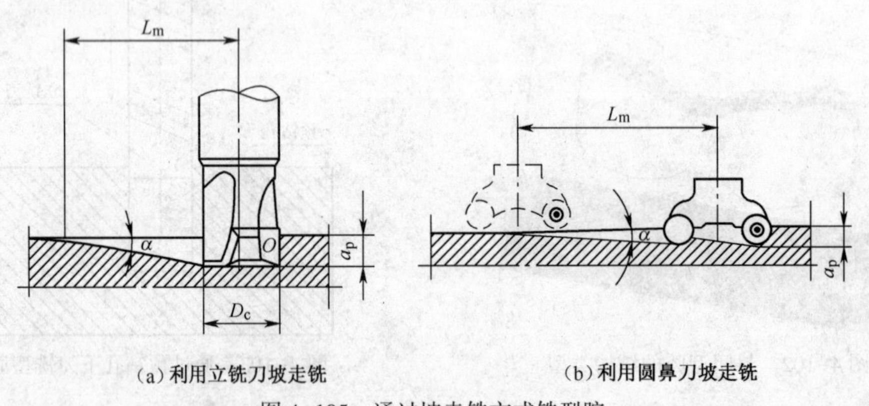

(a)利用立铣刀坡走铣　　(b)利用圆鼻刀坡走铣

图 4-105　通过坡走铣方式铣型腔

(4) 以螺旋下刀方式粗铣型腔

在主轴的轴向采用 3 轴联动螺旋圆弧插补开孔,如图 4-106 所示。以螺旋下刀铣削型腔时,可使切削过程稳定,能有效避免轴向垂直受力所造成的振动,且下刀时空间小,非常适合小功率机床和窄深型腔的加工。

采用螺旋下刀方式粗铣型腔,其螺旋角通常控制在 5°~15°之间,同时螺旋半径 R 值(指刀心轨迹)也须根据刀具结构及相关尺寸确定,为保险起见,常取 $R \geqslant D_c/2$(见图 4-106)。

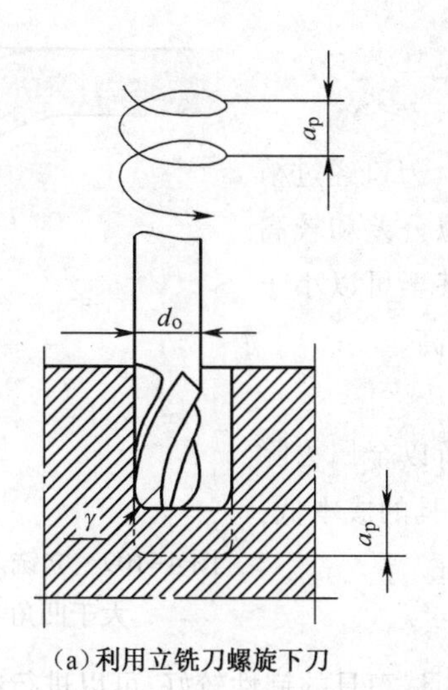

(a)利用立铣刀螺旋下刀

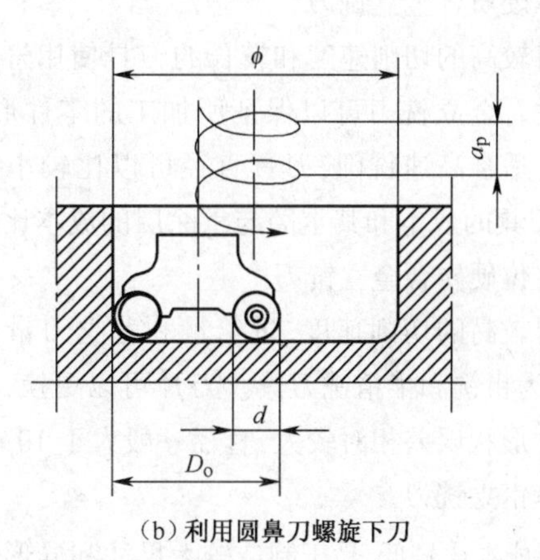

(b)利用圆鼻刀螺旋下刀

图 4-106 以螺旋下刀方式铣型腔

2. 型腔凹角的加工方法

封闭型腔凹角的加工主要有以下几种方法。

(1) 使用与凹角半径相等的立铣刀直接切入

如图 4-107 所示,在凹角处粗加工时采用与圆角半径相等的立铣刀直接切入,刀具半径即为凹角半径。这种加工方案的优点是能简化编程,但缺点是刀具在圆角处突然增大而引起刀具振颤,从而影响加工质量及刀具寿命。

(2) 采用比凹角半径更小的立铣刀切削

采用一个更小直径的立铣刀铣凹角,在圆角处铣刀的可编程半径应比刀具半径大 15%,例如,加工半径为 10 mm 的凹角圆弧,使用刀具的半径为(10/2)×0. 85 = 4. 25 mm,故选择直径为 8 mm(半径为 4 mm)的立铣刀,如图 4-108 所示。

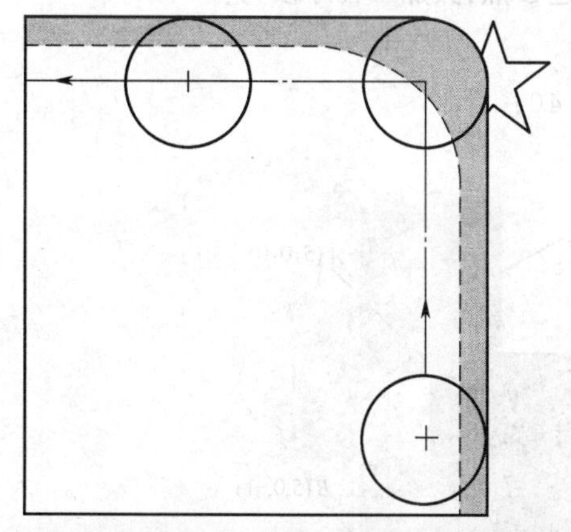
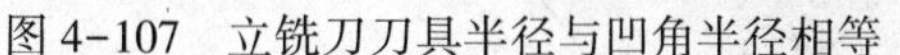

图 4-107 立铣刀刀具半径与凹角半径相等

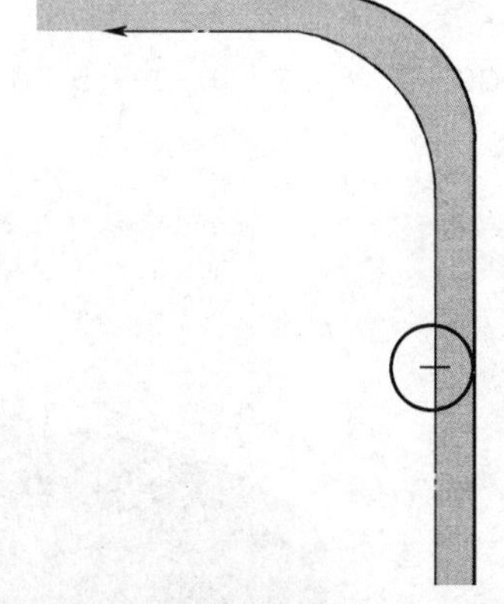

图 4-108 立铣刀刀具半径小于凹角半径

(3) 采用比凹角半径大的立铣刀切削

采用大直径的铣刀加工型腔凹角可获得较高金属去除率,加工时刀具预留余量,再使用后续的刀具作插铣或摆线铣,如图 4-109 所示。

3. 封闭型腔铣削刀具

(1) 整体硬质合金立铣刀

可以取得较高的切削速度和较长的刀具使用寿命，刃口经过精磨的整体硬质合金立铣刀可以保证所加工的零件形位公差和较高的表面质量。适合高速铣削，刀具直径可以比较小，甚至可以小于 0.5 mm。但刀具的成本和其重磨与重涂层的成本比较高。

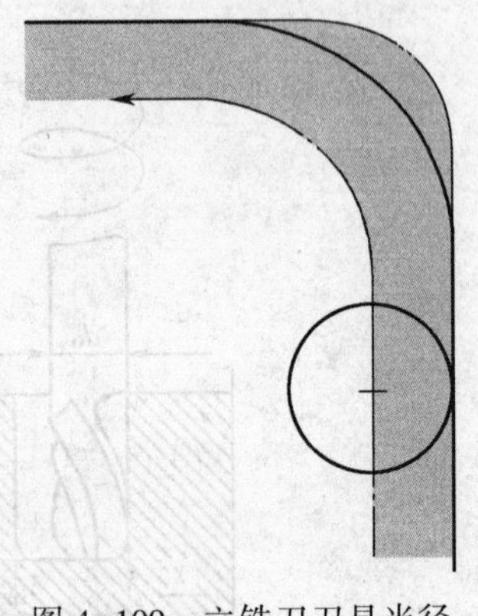

图 4-109　立铣刀刀具半径大于凹角半径

(2) 可转位硬质合金立铣刀

可以取得较高的切削速度、进给量和背吃刀量，所以金属去除率高，通常作为粗铣和半精铣刀具。刀片可以更换，刀具的成本低，但刀具的尺寸形状误差相对较大，直径一般大于 10 mm。

(3) 高速钢立铣刀

刀具的总成本比较低，易于制造较大尺寸和异形刀具，刀具的韧性较好，可以进行粗加工，但在精加工型面时会因为刀具弹性变形而产生尺寸误差，切削速度相对较低，刀具使用寿命相对较短。

二、程序指令准备

只有执行螺旋线插补指令加工封闭型腔时才能实现螺旋线下刀。这里仅介绍在 *XY* 平面内作圆弧插补运动，在 *Z* 向作直线移动的螺旋插补指令。

1. G02/G03——FANUC 系统螺旋插补指令

该指令控制刀具在 G17/G18/G19 指定的平面内作圆弧插补运动，同时还控制刀具在非圆弧插补轴上作直线运动。

指令格式：G17 G02/G03 X_Y_R_(I_J_)Z_F_；其中，X_Y_Z_为螺旋线终点坐标值，其余参数含义略。

如图 4-110 所示，刀具从 *A* 点以螺旋插补方式到达 *B* 点，其加工程序段为：

```
……
G17 G03 X 5 Y 0 I-5 J0 Z-1 F 40;
……
```

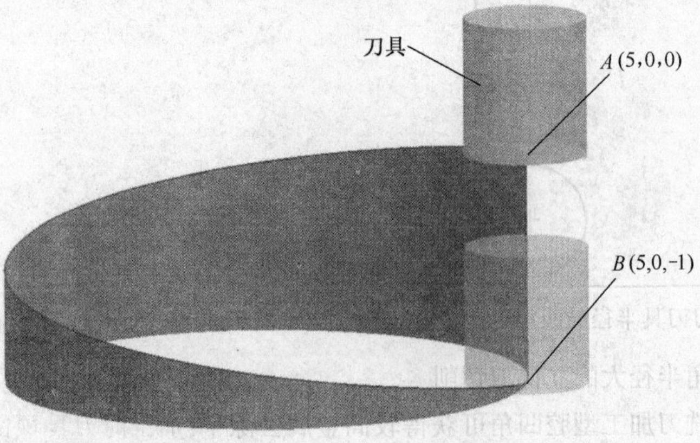

刀具　A(5,0,0)　B(5,0,-1)

图 4-110　FANUC 系统螺旋线插补示例

2. G02/G03,TURN——SINUMERIK 系统螺旋插补指令

指令格式:G02/G03 X _ Y _ Z _ CR=_(I _ J _)TURN=_ F _;其中,X _ Y _ Z _为螺旋线终点坐标值;CR=_为螺旋半径;I _ J _分别为圆心相对于圆弧起点的 X、Y 向坐标增量值;TURN= _为补充圆周个数,取值范围在 0~999;F 为刀具进给速度。

如图 4-111 所示,刀具从 A 点按螺旋线方式运动至 B 点,其程序段指令如下:

```
……
G00X58.83 Y52.61 Z3;
G01Z-15 F50;
G03 X35 Y5 Z-55 I-23.83 J-17.61  TURN=2;
……
```

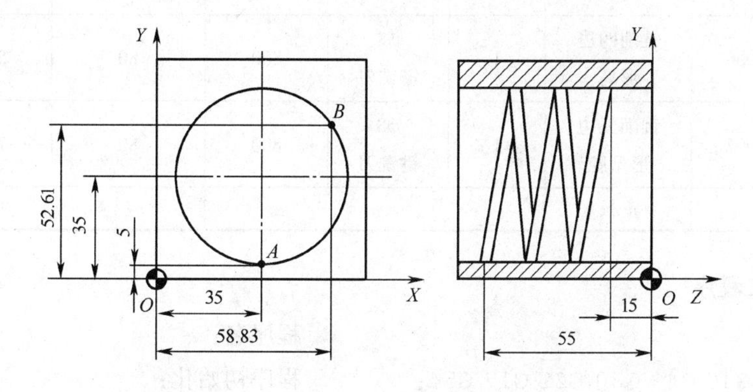

图 4-111　SINUMERIK-802D 系统螺旋线插补示例

任务操作

一、任务描述

编制如图 4-112 所示五边形型腔零件的数控铣削程序,已知工件材料为铝。

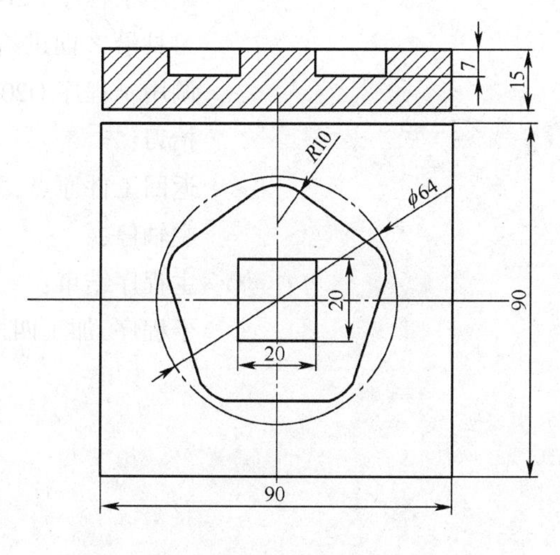

图 4-112　五边形型腔零件

二、任务实施

1. 填写数控加工工艺卡(见表 4-10)

表 4-10　数控加工工艺卡

<table>
<tr><td colspan="4" rowspan="2">数控加工工艺卡</td><td colspan="2">工　序　号</td><td colspan="3">工 序 内 容</td></tr>
<tr><td colspan="2">1</td><td colspan="3">五边形型腔零件</td></tr>
<tr><td colspan="4" rowspan="2">五边形型腔零件</td><td>零件名称</td><td>材料</td><td colspan="2">夹具名称</td><td>使用设备</td></tr>
<tr><td>五边形型腔</td><td>铝</td><td colspan="2">台虎钳</td><td>立数铣</td></tr>
<tr><td>工步号</td><td>程序号</td><td>工步
内容</td><td>刀具号</td><td>刀具规
格/mm</td><td>主轴转速
/(r · min^{-1})</td><td>进给速度
/(mm · min^{-1})</td><td>切削深度
/mm</td><td>备注
(检测说明)</td></tr>
<tr><td>1</td><td>O0006</td><td>铣削四边
形岛</td><td>1</td><td>$\phi8$
键铣刀</td><td>800</td><td>80</td><td>5</td><td></td></tr>
<tr><td>2</td><td>O0007</td><td>铣削五边
形型腔</td><td>1</td><td>$\phi8$
键铣刀</td><td>800</td><td>80</td><td>7</td><td></td></tr>
<tr><td>编制</td><td></td><td>审核</td><td colspan="3"></td><td colspan="2">第　页</td><td>共　页</td></tr>
</table>

2. 编制加工程序

```
O0006                                  程序名;
N10   G90 G40 G49 G80 G21 G17 G54;     程序初始化;
N20   G91 G28 Z0;                      回参考点;
N30   G90 G28 X0 Y0;                   快速到程序原点上方;
N40   M03 S800;                        主轴正转转速 800 r/mm;
N50   G00 X14 Y-14 Z5;                 快速接近工件;
N60   M08;                             打开切削液;
N70   G01 Z-5 F80;                     刀具沿 Z 向进给至-5 mm 深;
N80   M98 P2010;                       调用子程序 O2010;
N90   G01 Z-7;                         刀具沿 Z 向进给至-7 mm 深;
N100  M98 P2010;                       调用子程序 O2010;
N110  G00 Z40;                         抬刀;
N120  X0 Y0. M09;                      返回工件原点,关切削液;
N130  M05;                             主轴停;
N140  M30;                             主程序结束;
N150  O2010                            子程序,加工四边形;
N160  X14 Y14;
N170  X-14 Y14;
N180  X-14 Y-14;
N190  X14 Y-14
N200  M99;                             子程序结束;
```

```
 O0007                                  程序名,加工五边形型腔;
N10  G90 G40 G49 G80 G21 G17 G54;       程序初始化;
N20  G91 G28 Z0;                        回参考点;
N30  G90 G28 X0 Y0;                     快速到程序原点上方;
N40  M03 S800;                          主轴正转转速800 r/mm;
N50  G00 Z40;                           快速抬刀到Z40;
N60  G00 X-11 Y-184 Z5;                 确定刀补起点;
N70  M08;                               打开切削液;
N80  G01 Z-7 F80;                       刀具沿Z向进给至-5 mm深;
N90  G42 X-11.5 Y-25.9 D01;             建立刀具右补偿1,D01=R4 mm;
N100  G02 X-21.1 Y-19. R10;             圆弧进给切削;
N110  G01 X-28.2 Y3;                    直线进给切削;
N120  G02 X-24.6 Y14.2 R10;             圆弧进给切削;
N130  G01 X-5.9 Y27.7;                  直线进给切削;
N140  G02 X5.9 Y27.7 R10;               圆弧进给切削;
N150  G01 X24.6 Y14.2;                  直线进给切削;
N160  G02 X28.2 Y3. R10;                圆弧进给切削;
N170  G01 X21.1 Y-19;                   直线进给切削;
N180  G02 X11.5 Y-25.9 R10;             圆弧进给切削;
N190  G01 X-11.5;                       直线进给切削
N200  G02 X-21.1 Y-19. R10;             圆弧进给切削;
N210  G00 Z10;                          快速抬刀至Z10;
N220  G40 X0. Y0;                       返回工件原点,刀补取消;
N230  G01 G42 X-8 Y-15 D02;             建立刀具右补偿1,D02=R7.5 mm;
N240  Z-7;                              Z向切深-7 mm;
N250  G02 X-21.1 Y-19 R10;              圆弧进给切削;
N260  G01 X-28.2 Y3;                    直线进给切削;
N270  G02 X-24.6 Y14.2 R10;             圆弧进给切削;
N280  G01 X-5.9 Y27.7;                  直线进给切削;
N290  G02 X5.9 Y27.7 R10;               圆弧进给切削;
N300  G01 X24.6 Y14.2;                  直线进给切削;
N310  G02 X28.2 Y3. R10;                圆弧进给切削;
N320  G01 X21.1 Y-19;                   直线进给切削;
N330  G02 X11.5 Y-25.9 R10;             圆弧进给切削;
N340  G01 X-11.5;                       直线进给切削;
N350  G02 X-21.1 Y-19. R10;             圆弧进给切削;
N360  G01 X-28 Y3;                      离开切削区;
N370  G00 Z40;                          快速抬刀至40 mm;
```

```
N380  G40 X0 Y0 M09;                    刀补取消,返回原点;
N390  M05;                              主轴停;
N400  M30;                              程序结束。
```

任务11　加工连接孔

通过本任务的学习,能够应用数控铣床/加工中心进行连接孔铣削加工,掌握连接孔的加工工艺和铣削程序指令编制方法,并能利用G81/G82/G83/G73指令加工孔类零件。

相关知识

一、孔加工工艺知识准备

1. 连接孔的加工工艺设计

这里所说的连接孔一般指加工精度不高(孔的精度为H11～H13),没有配合要求仅起连接作用的孔。在设计孔的加工工艺时,必须考虑孔的精度、孔径及机床功率等因素的影响。表4-11列出了不同加工精度、不同毛坯时孔的加工方法及步骤。

表4-11　孔的加工方法与步骤选择

孔的精度	孔的毛坯性质	
	在毛坯实体上加工孔	预先铸出或热冲出孔
H13、H12	一次钻孔	用扩孔钻钻孔或用镗刀镗孔
H11	孔径≤10 mm:一次钻孔	孔径≤80 mm:粗扩、精扩,或用镗刀粗镗、精镗,或根据余量一次镗孔或扩孔
	孔径>10～30 mm:钻孔及扩孔	
	孔径>30～80 mm:钻孔、扩孔或钻、扩、镗孔	

同时,孔加工刀路的选择与孔的深度也有直接关系,当孔的深度不大时(深径比$L/D\leqslant 3$),可采用连续钻削完成孔的加工,如图4-113(a)所示;当孔的深度较大时(深径比$L/D>3$),为了改善散热及排屑状况,可采用间歇钻削方式完成孔的加工,如图4-113(b)所示。

此外,为了保证孔的位置精度,钻孔前通常用中心钻作点孔加工。

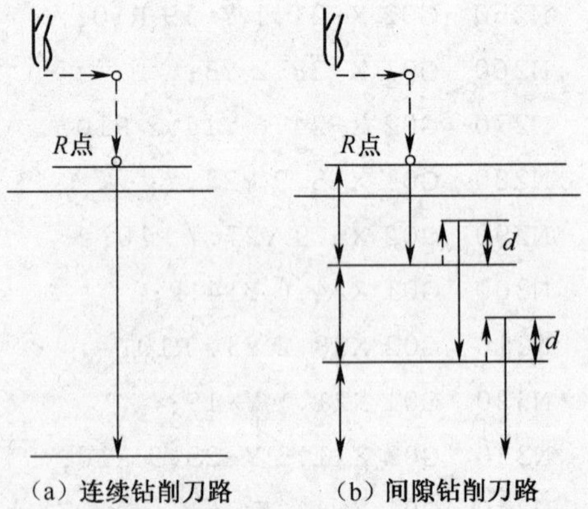

(a) 连续钻削刀路　　(b) 间隙钻削刀路

图4-113　孔加工刀路的设计

2. 常用的钻孔加工刀具

(1) 普通麻花钻

普通麻花钻头是钻孔最常用的刀具,通常用高速钢制造,其外形结构如图4-114所示。普通麻花钻有直柄和锥柄之分,钻头直径在13 mm以下的一般为直柄,当钻头直径超过13 mm时,则通常做成锥柄。普通麻花钻头的加工精度一般为

IT10~IT11 级，所加工孔的表面粗糙度 Ra 的范围为 50~12.5 μm，钻孔直径范围为 0.1~100 mm。钻孔深度变化范围也很大，广泛应用于孔的粗加工，也可作为不重要孔的最终加工。

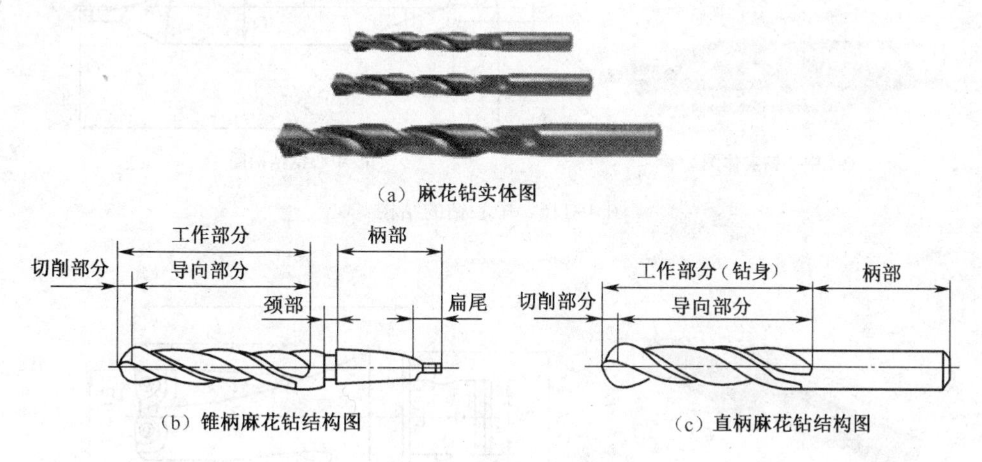

（a）麻花钻实体图

（b）锥柄麻花钻结构图

（c）直柄麻花钻结构图

图 4-114　麻花钻头的结构

（2）扩孔钻

与麻花钻头相比，扩孔钻有 3~4 个主切削刃，没有横刃，其结构如图 4-115 所示。扩孔钻的加工精度比麻花钻头要高一些，一般可达到 IT9~IT10 级，所加工孔的表面粗糙度 Ra 为6.3 μm 或 3.2 μm，而且其刚性及导向性也好于麻花钻头，因而常用于已铸出、锻出或钻出孔的扩大，可用于精度要求不高孔的最终加工或铰孔、磨孔前的预加工。

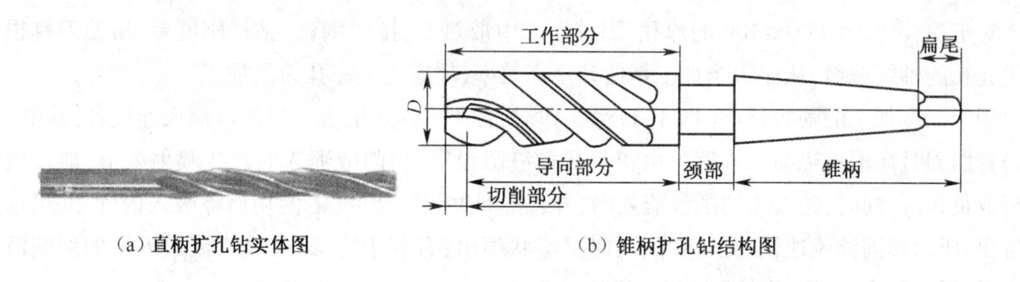

（a）直柄扩孔钻实体图

（b）锥柄扩孔钻结构图

图 4-115　扩孔钻的结构

扩孔钻的直径范围为 10~100 mm，扩孔时的加工余量一般为 0.4~0.5 mm。

（3）中心钻头

由于麻花钻头的横刃具有一定的长度，钻孔时不易定心，会影响孔的定心精度，因此通常用中心钻在平面上先预钻一个凹坑。中心钻的结构如图 4-116 所示，其标准刃径 d 有 1.0 mm、1.25 mm、1.6 mm、2.0 mm、2.5 mm、3.0 mm、3.15 mm、4.0 mm、5.0 mm 等规格。由于中心钻的直径较小，加工时机床主轴转速不得低于 1 000 r/min。

（4）可转位浅孔钻

对于钻削直径在 20~60 mm 范围内、孔的深径比 $L/D \leqslant 2$ 的中等浅孔，可选用图 4-117 所示的可转位浅孔钻完成钻孔。这种可转位浅孔钻在带排屑槽及内冷通道钻体的头部装有一组刀片（多为凸多边形、菱形或四边形），多采用深孔刀片。靠近钻心的刀片用韧性较好的材料，靠近钻头外径的刀片选用较耐磨的材料。

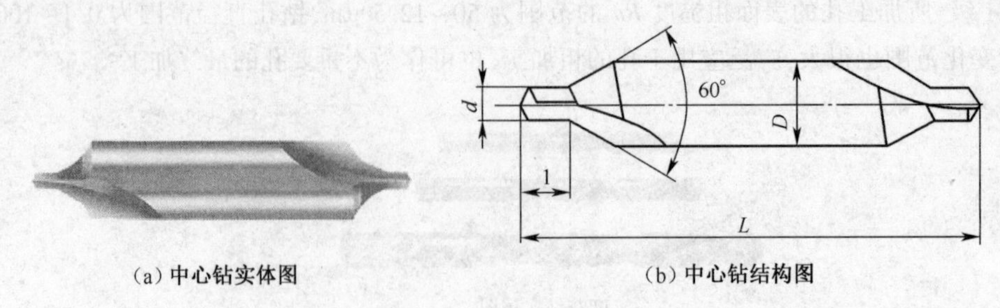

（a）中心钻实体图　（b）中心钻结构图

图 4-116　中心钻的结构

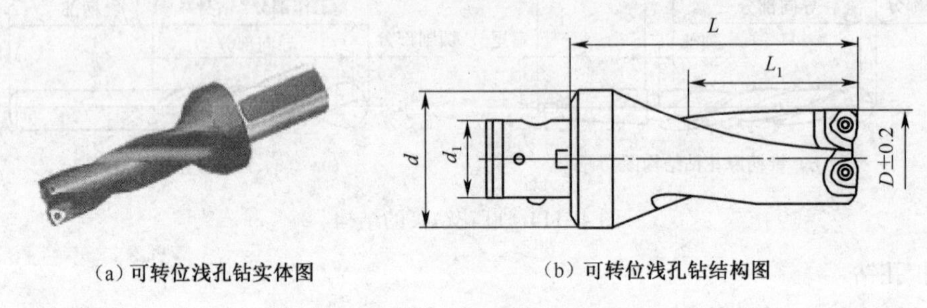

（a）可转位浅孔钻实体图　（b）可转位浅孔钻结构图

图 4-117　可转位浅孔钻

这种钻头具有切削效率高、加工质量好的特点，最适于箱体零件的钻孔加工，其工作效率是普通麻花钻的 4~6 倍。此外，为了提高刀具的使用寿命，可以在刀片上涂镀碳化钛涂层。

（5）喷吸钻

对于深径比 $5 \leqslant L/D \leqslant 100$ 的深孔，因其加工中散热差、排屑困难、钻杆刚度差、易使刀具损坏和引起孔的轴线偏斜，从而影响加工精度和生产效率，故应选用深孔刀具加工。

用于深孔加工的喷吸钻（见图 4-118）工作时，带压力的切削液从进液口流入连接套，其中 1/3 从内管四周月牙形喷嘴喷入内管。由于月牙槽缝隙很窄，切削液喷入时产生喷射效应，能使内管里形成负压区，同时，约 2/3 切削液流入内、外管壁间隙到切削区，汇同切屑被吸入内管，并迅速向后排出，压力切削液流速快，到达切削区时呈雾状喷出，有利于冷却，经喷口流入内管的切削液流速大，加强"吸"的作用，提高了排屑效果。

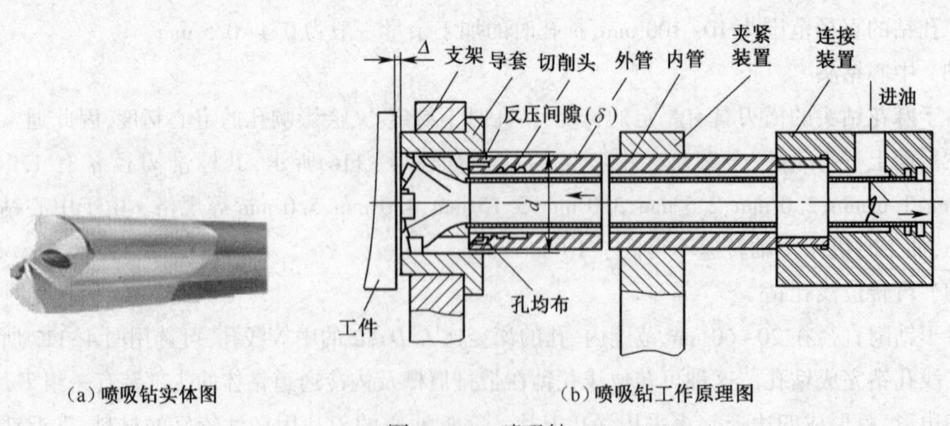

（a）喷吸钻实体图　（b）喷吸钻工作原理图

图 4-118　喷吸钻

喷吸钻是广泛应用的一种新型深孔加工刀具，适用于 $\phi16 \sim \phi65$ mm 范围内的深孔加工，所加工的孔具有加工精度高、表面质量好等特点。

3. 钻孔刀具直径的确定

孔尺寸（孔径、孔深）、加工精度、机床功率、刀具规格是影响钻削刀具直径选择的重要因素。一般情况下，常根据孔尺寸、加工精度及刀具厂商提供的刀具规格来选择刀具直径，同时兼顾机床功率。

4. 钻孔切削用量的选择

当确定钻削刀具类型及直径后，钻孔刀具切削用量最好使用刀具厂商推荐的切削用量，这样才能在保证加工精度及刀具寿命的前提下，最大限度地发挥刀具潜能，提高生产效率。

二、程序指令准备

为了简化孔加工程序，数控系统均自带了相应的孔加工固定循环指令。

1. FANUC 系统钻孔加工固定循环指令

（1）FANUC 系统孔加工固定循环指令的基本动作

①FANUC 系统孔加工固定循环指令运动过程包含以下 6 个动作，如图 4-119 所示。

a. 动作 1：刀具在 XY 平面内快速定位；

b. 动作 2：刀具沿 Z 向快速定位到 R 平面；

c. 动作 3：执行孔加工；

d. 动作 4：孔底动作（如主轴反转、进给暂停等）；

e. 动作 5：刀具沿 Z 向返回 R 平面；

f. 动作 6：刀具沿 Z 向快速返回初始平面。

②FANUC 系统孔加工固定循环指令运动过程包含以下几个平面。

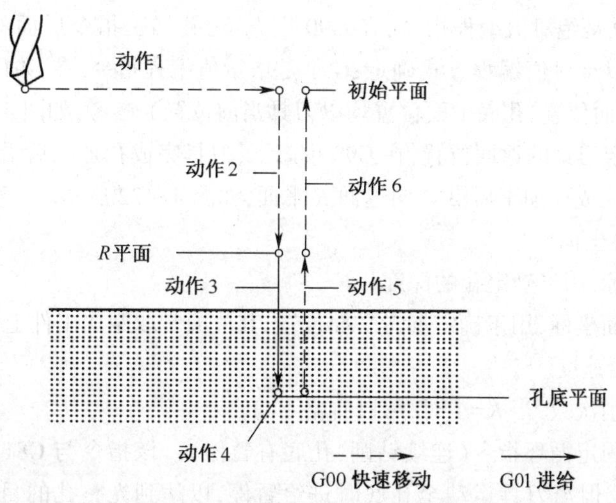

图 4-119 FANUC 系统孔加工固定循环指令的 6 个动作

a. 初始平面：为了安全操作而设定的定位刀具的平面。初始平面到零件表面的距离可以任意设定。若使用同一把刀具加工若干个孔，当孔间存在障碍需要跳跃或全部孔加工完成时，用 G98

指令使刀具返回到初始平面,否则,在中间加工过程中可用 G99 指令使刀具返回到 *R* 点平面,这样可以缩短加工辅助时间。

b. *R* 平面:又称参考平面,是刀具从快进转为工进的转折平面,*R* 平面到工件表面的距离主要考虑工件表面形状的变化,一般取 2~5 mm。

c. 孔底平面:用以表示孔底位置的平面,加工通孔时刀具伸出工件孔底平面一段距离,保证通孔全部加工到位,钻削盲孔时应考虑钻头钻尖对孔深的影响。

(2) FANUC 系统钻孔加工指令

采用立式数控铣床及加工中心进行钻孔加工,主要使用固定循环指令。

①G81——钻削固定循环指令(连续钻削,孔底不暂停)。该指令以连续钻削方式执行孔加工,主要适用于浅孔加工,指令动作如图 4-120 所示。

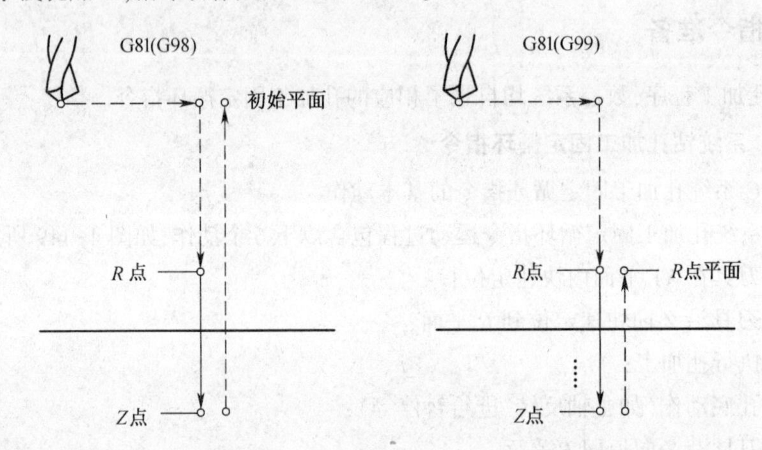

图 4-120 G81 指令运动示意图

指令格式:G90/G91 G98/G99 G81 X_Y_Z_R_F_K_;其中,各参数的意义如下:

a. G90/G91:G90 是绝对值编程指令,在 G90 模态下,孔加工指令后面的 *XY* 坐标、*R* 平面位置、孔底平面位置均以绝对值编程方式确定;G91 是增量值编程指令,在 G91 模态下,孔加工指令后面的 *XY* 坐标、*R* 平面位置、孔底平面位置均以刀具当前位置为参考,如图 4-121 所示。

b. G98/G99:决定刀具的返回位置,在 G98 模态下,刀具完成孔加工后沿 *Z* 向返回初始平面;在 G99 模态下,刀具完成孔加工后沿 *Z* 向返回 *R* 平面,如图 4-122 所示。

c. X_Y_为孔位坐标。

d. Z_为孔深坐标,用于确定孔的深度。

e. R_为参考平面坐标,用于确定参考平面位置,其值通常取距离工件上表面 2~5 mm。

f. F_为钻削进给速度。

g. K_为重复钻削次数,当 *K*=1 时,可以省略不写。

②G82——钻削固定循环指令(连续钻削,孔底有暂停)。该指令与 G81 指令相似,也以连续钻削方式执行孔加工,但当刀具运动至孔底时进给暂停,以达到光整孔的目的,主要适用于浅孔加工。

指令格式:G90/G91 G98/G99 G82 X_Y_Z_R_P_F_K_;其中:P_为刀具在孔底进给暂停时间,单位为毫秒(ms),如刀具进给暂停为 5 s,则为 P5。

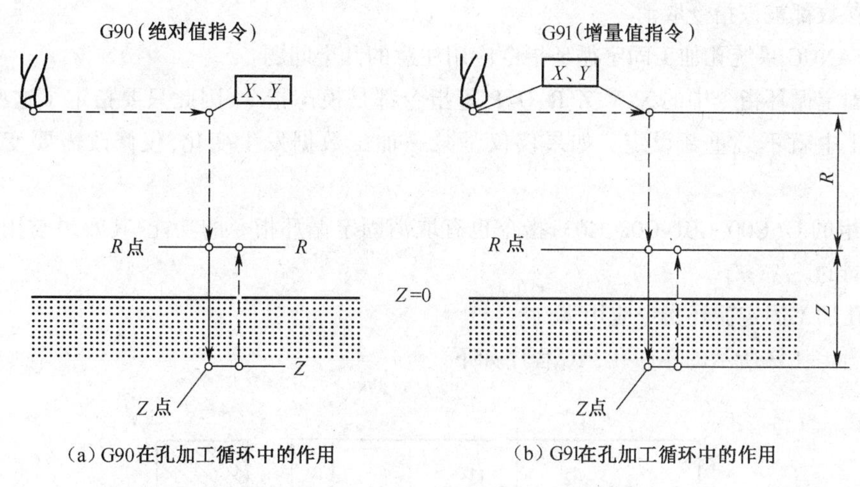

(a) G90在孔加工循环中的作用　　(b) G91在孔加工循环中的作用

图 4-121　G90/G91 在孔加工循环中的作用

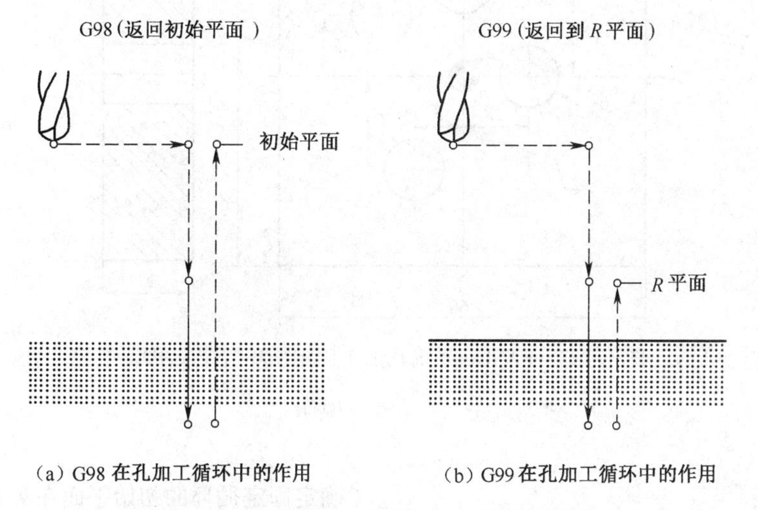

(a) G98 在孔加工循环中的作用　　(b) G99 在孔加工循环中的作用

图 4-122　G90/G91 在孔加工循环中的作用

其余各参数含义与 G81 指令完全相同,在此略写。

③G73——深孔钻固定循环指令(断屑不排屑)。该指令以间歇进给方式钻削工件,当加工至一定深度时,钻头上抬一定距离 d,因而钻孔时具有断屑不排屑的特点,主要适用于深孔加工。

指令格式:G90/G91 G98/G99 G73 X_Y_Z_R_Q_F_K_;其中:Q_为每次钻深。其余各参数含义与 G81 指令完全相同,在此略写。

④G83——深孔钻固定循环指令(断屑并排屑)。与 G73 指令相比,该指令也是以间歇进给方式钻削工件的,当加工至一定深度后,钻头上抬至参考平面,因而钻孔时具有断屑、排屑的特点,主要适用于深孔加工。

指令格式:G90/G91 G98/G99 G83 X_Y_Z_R_Q_F_K_;该指令各参数含义与 G73 指令完全相同,在此略写。

⑤G80——固定循环指令取消指令。该指令为取消孔加工固定循环指令,要求独占一行。

数控系统执行 G80 指令后,所有固定循环指令(G73、G74、G76、G81~G89)及除 F 参数外的所有孔加工参数都被该指令取消。

(3) FANUC 系统孔加工固定循环指令应用注意的几个问题

①各固定循环指令中的 X、Y、Z、R、Q、P 等指令都是模态指令,因此只要指定了这些指令,在后续的加工中就不必重新设定。如果仅仅是某一加工数据发生变化,仅修改需要变化的数据即可。

②01 组的 G(G00、G01、G02、G03)指令也有取消固定循环指令的功能,其效果与用 G80 指令是完全相同的。

(4) 孔加工固定循环指令应用举例

加工图 4-123 所示的零件孔,NC 程序如下。

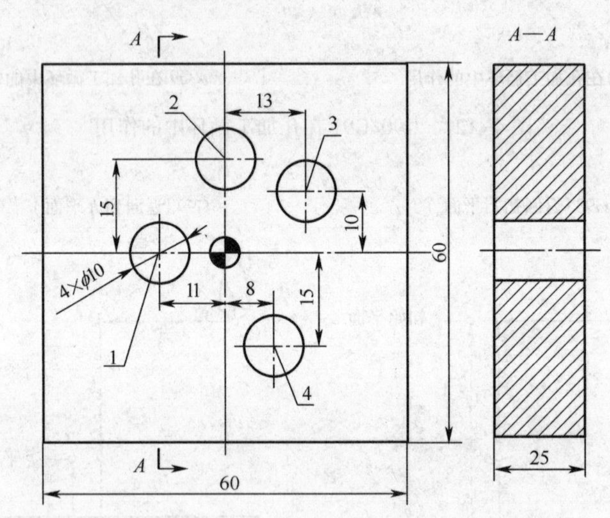

图 4-123　FANUC 系统孔加工固定循环指令应用示例

程序	说明
……	
G0 Z100;	确定固定循环的初始平面在 Z 100 处;
G90 G99 G73 X-11 Y0 Z-28 R3 Q5 F40;	绝对方式设定初始平面、孔位 X11 Y0 处、加工孔深到 *Z*-28 处、*R* 平面确定在 *Z* 3 处、每次进刀量 5 mm、主轴进给量 40 mm/min(见图 4-123 中 1 孔);
X0 Y15;	默认上段指令、孔加工参数加工(见图 4-123 中 2 孔);
X13 Y10;	默认上段指令、孔加工参数加工(见图 4-123 中 3 孔);
G98 X8 Y-15;	返回初始平面,默认上段指令、孔加工参数加工(见图 4-123 中 4 孔),主轴提到 Z100 mm 处;
G80;	取消固定循环。
……	

2. SINUMERIK-802D 系统钻孔加工固定循环指令

(1) 孔加工固定循环时的几个平面

SINMERIK-802D 系统孔加工固定循环运动过程与 FANUC 系统相似，只是无“动作 1”(即刀具在 *XY* 平面内的定位)。图 4-124 所示为该系统孔加工固定循环指令中的几个平面。

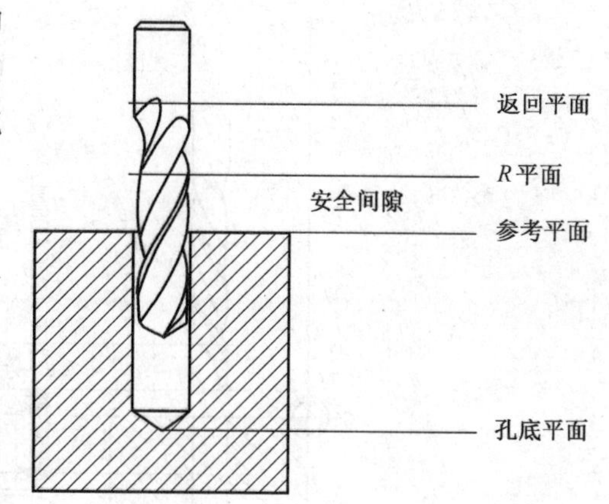

图 4-124　SINUMERIK-802D 系统孔加工时的几个平面

①返回平面：返回平面是为刀具的安全返回而设定的平面，相当于 FANUC 系统中的初始平面，该平面通常位于工件最高点正上方 30～50 mm。

②*R* 平面：是刀具从快进转为工进的转折平面，*R* 平面到工件表面的距离主要考虑工件表面形状的变化，一般取 2～5 mm。

③参考平面：参考平面一般是指孔口所在的平面，通常设计在工件的上表面。

④孔底平面：用来确定孔的最后加工深度。

(2) SINUMERIK-802D 系统钻孔加工固定循环指令

①CYCLE81——钻孔循环指令。该指令相当于 FANUC 系统中的 G81 指令，刀具按照编程的进给速度连续钻孔直至到达输入的最后钻孔深度，常用于浅孔钻削，指令动作如图 4-125 所示。

指令格式：CYCLE81(RTP,RFP,SDIS,DP,DPR)

②CYCLE82——钻孔循环指令。该指令相当于 FANUC 系统中的 G82 指令，刀具按照编程的进给速度连续钻孔至孔底后进给暂停一段时间，实现孔的光整加工，最后刀具快速退回至返回平面。常用于浅孔钻削，指令动作如图 4-126 所示。

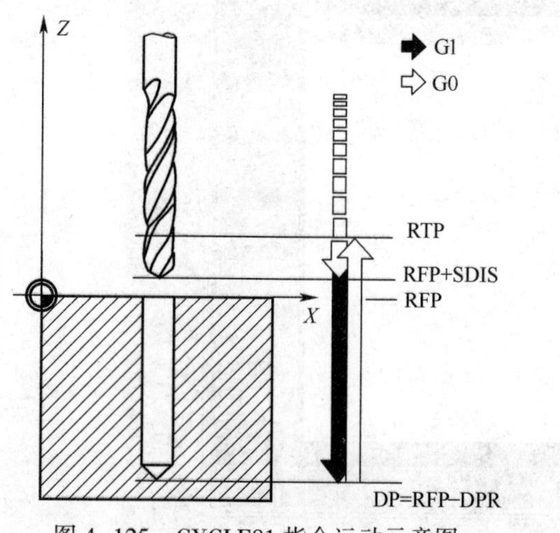

图 4-125　CYCLE81 指令运动示意图

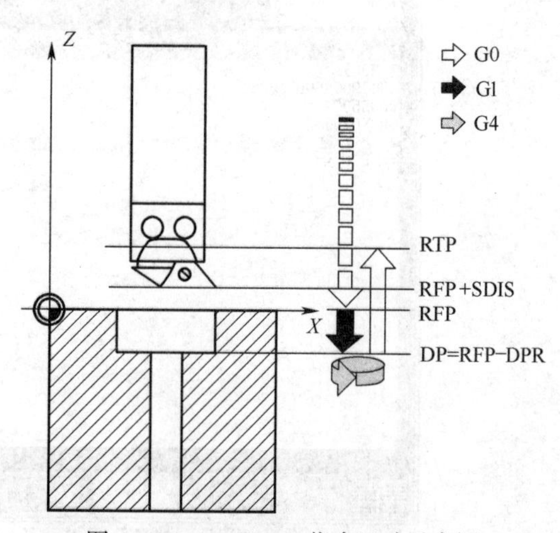

图 4-126　CYCLE82 指令运动示意图

指令格式：CYCLE82(RTP,RFP,SDIS,DP,DPR,DTB)

③CYCLE83——深孔钻削循环指令。该指令相当于 FANUC 系统中的 G73/G83 指令，它以间

歇进给方式钻削工件，当加工至一定深度时，钻头上抬一定距离，从而使钻孔时具有断屑并排屑的功能，主要适用于深孔加工，指令动作如图 4-127 所示。

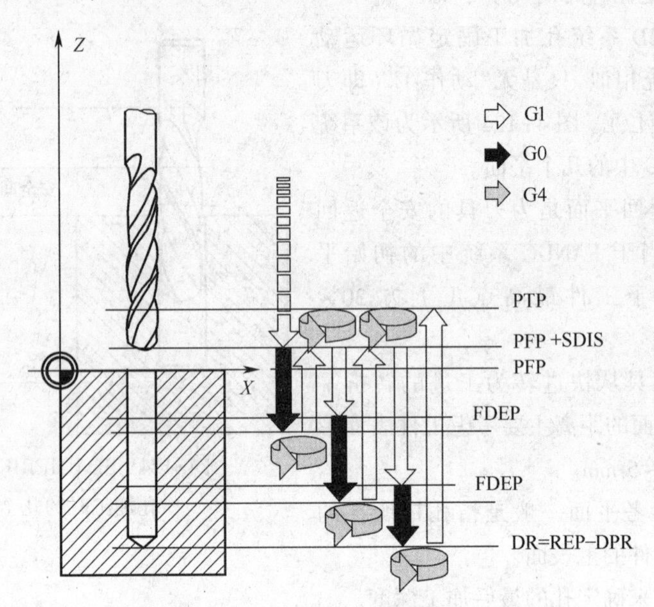

图 4-127　CYCLE83 指令运动示意图

指令格式：CYCLE83(RTP,RFP,SDIS,DP,DPR,FDEP,FDPR,DAM,DTB,DTS,FRF,VARI)

(3) SINUMERIK-802D 系统孔加工固定循环指令应用注意的几个问题

①孔加工固定循环指令的输入。在程序编辑界面下，按 CRT 右侧的功能键，即可进入孔加工固定循环指令的对话框中，填写相关框内参数后按【确认】键即可完成指令的输入，如图 4-128 所示。

图 4-128　SINUMERIK-802D 系统孔加工指令的输入

②非模态的调用。在非模态孔加工固定循环状态下，钻孔只对固定循环指令前一个位置加工。

③模态调用。在模态孔加工固定循环状态下，钻孔对模态范围内的每一个点都加工。

(4) 孔加工固定循环指令应用举例

加工图 4-129 所示零件孔，NC 程序如下。

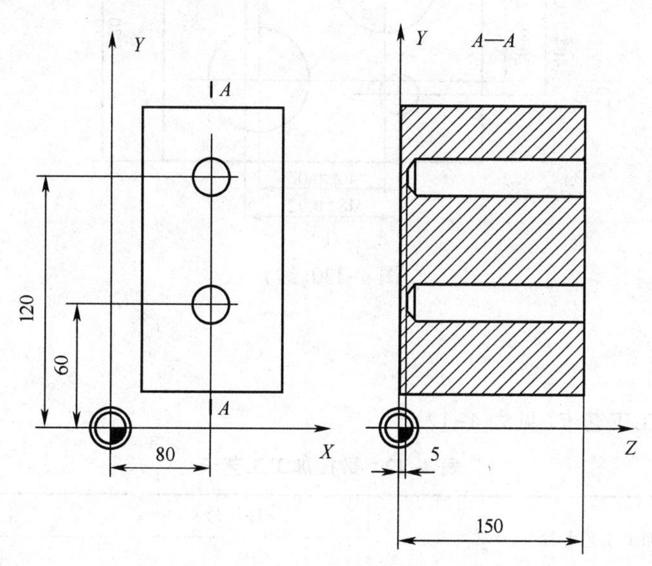

图 4-129 SINUMERIK-802D 系统孔加工固定循环指令应用示例

```
……
N40MCALL CYCLE83(155,150,1,5,0,100,,20,0,0,1,0);   模态调用循环，深度参数的值为绝对值；
N50 X80 Y120;                                       钻孔位置；
N60 X80 Y60;                                        钻孔位置；
N70 MCALL;                                          取消模态；
N80 M02;                                            程序结束。
```

一、任务描述

编制图 4-130 所示四孔零件的数控铣削程序，已知工件材料为铝。

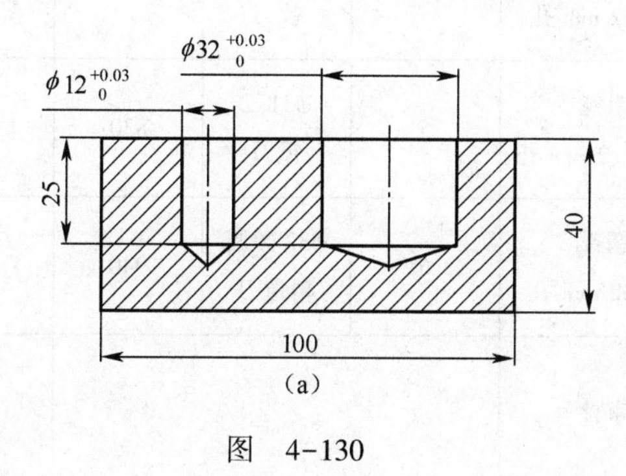

(a)

图 4-130

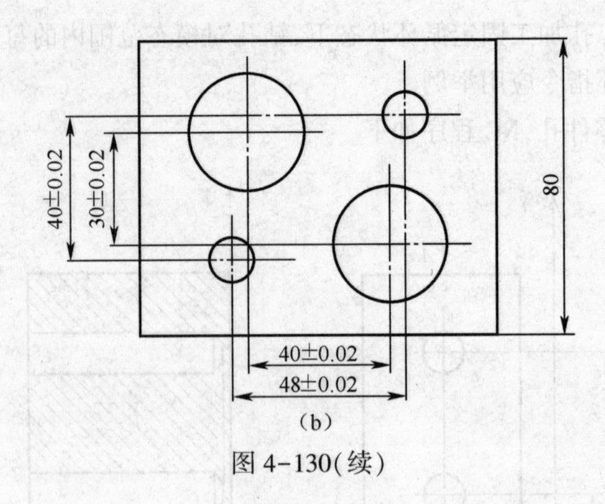

图 4-130(续)

二、任务实施

1. 填写数控加工工艺卡(见表 4-12)

表 4-12　数控加工工艺卡

数控加工工艺卡片				工　序　号		工 序 内 容		
				1		四孔零件		
四 孔 零 件				零件名称	材料	夹具名称		使用设备
				四孔零件	铝	台虎钳		立数铣
工步号	程序号	工步内容	刀具号	刀具规格/mm	主轴转速/(r·min^{-1})	进给量/(mm·min^{-1})	切削深度/mm	备注(检测说明)
1	O0008	钻 4 个中心孔	1	ϕ2.5 中心钻	1000	100	2.5	
2	O0009	钻 4×ϕ11.5 mm 孔	2	ϕ11.5 麻花钻	550	110	27	
3	O0010	扩 2×ϕ30 mm 孔	3	ϕ30 麻花钻	280	85	27	
4	O0011	铰 2×ϕ12 mm 孔	4	ϕ12 铰刀	170	40	25	
5	O0012	粗镗 2×ϕ31.2 mm 孔	5	ϕ31.2 镗刀	830	120	25	
6	O0013	精镗 2×ϕ32 mm 孔	6	ϕ32 微调精镗刀	940	75	25	
编制		审核				第　页		共　页

2. 编制加工程序

程序号	
O0008	程序名,钻 4 个中心孔;
N10 G90 G40 G49 G80 G21 G17 G54;	程序初始化;
N20 G91 G28 Z0;	回参考点;
N30 G90 G00 X100 Y70;	快速到程序原点上方;
N40 M03 S1000;	主轴正转转速 1 000 r/mm;
N50 G00 X15;	快速接近工件;
N60 M08	打开切削液;
N70 G00 X-50 Y-40;	刀具快速移动到起始位置上方;
N80 G99 G81 X-24 Y-20 Z-2.5 R5 F100;	钻孔孔深-2.5 mm,钻完后返回参考;点高度 5 mm;
N90 X20 Y-15;	钻第 2 个孔;
N100 X24 Y20;	钻第 3 个孔;
N110 G00 X-50 Y-40;	快速返回到起始位置;
N120 G98 G81 X-20 Y15 Z-2.5 R5;	钻第 4 个孔;
N130 G00 Z100;	抬刀;
N140 X0 Y0 M09;	回原点,关切削液;
N150 M05	主轴停;
N160 M30	程序结束。
O0009	程序名,钻 4×ϕ11.5 mm 孔;
N10 G90 G40 G49 G80 G21 G17 G54;	程序初始化;
N20 G91 G28 Z0;	回参考点;
N30 G90 G00 X100. Y70;	快速到程序原点上方;
N40 M03 S550;	主轴正转转速 550 r/mm;
N50 G00 X15;	快速接近工件;
N60 M08	打开切削液;
N70 G00 X-50 Y-40;	刀具快速移动到起始位置上方
N80 G99 G81 X-24 Y-20 Z-27 R5 F110;	钻孔孔深-27 mm,钻完后返回参考点;高度 5 mm;
N90 X20 Y-15;	钻第 2 个孔;
N100 X24 Y20;	钻第 3 个孔;
N110 G00 X-50 Y-40;	快速返回到起始位置;
N120 G98 G81 X-20 Y15 Z-27 R5;	钻第 4 个孔;
N130 G00 Z100;	抬刀;
N140 X0 Y0 M09;	回原点,关切削液;
N150 M05	主轴停;
N160 M30	程序结束。

```
O0010                                          程序名,扩 2×φ30 mm 孔;
N10  G90 G40 G49 G80 G21 G17 G54;              程序初始化;
N20  G91 G28 Z0;                               回参考点;
N30  G90 G00 X100. Y70;                        快速到程序原点上方;
N40  M03 S280;                                 主轴正转转速 280 r/mm;
N50  G00 X15;                                  快速接近工件;
N60  M08                                       打开切削液;
N70  G00 X-50 Y-40;                            刀具快速移动到起始位置上方;
N80  G99 G81 X-20 Y15 Z-27 R5 F85;             钻左上方大孔孔深-27 mm,钻完后返
                                               回参考点高度 5 mm;
N90  X20 Y-15;                                 钻第 2 个大孔;
N100  G00 Z100;                                抬刀;
N110  X0 Y0 M09;                               回原点,关切削液;
N120  M05                                      主轴停;
N130  M30                                      程序结束;
O0011                                          程序名,铰 2×φ12 mm 孔;
N10  G90 G40 G49 G80 G21 G17 G54;              程序初始化;
N20  G91 G28 Z0;                               回参考点;
N30  G90 G00 X100. Y70;                        快速到程序原点上方;
N40  M03 S170;                                 主轴正转转速 170 r/mm;
N50  G00 X15;                                  快速接近工件;
N60  M08                                       打开切削液;
N70  G00 X-50 Y-40;                            刀具快速移动到起始位置上方;
N80  G99 G85 X-24 Y-20 Z-25 R5 F40;            铰左下方小孔孔深-25 mm,钻完后返
                                               回参考点高度 5 mm;
N90  X24 Y20;                                  铰第 2 个小孔;
N100  G00 Z100;                                抬刀;
N110  X0 Y0 M09;                               回原点,关切削液;
N120  M05                                      主轴停;
N130  M30                                      程序结束;
O0012                                          程序名,粗镗2×φ31. 2 mm 孔;
N10  G90 G40 G49 G80 G21 G17 G54;              程序初始化;
N20  G91 G28 Z0;                               回参考点;
N30  G90 G00 X100. Y70;                        快速到程序原点上方;
N40  M03 S830;                                 主轴正转转速 830 r/mm;
N50  G00 X15;                                  快速接近工件;
N60  M08;                                      打开切削液;
N70  G00 X-50. Y-40;                           刀具快速移动到起始位置上方;
```

```
N80  G99 G86 X-20 Y15 Z-25 R5 F120;       镗左上方大孔孔深-25 mm,钻完后返
                                          回参考点高度5 mm;
N90  X20 Y-15.;                           镗第2个大孔;
N100  G00 Z100.;                          抬刀;
N110  X0 Y0 M09;                          回原点,关切削液;
N120  M05                                 主轴停;
N130  M30                                 程序结束;
   O0013                                  程序名,精镗2×φ32 mm孔;
N10  G90 G40 G49 G80 G21 G17 G54;         程序初始化;
N20  G91 G28 Z0;                          回参考点;
N30  G90 G00 X100. Y70;                   快速到程序原点上方;
N40  M03 S940;                            主轴正转转速940 r/mm;
N50  G00 X15;                             快速接近工件;
N60  M08                                  打开切削液;
N70  G00 X-50 Y-40.;                      刀具快速移动到起始位置上方;
N80  G99 G76 X-20 Y15 Z-25 R5 F75;        镗左上方大孔孔深-25 mm,钻完后返;
                                          回参考点高度5 mm;
N90  X20 Y-15;                            镗第2个大孔;
N100  G00 Z100;                           抬刀;
N110  X0 Y0 M09;                          回原点,关切削液;
N120  M05                                 主轴停;
N130  M30                                 程序结束。
```

习　题

1. 数控铣床一般有哪几部分组成?
2. 加工中心与数控铣床相比较有何区别?
3. 数控铣床的补偿功能有哪些?
4. 说明基本功能指令G00、G01、G02、G03、G04的意义?
5. 说明G17、G18、G19指令的区别?
6. 说明FANUCOi-MC数控系统常用孔加工循环的指令格式?

项目❺ 数控机床维护与保养

数控加工机床是机、电、液一体化密度型的高精度自动化设备，准确使用可避免设备的突发故障；精心维护可使设备始终处于良好的技术状态，作为设备的操作者，必须掌握设备使用和维护方面的知识。

任务　掌握数控机床维护保养的要点

通过学习能够按照安全操作规程对数控机床进行操作，掌握数控机床日常维护与保养方法，掌握数控机床常见操作故障处理方法。

相关知识

一、数控机床安全操作规程

数控机床是集传统的机械、电子、液压、气压等技术于一体的高端技术设备，具有价格昂贵、技术含量高等特点，与普通机床相比具有加工精度高、加工灵活、通用性强、生产效率高、质量稳定等特点，特别适合加工多品种、小批量形状复杂的零件，应用广泛。数控机床操作者除了掌握机床的性能、精心操作外，还要维护好设备，做到安全文明生产，严格遵守以下安全操作规程：

①工作时，穿好工作服、安全鞋，并戴上安全帽及防护镜，不允许戴手套操作数控机床，也不允许扎领带。

②开车前，应检查数控机床各部件机构是否完好、各按键是否能自动复位。开机前，操作者应按机床使用说明书的规定给相关部位加油，并检查油标、油量。

③不应在数控机床周围放置障碍物，工作空间应足够大。

④更换熔丝之前应关掉机床电源，千万不要用手去接触电动机、变压器、控制板等有高压电源的场合。

⑤一般不允许两人同时操作机床，但某项工作如需要两个人或多人共同完成时，应注意动作协调一致。

⑥上机操作前应熟悉数控机床的操作说明书，数控车床的开机、关机顺序，一定要按照机床说明书的规定操作。

⑦主轴启动开始切削之前一定要关好防护门，程序正常运行中严禁开启防护门。

⑧在每次电源接通后，必须先完成各轴的返回参考点操作，然后再进入其他运行方式，以确保各轴坐标的正确性。

⑨机床在正常运行时不允许打开电气柜的门。

⑩加工程序必须经过严格检查方可进行操作运行。

⑪手动对刀时，应注意选择合适的进给速度；手动换刀时，刀架距工件要有足够的转位距离，不至于发生碰撞。

⑫加工过程中认真观察切削及冷却状况，确保机床、刀具的正常运行及工件的质量，并关闭防护门，以免铁屑、润滑油飞出。

⑬在程序运行中须暂停下来，测量工件尺寸时，要待机床完全停止、主轴停转后方可进行测量，以免发生人身事故。

⑭各手动润滑点必须按说明书要求润滑。

⑮依次关掉机床操作面板上的电源和总电源。

二、数控机床日常维护与保养

专业技术人员应具备机械、电子、机床用电、液压、气压、机床维修与维护、数据编程等专业知识，熟悉机械加工工艺，具备丰富的机械设备操作、机械维修、各类故障的排除与保养等经验。熟悉机床安全用电技术（强电、弱电），掌握液压、气压等专业知识与技术要具备电子计算机编程、自动控制、驱动与测量等技术。这样才能全面地了解、使用和掌握数控机床，以及对数控机床进行日常维护与保养，确保设备正常运转。主要的维护保养工作有：

①做好数控机床的系统维护和保养。可根据实际情况参照各类数控设备使用说明书等，因地制宜地制订日常维护与保养制度。日常维护与保养可分为每天检查（常规检查）、每月检查（有针对性检查）、每季度检查（重点检查）、半年检查（专项检查）、年总检查（全面检查）等定期检查。表5-1所示为数控机床保养内容。

表5-1　数控机床保养内容

序号	检查周期	检查部位	检查要求
1	每天	导轨润滑油箱	检查油量，及时添加润滑油，润滑液压泵是否定时启动打油及停止
2	每天	主轴润滑恒温油箱	工作是否正常，油量是否充足，温度范围是否合适
3	每天	机床液压系统	油箱泵有无异常噪声，工作油面高度是否合适，压力表指示是否正常，管路及各接头有无泄漏
4	每天	压缩空气气源压力	气动控制系统压力是否在正常范围之内
5	每天	X、Z导轨面	清除切屑脏物，检查导轨面有无划伤损坏，润滑油是否充足
6	每天	各防护装置	机床防护罩是否齐全有效
7	每天	电气柜各散热通风装置	各电气柜中冷却风扇是否工作正常，风道过滤网有无堵塞，及时清洗过滤网
8	每周	各电气柜过滤网	清洗黏附的尘土
9	不定期	冷却液箱	随时检查液面高度，及时添加冷却液，太脏应及时更换
10	不定期	排屑器	经常清理切屑，检查有无卡住现象
11	半年	检查主轴驱动传动带	按说明书要求调整传动带松紧程度
12	半年	各轴导轨上镶条、压紧滚轮	按说明书要求调整松紧状态
13	一年	检查和更换电动机电刷	检查换向器表面，除去毛刺，吹净碳粉，磨损过多的电刷应及时更新
14	一年	液压油路	清洗溢流阀等，更换过滤液压油
15	一年	主轴润滑恒温油箱	清洗过滤器，油箱，更换润滑油
16	一年	冷却液压泵过滤器	清洗冷却油池，更换过滤器
17	一年	滚珠丝杠	清洗丝杠上旧的润滑脂，涂上新油脂

②一些运动频繁的元器件、部件、机械传动部分、驱动部分都应该列为定期检查的对象。例如,要经常检查定位精度有无误差;经常检查数控系统是否运转正常,随时排除可能影响其正常运转的各种因素;存储器供电电池如须更换,则应在数控系统通电的状态下更换电池,以确保储存的参数不丢失。

③对于机床润滑、加工用冷却液。传动丝杠(轴)、导轨、机械精度、液压、气压等部件要充分保养维护。例如,定期补充润滑油;及时更换冷却液;时常校正传动间隙以避免运行导轨有大的划痕磕碰,必要时可对导轨进行人工刮研校正。经常检查液压、气压工作部分是否正常,管道有无老化、漏油、漏气现象,如发现问题应及时解决。

④防止污染物进入数控系统装置内。由于在加工车间的空气中一般都会散发着油雾、灰尘、金属切削粉末,一旦落在数控系统的电路板或电子器件上,将会引起元器件绝缘下降,甚至导致短路损坏控制系统,因此严禁打开数控柜门进行散热。对数控系统的键盘要定期维护与保养,避免被污染。

⑤长期不用数控机床的保养。长期不使用数控机床将使电子元器件技术性能下降或损坏,所以应对数控机床进行保养,确保每周要有一两次的通电保养,且每次通电要空机运行 1 h 以上,以防数控系统的元器件受潮发生氧化,同时还能及时发现有无蓄电池报警信号,若有应及时更换新电池,以避免软件系统数据丢失。

三、数控机床常见操作故障

数控机床的故障种类很多,常见有电气、机械、系统、液压、气动等部件的故障,产生的原因比较复杂,但大部分故障是由于操作者操作不当引起的,数控机床常见操作故障有:

①防护门未关,机床不能运行。

②机床未回零。

③主轴转速超过最高转速限定值。

④程序内没有设置 F 或 S。

⑤进给修调 F%或主轴修调 S%开关设置为空挡。

⑥回零时离零点太近或回零速度太快,引起超程。

⑦刀具补偿测量设置错误。

⑧刀具换刀位置不正确。

⑨程序中使用非法代码。

⑩刀具半径补偿方向错误。

⑪切入、切出方式不当。

⑫机床被锁住。

⑬工件未夹紧,对刀位置不正确,工件坐标系设置错误。

⑭机床处于报警状态。

⑮断电后或报警的机床,没有重新回零。

一、任务描述

数控机床使用精度和寿命,很大程度上取决于正确使用和日常保养。认真填写数控机床维护保养要点的学习任务单。

二、任务实施

学习数控机床安全操作规程和数控机床日常维护与保养,填写学习任务单。

学习任务单

<table>
<tr><td rowspan="2">学习项目:</td><td rowspan="2">姓名:</td><td>组别:</td><td rowspan="2">成绩</td><td rowspan="2"></td></tr>
<tr><td>日期:</td></tr>
<tr><td>1. 数控车床机械系统的日常护理</td><td colspan="4" rowspan="2">3. 数控设备常见的故障</td></tr>
<tr><td>2. 数控设备的使用要求</td></tr>
<tr><td>学生自评:</td><td colspan="4" rowspan="2">教师评语:</td></tr>
<tr><td>学生互评:</td></tr>
</table>

习　　题

1. 数控机床安全操作规程有哪些?
2. 数控机床常见操作故障有哪些?

项目⑥ CAD/CAM 在数控机床上的应用

随着以 Pro/Engineer 为代表的 CAD/CAM 软件的飞速发展，计算机辅助设计与制造越来越广泛地应用到各行各业，设计人员可根据零件图及工艺要求，使用 CAD 模块对零件实体造型，然后利用 CAM 模块产生刀具路径，通过后置处理产生 NC 代码，最后将 NC 代码输入到数控机床，对零件进行数控加工。

任务1　认识 Pro/E NC

通过本任务的学习能够了解 Pro/E NC 数控加工的工艺过程、数控加工的操作流程，并能够编制铣削数控加工程序。

相关知识

Pro/E Wildfire5.0 提供了数控加工模块 Pro/E NC，运用该模块可进行模具各零件的 CAM 仿真，通过对加工模型、工件、刀具、机床及加工参数等进行合理的设置，经 Pro/E NC 处理为刀位数据文件；通过模拟加工，检测加工中的误差、干涉及过切等问题，设计出合理的制造流程文件；通过 Pro/E NC 后置处理模块，生成能驱动数控机床加工的数控代码，从而完成零件的数控加工过程。

一、Pro/E NC 加工步骤

Pro/E NC 设计加工程序的流程与实际加工的思维逻辑是相似的。Pro/E NC 有多种加工方法可满足加工中的各种需要，它们设置加工的步骤基本相同（见图 6-1），总结如下：

①建立数控加工文件。

②创建制造模型。

③定义操作。

④选择加工方法。

⑤定义刀具。

⑥定义加工参数。

⑦选择加工区域。

⑧显示刀具轨迹。

⑨生成数控代码。

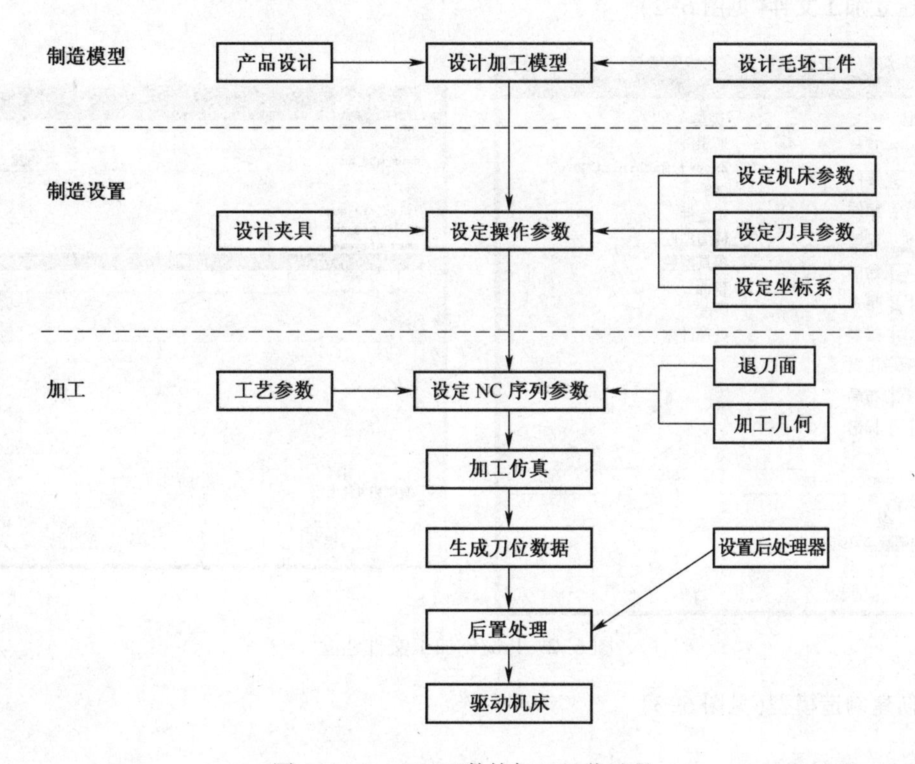

图6-1　Pro/E NC数控加工工艺过程

二、Pro/E NC加工法

Pro/E NC加工法包括：车削加工、铣削加工、线切割、雕刻加工等。

依次单击“制造/加工/辅助加工”命令，系统弹出Pro/E NC加工菜单，常用的铣削加工方法有以下几种：

“体积块”：又称等高铣削。

“局部铣削”：用于清边、角。

“曲面铣削”：用于水平或倾斜曲面的铣削。

“表面”：用于平面的精铣。

“轮廓”：用于轮廓曲面的精、粗加工。

“腔槽加工”：用于型腔凹槽的铣削。

“轨迹”：用于较规则轮廓面的铣削。

“孔加工”：用于模板孔系的加工。

“螺纹”：用于螺纹的铣削。

三、建立加工模型

1. 建立加工文件(见图 6-2)

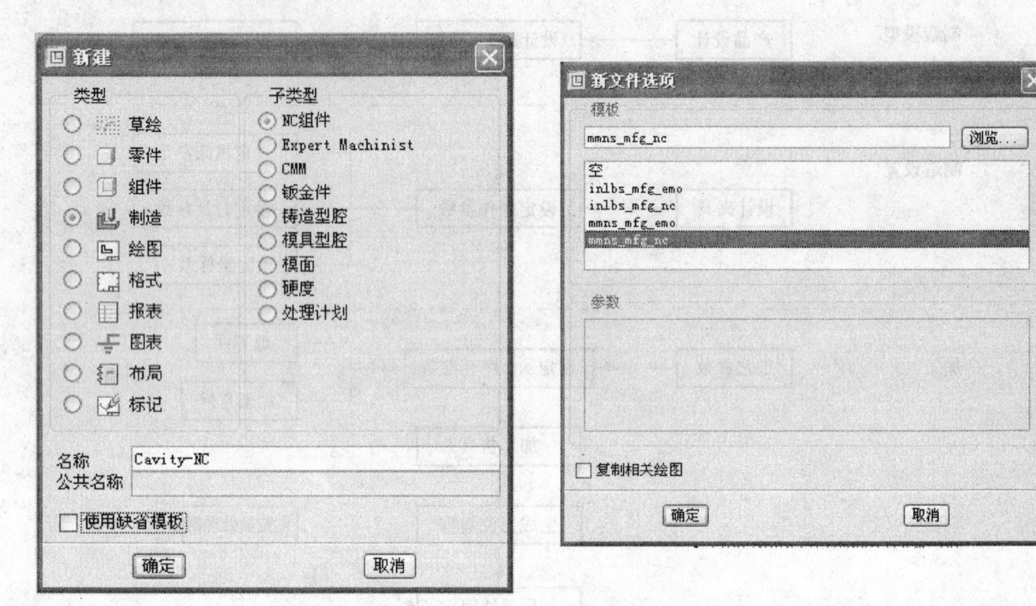

图 6-2　Pro/E 加工文件建立

2. 创建制造模型(见图 6-3)

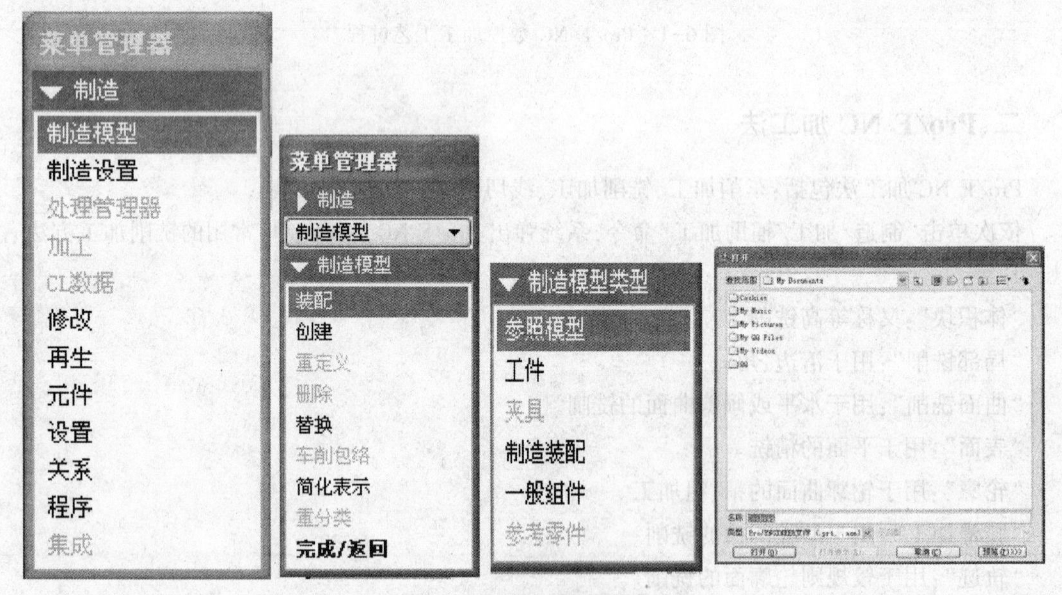

图 6-3　制造模型建立

在系统弹出的“元件放置”菜单中,单击图标按键,“元件参照”和“组件参照”选项接受系统默认的设置,“约束”栏显示为“固定”,单击“确定”,再选择“菜单管理器”中的“完成/返回”选项。图 6-4 所示为“元件放置”菜单。

图 6-4　“元件放置”菜单

3. 建立工件模型

工件模型是指被加工的原材料或毛坯，可以事先创建好装配到制造模型中，也可以在制造模型中进行创建，如图 6-5 所示。

在制造模型中使用工件模型的优点：

①计算加工范围，通过计算设计模型和工件模型空间的相对位置，可以决策刀具在加工中的行程，避免不必要的刀具路径。

②模拟加工材料切削情况，通过观察模拟加工材料切削情况可以检验刀具路径的正确与否，减少了实际走刀验证所需的成本。

③计算加工材料切削量。

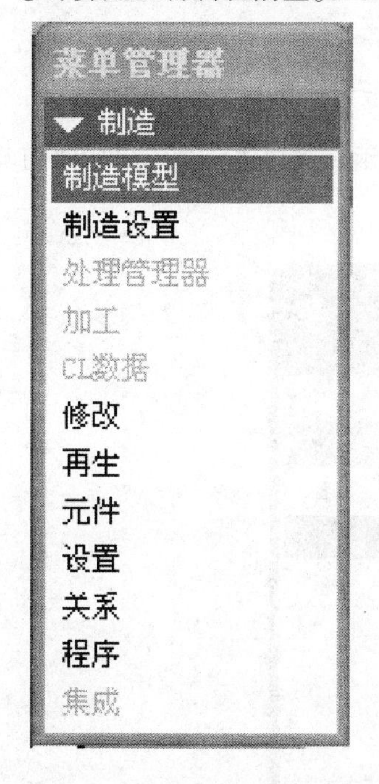

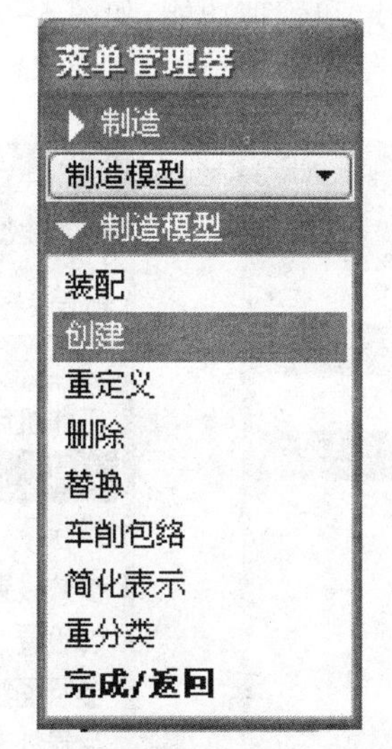

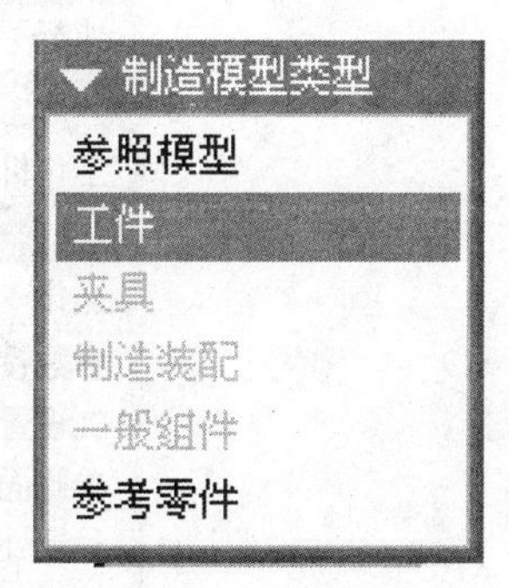

图 6-5　“制造模型”菜单管理器

四、加工参数设定

使用 Pro/NC 进行计算机辅助编程，不仅需要设计模型和工件模型，还需要在编程之前确定所使用的机床、坐标系、夹具、刀具和切削用量等工艺参数，这些可以在“制造设置”中完成。

1. 设置加工机床

不同 NC 加工机床类型将影响 Pro/NC 创建的刀具路径所输出的 NC 代码。“机床设置”窗口如图 6-6 所示。

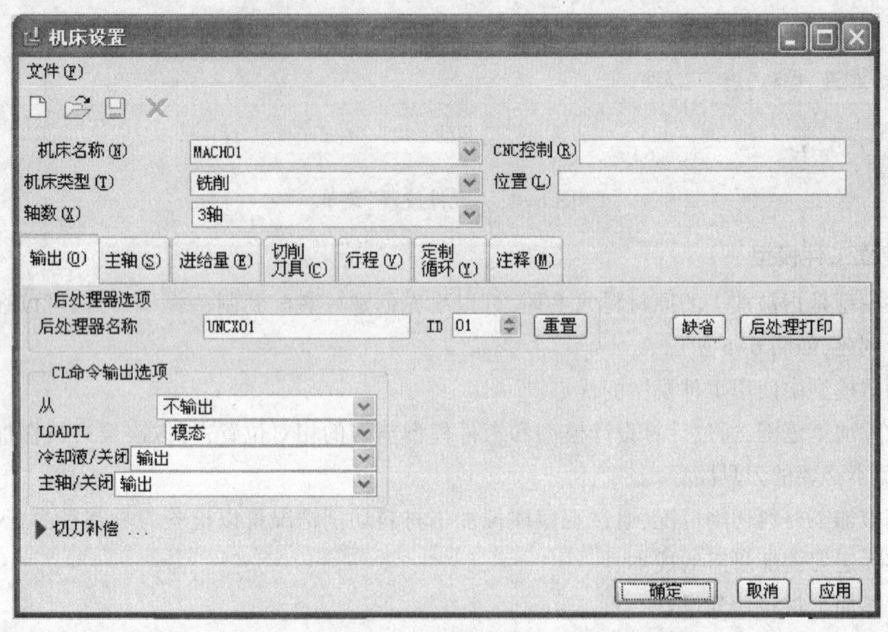

图 6-6 “机床设置”窗口

2. 设置加工刀具

Pro/NC 中提供了刀具的参数设定和管理功能，如图 6-7 所示。或单击按键调出“刀具设定”窗口，如图 6-8 所示。

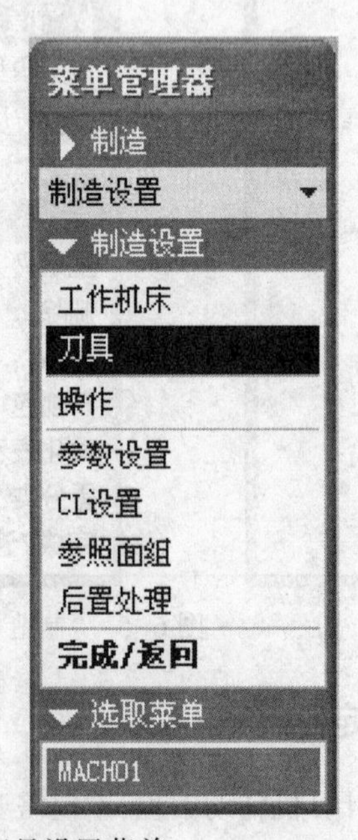

图 6-7 加工刀具设置菜单

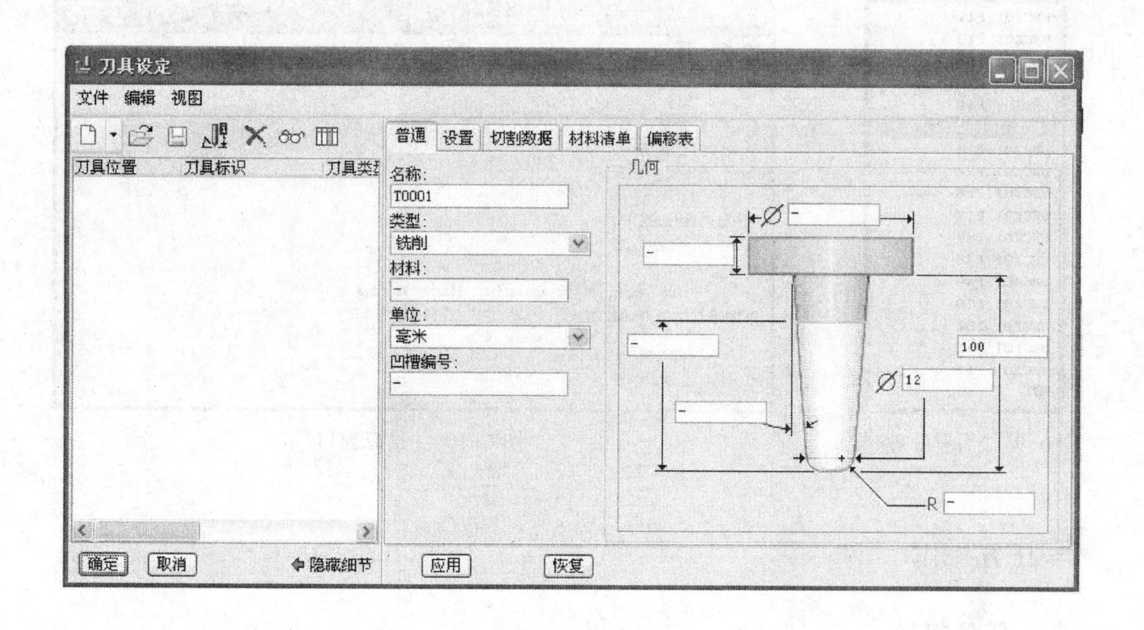

图 6-8　“刀具设定”窗口

3. 设置加工操作

加工操作是对某个加工操作环境的定义,包括命名加工工艺作业名称、选择机床设备、选择工装夹具、选择加工坐标系等。

五、创建 NC Sequence

NC 序列是用来表示单个刀具路径的组件特征。刀具路径由以下部分组成:

①“自动切削”运动,即实际切削工件材料时的刀具运动。

②进刀、退刀、连接移动。

③附加 CL 命令和后处理器。

六、后置处理(见图 6-9)

单击“菜单管理器”中的“制造/完成序列/CL 数据/后置处理”选项,在弹出的对话框中选择需要后置处理的刀位文件,然后单击“后置处理选项/完成”选项,在弹出的“后置处理列表”中选取所使用的数控系统,本例选择 Pro/ E NC 自带的 FANUC 16M 系统的后置处理器“UNCX01. P20”。系统开始转换程序,生成数控代码,完成后系统弹出信息窗口,如图 6-10 所示,单击“关闭”,即可完成程序的后置处理。

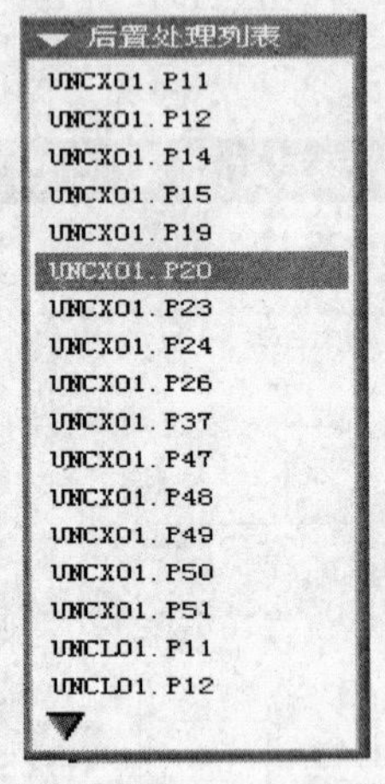

图 6-9 “后置处理”器

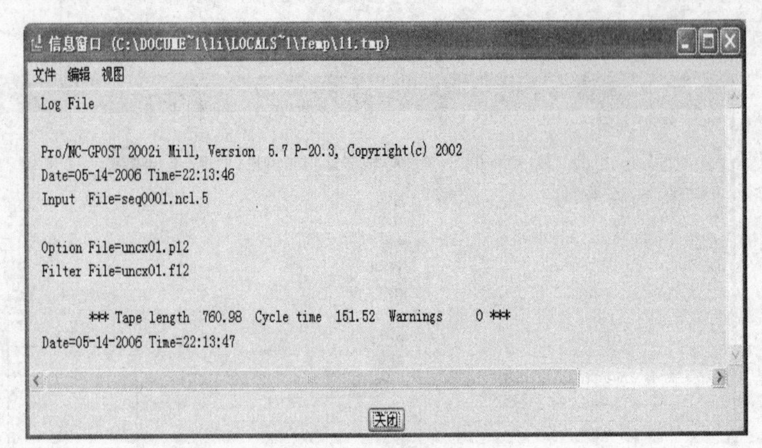

图 6-10 “信息窗口”

任务操作

一、任务描述

如图 6-11 所示心形凸模为直壁零件，要求完成粗加工与精加工，零件的精度要求较低。

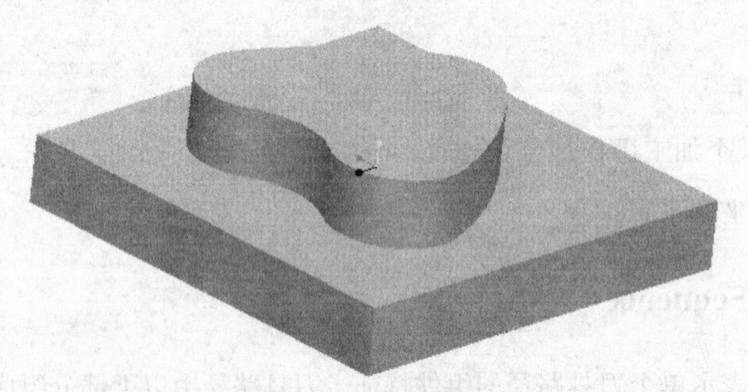

图 6-11 心形凸模模型图

二、任务实施

1. 工件分析与工艺规划

①工件简介：心形凸模为一直壁零件，上表面和底面均为平面，图形相对比较简单。加工时，需要对心形部分进行粗加工和精加工，零件材料为 45 钢，毛坯要求六面平整。

②工件安装：以底面固定安装在机床上。

③加工坐标原点。X：工件中心；Y：工件中心；Z：工件顶面。

本零件形状比较简单，又没有尖角或特别小的圆角，而且表面加工要求也不是很高，所以不需要清角加工。加工时，可采用一把 $\phi32$ mm 的平刀进行全部的加工过程，这样既可以避免换刀操作，又可以提高加工效率。

本零件的加工可分为两个工步来完成：心形凸模粗加工、心形凸模精加工。

2. 初始设置

①新建加文件 mfg0001。

②导入参照模型,如图 6-12 所示。

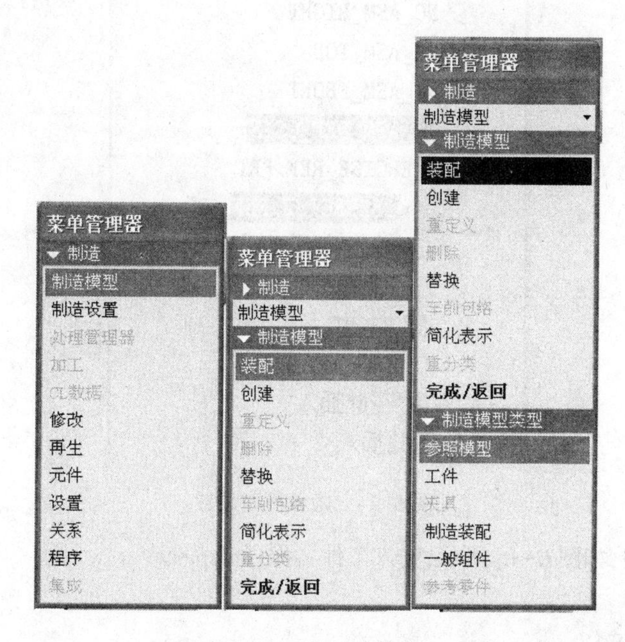

图 6-12　“菜单管理器”

打开装配操控板:先将心形凸模的底面与 NC_ASM_TOP 匹配;再将 NC_ASM_RIGHT 与 FRONT 对齐;最后将 NC_ASM_FRONT 与 RIGHT 匹配。参照模型如图 6-13 所示。

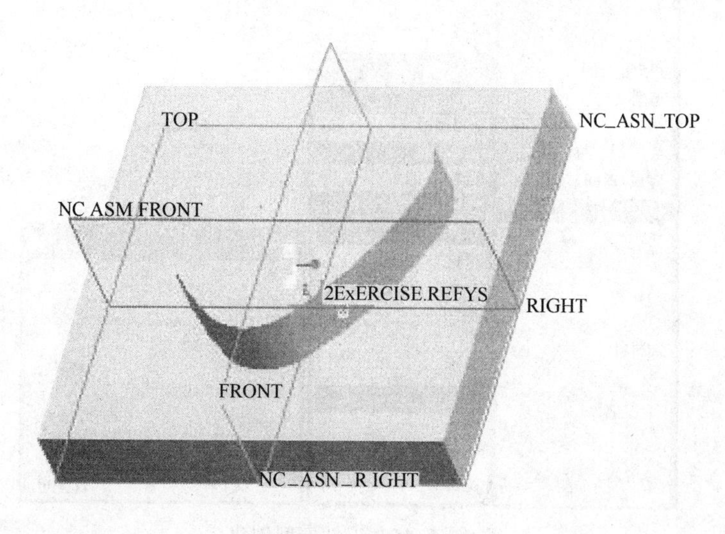

图 6-13　参照模型

隐藏组件、参照模型的默认坐标系，如图 6-14 所示。

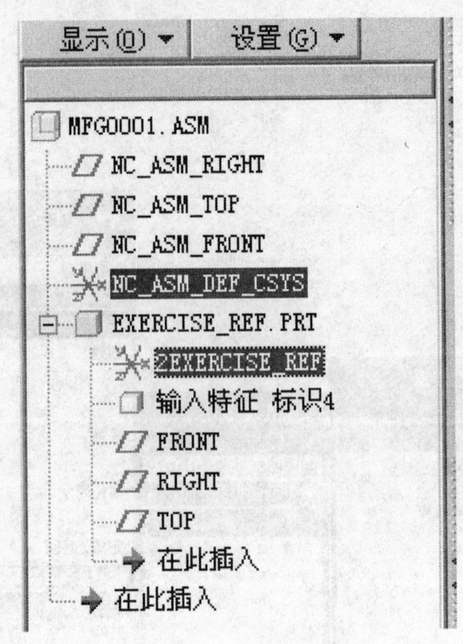

图 6-14　隐藏模型设置

③创建工件模型，如图 6-15 所示，输入工件名称：workpiece。

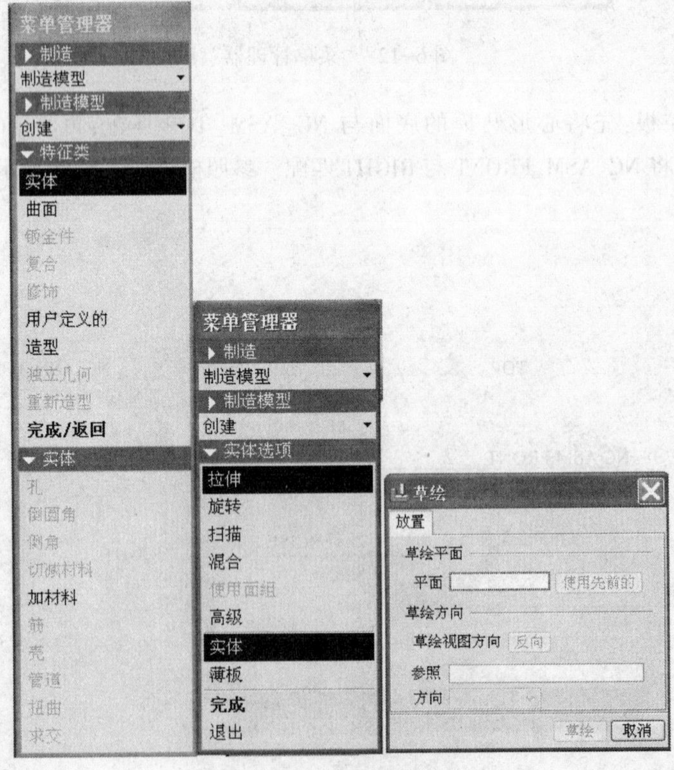

图 6-15　工件模型创建

选取心形凸模的底面为草绘平面、任一侧面为参照平面，如图 6-16 所示。

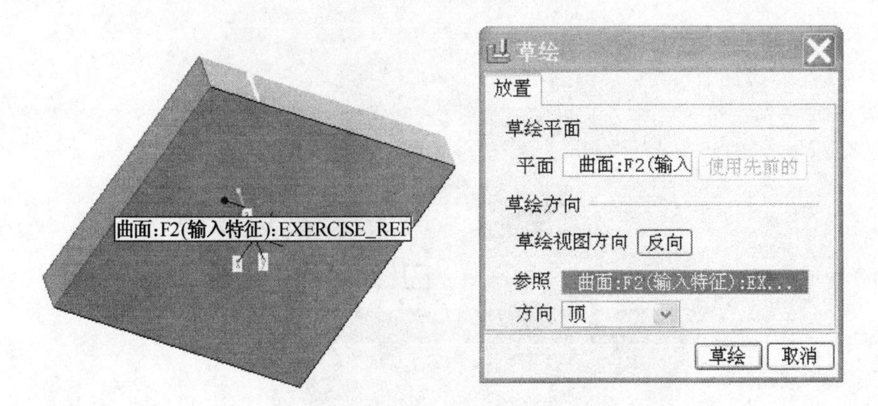

图 6-16　“草绘”设置

单击右侧工具栏中的□，绘制草图如图 6-17 所示。

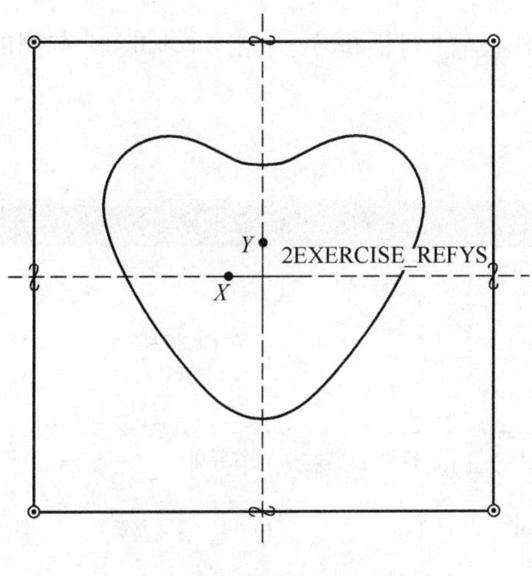

图 6-17　草图绘制

将拉伸类型改为至平面，如图 6-18 所示。零件模型图如图 6-19 所示。

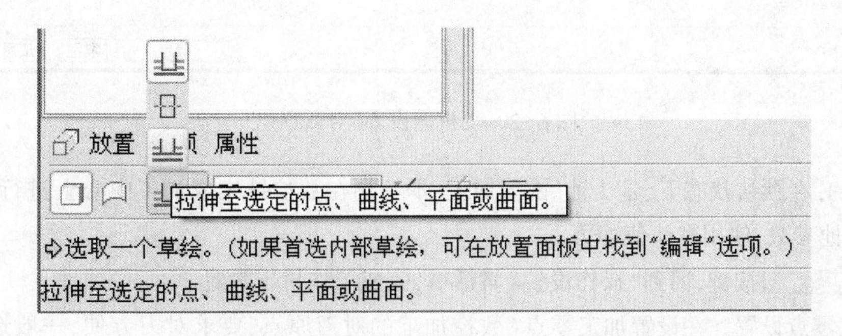

图 6-18　拉伸特征设置

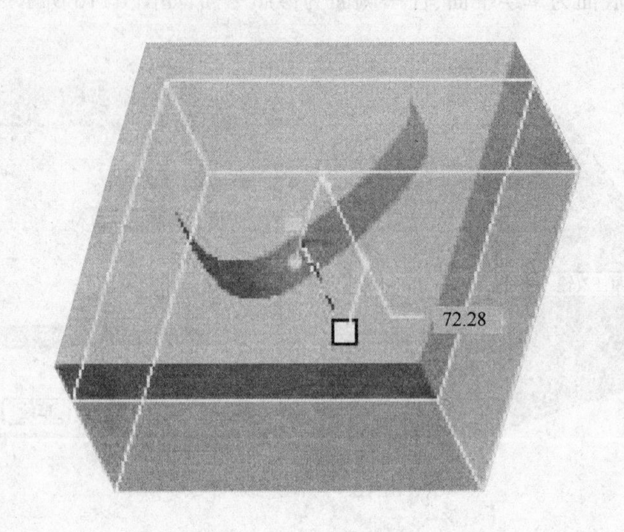

图 6-19　零件模型图

④操作设置。

a. 工作机床设置:在“操作设置”对话框中,单击 NC机床(M) 右侧的 按键,弹出“机床设置”对话框,如图 6-20 所示。

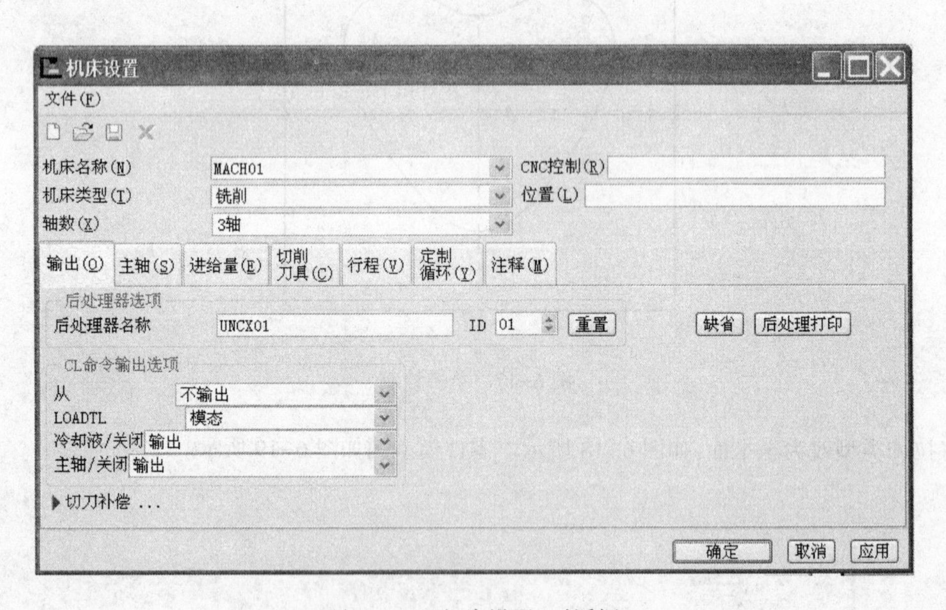

图 6-20　“机床设置”对话框

注:Pro/E 在默认状态下,是 3 轴、铣削加工,本实例在数控铣床或加工中心上进行加工,可以不用设置其他参数,使用默认值即可。

单击 确定 按键,回到“操作设置”对话框,完成工作机床设置。

b. 加工零点设置。在设置加工零点(数控加工的对刀原点,要求对刀方便,一般选取模型顶面的中心点)之前,首先要创建零点坐标系,否则无法进行编程。在Pro/E加工模块中,系统本身就有坐标系,但往往不符合编程的要求,因此,需要操作用户自已创建坐标系。

c. 安全平面(退刀平面)设置。在实际加工过程中,为了避免刀具轨迹在不同的加工区域之间移动而与工件或其他加工设备发生相撞,需要设置退刀曲面,以保证退刀时的安全性。

在Pro/E里可指定平面、曲面、圆柱面、球面等为退刀曲面;在本例中使用平面作为退刀曲面,安全平面一般应高于工件及夹具的最高点,以保证刀具在安全平面上移动时不与工件或夹具发生干涉。

⑤创建刀具。设定刀具各参数,名称:D32R0(表示直径为32的端铣刀);类型:端铣削;单位:毫米(mm);刀具直径改为32。单击[应用],在刀具列表中新增D32R0的刀具,如图6-21所示。

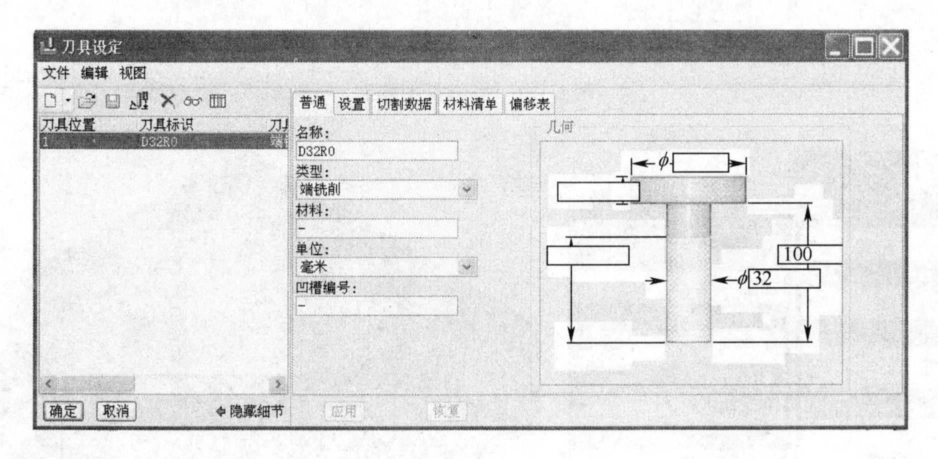

图6-21 “刀具设定”对话框

3. 粗加工

(1) 创建铣削体积块

①单击右侧工具栏中的(铣削体积块刀具)按键,或从主菜单栏选择“插入→制造几何→铣削体积块”选项,进入创建铣削体积块界面。

②为了便于操作,在模型树中将工件workpiece隐藏,关闭基准平面的显示。

单击右侧工具栏中的(拉伸)按键,或从主菜单栏选择“插入→拉伸”命令。弹出“草绘”对话框后,选取心形凸模的顶面作为草绘平面,选取任一侧面作为参照平面。

用矩形□命令绘制矩形,如图6-22所示。

(2) 创建体积块铣削NC序列

①显示心形凸模(即参照模型)。

②序列设置:从弹出的“序列设置”菜单中选取:名称、刀具、参数、退刀、体积、逼近薄壁复选框。演示轨迹设定如图6-23所示。

③演示轨迹,如图6-24所示。回到“NC序列”菜单,选择“完成序列”。

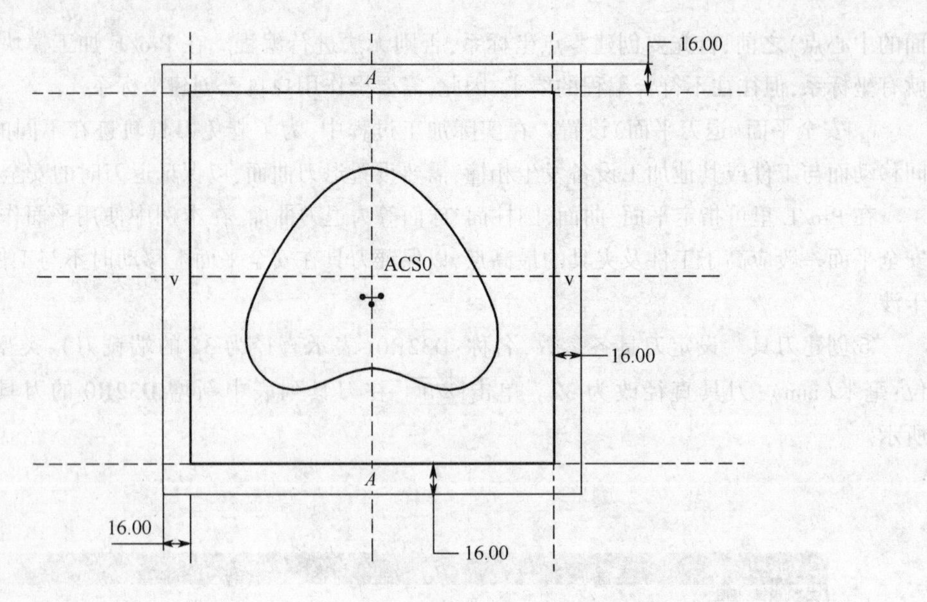

图 6-22　矩形草图绘制

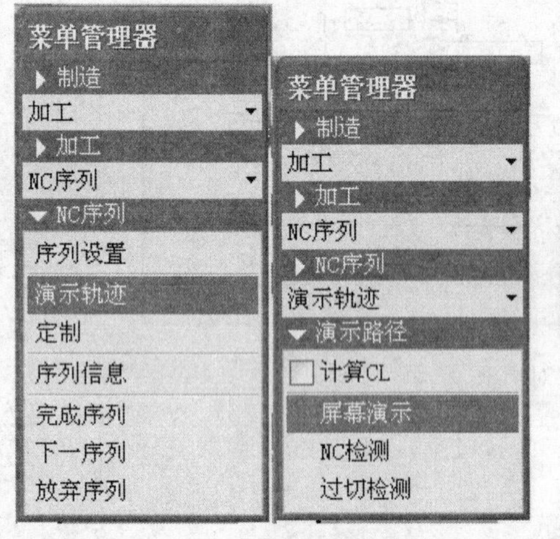

图 6-23　演示轨迹设定

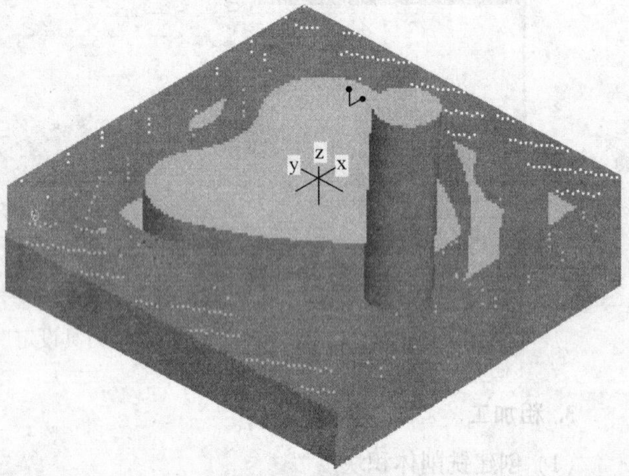

图 6-24　演示轨迹

4. 仿真检验与后置处理

经检验确认所有的加工程序无错误后,可以进行后置处理来生成机床能识别的 CNC 代码文件。在 Pro/E 里,首先要生成刀位文件,然后再调用处理程序,对刀位文件进行处理,生成 CNC 加工文件。

生成 CNC 数控文件的扩展名为 . tap,成为数控机床可以识别的 G 代码文件,可用记事本方式打开,并作局部修改。

任务 2　加工凸凹模

通过本任务的学习,熟练掌握数控编程的工艺流程,并能够准确确定所用刀具、进刀量等基本知识。

相关知识

1. 加工毛坯的选择

一般地,选择毛坯要考虑几个方面,包括材料的工艺、毛坯尺度工艺性能、零件生产纲要等。根据零件图及加工工艺选择 H200 铸铁 100 mm×150 mm×18 mm。

2. 加工机床的选择

①数控机床主要的规格的尺寸应与工件的轮廓尺寸相适应。既小的工件应当选择小规格的机床加工,而大的工件则选择大规格的机床加工,做到设备的合理使用。

②机床结构取决于机床规格尺寸、加工工件的重量等因素的影响。

③机床的工作精度与工序要求的加工精度相适应。根据零件的加工精度要求选择机床,如精度要求低的粗加工工序,应选择精度低的机床,精度要求高的精加工工序,应选用精度高的机床。

④机床的功率与刚度以及机动范围应与工序的性质和最合适的切削用量相适应。如粗加工工序去除的毛坯余量大,切削余量选得大,就要求机床有大的功率和较好的刚度。

此处选择数控机床为华中数控 HNC-21M。

3. 加工中刀具选择

刀具的选则是数控加工的重要工艺内容之一,不仅要精度高,刚度高,耐用度高,还要求尺寸稳定,安装方便,这就需要采用新型优质材料制造数控加工工具,并优选道具参数。选刀具时,要使用道具的尺寸与被加工表面尺寸和形状相适应。生产过程中,平面零件周边轮加工,常采用立洗刀。铣削平面时,应选择硬质合金刀片铣刀;加工凸台或凹槽时选择高速立铣刀。

4. 夹具选择

装夹方便、夹具结构简单也是选择数控设备时需要考虑的一个因素。本次选则的夹具为平口虎钳。

5. 工艺分析

(1) 确定加工方案的原则

在数控机床加工过程中,由于加工对象复杂多样,特别是轮廓曲线的形状及位置千变万化,加上材料不同、批量不同等多方面因素的影响,在对具体零件制定加工方案时,应该进行具体分析和区别对待,并灵活处理,只有这样,才能使所制定的加工方案合理,从而达到质量优、效率高和成本低的目的。

制定加工方案的一般原则为:先粗后精,先近后远,先内后外,程序段最少,走刀路线最短以及特殊情况特殊处理。

(2) 加工路线与加工余量的关系

在数控车床还未达到普及使用的条件下,一般应把毛坯件上过多的余量,特别是含有锻、铸硬皮层的余量安排在普通车床上加工。当必须用数控车床加工时,则要注意程序的灵活安排。应安排一些子程序对余量过多的部位先作一定的切削加工。

①余量毛坯进行阶梯切削时的加工路线。

②分层切削时刀具的终止位置。

(3) 确定切削用量与进给量

在编程时,编程人员必须确定每道工序的切削用量。选择切削用量时,一定要充分考虑影响切削的各种因素,正确的选择切削条件,合理地确定切削用量,可有效地提高机械加工质量和产量。影响切削条件的因素有:机床、工具、刀具及工件的刚性;切削速度、切削深度、切削进给率;工件精度及表面粗糙度;刀具预期寿命及最大生产率;切削液的种类、冷却方式;工件材料的硬度及热处理状况;工件数量;机床的寿命。

上述诸因素中以切削速度、切削深度、切削进给率为主要因素。

①刀具材料。刀具材料不同,允许的最高切削速度也不同。高速钢刀具耐高温切削速度不到50 m/min,碳化物刀具耐高温切削速度可达100 m/min,陶瓷刀具的耐高温切削速度高达1 000 m/min。

②工件材料。工件材料硬度高低会影响刀具切削速度,同一刀具加工硬材料时切削速度应降低,而加工较软材料时,切削速度可以提高。

③刀具寿命。刀具使用时间(寿命)要求长,则应采用较低的切削速度。反之,可采用较高的切削速度。

④切削深度与进刀量。切削深度与进刀量大,切削抗力也大,切削热会增加,故切削速度应降低。

⑤刀具的形状。刀具的形状、角度的大小、刃口的锋利程度都会影响切削速度的选取。

⑥冷却液使用。机床刚性好、精度高可提高切削速度;反之,则需要降低切削速度。上述影响切削速度的诸因素中,刀具材质的影响最为主要。

切削深度主要受机床刚度的制约,在机床刚度允许的情况下,切削深度应尽可能大,如果不受加工精度的限制,可以使切削深度等于零件的加工余量,这样可以减少走刀次数。

主轴转速要根据机床和刀具允许的切削速度来确定。可以用计算法或查表法来选取。进给量f(mm/r)或进给速度F(mm/min)要根据零件的加工精度、表面粗糙度、刀具和工件材料来选。最大进给速度受机床刚度和进给驱动及数控系统的限制。

6. 工艺参数计算

主轴转速:$N=1\ 000v_c/\pi d$;进给速度:$vf_1=fzn$。v_c:切削速度;D:刀具直径;f:刀具每齿进给率;z:齿数;N:主轴转数。

任务操作

一、任务描述

如图6-25所示为凸凹模模型,要求完成粗加工与精加工,并进行仿真加工。

二、任务实施

1. 实体建模

(1) 建立新文件

图 6-25　凸凹模模型

启动 Pro/Engineer,单击“文件”“新建”命令或者单击“新建”按钮,系统弹出“新建”对话框,选择“零件”“实体”类型,输入文件名为 lingjian. prt,并取消选择“使用缺省模板”复选框,确认后在弹出的“新文件选项”对话框中选择 mmns_part_solid。进入实体建模环境。

(2) 使用拉伸工具建立长方形基体

实体模型中,建立一个 TOP 基准面为草绘平面,RIGHT 基准面为参照,拉伸实体模型至 100 mm×150 mm×18 mm,实体拉伸模型如图 6-26 所示。

图 6-26　基体拉伸模型

(3) 使用拉伸工具建立凸台

选择 TOP 为基准面,在实体两边去除材料长 100 mm、宽 25 mm、深 5 mm 的矩形,如图 6-27 所示。

(4) 使用拉伸工具去除材料建立槽

选择 TOP 平面为基准面,去除槽材料壁厚 2. 5 mm、深 5 mm、倒角 *R*6 mm,如图 6-28 所示。

(5) 选择拉伸工具去除材料建立腔槽

选择 TOP 平面为基准面,去除材料长 80 mm 的矩形,倒角 *R*5 mm,如图 6-29 所示。

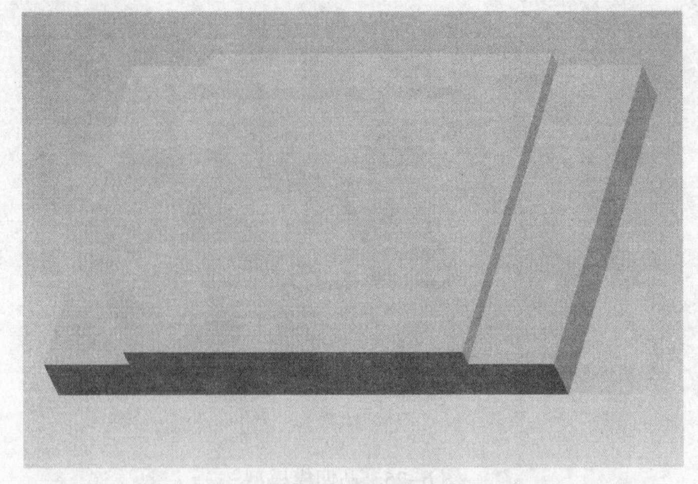

图 6-27　添加特征

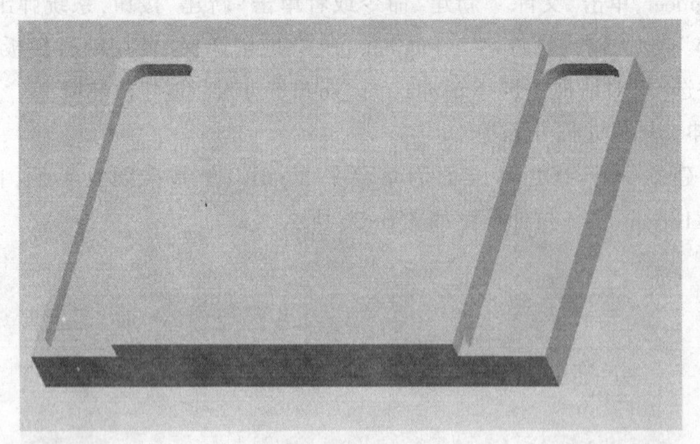

图 6-28　槽特征

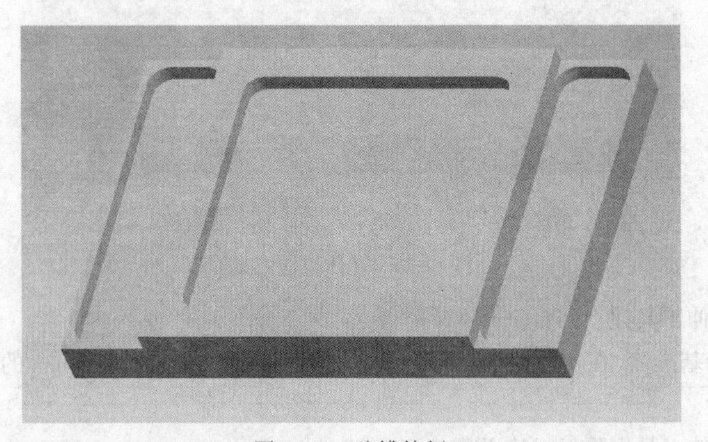

图 6-29　腔槽特征

（6）选择拉伸工具去除材料建立凸台

选择槽为基准平面，去除材料如图 6-30 所示长 50 mm、深 5 mm、倒角 R10 mm（距圆心 35 mm，画圈 ϕ25 mm，与矩形边相交，取圆弧）。

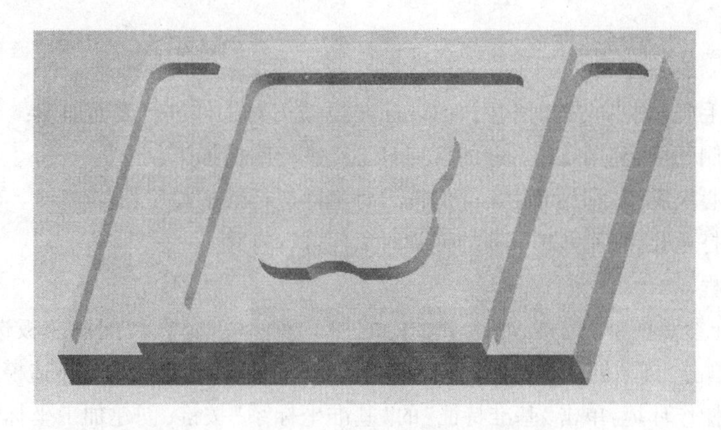

图 6-30　凸台特征

(7) 选择拉伸工具去除材料建立孔

选择凸台为基准平面,以实体中心画圆 R10 mm,去除材料,如图 6-31 所示。

图 6-31　孔特征

2. 工序卡(见表 6-1)

表 6-1　数控加工工序卡片

零件名称		零件材料	夹具	使用设备	班级	姓名	日期
凸台		铸铁	虎钳				
工步号	工步内容	加工方式	刀具号	刀具规格及名称	主轴转速/($r \cdot min^{-1}$)	进给速度/($mm \cdot min^{-1}$)	被吃刀量/mm
1	铣平面	平面铣削	0001	ϕ50 mm 平刀	300	120	1
2	凹槽	挖槽	0002	ϕ10 mm 平刀	500	140	1
3	铣腔槽	挖槽	0002	ϕ10 mm 平刀	500	140	1
4	打通孔	钻孔	0003	ϕ20 mm 钻头	1000	200	1

3. 加工仿真

加工概述：

①将毛坯去毛刺（钳工），同时利用 ϕ50 mm 的立铣刀对工件进行表面加工；

②铣零件两侧凹槽，利用 ϕ10 mm 的铣刀对工件进行凹槽加工；

③铣零件中心块腔槽，利用 ϕ10 mm 的铣刀对工件进行凹槽加工；

④零件中心打通孔，利用 ϕ20 mm 的钻头对工件进行打孔。

（1）加工编程

①单击“装配参照模型”按键，导入 Pro/E 的加工零件模型，在装配操控板选择约束条件为“缺省”，确定后单击“自动创建工件”按键，自动添加毛坯材料，确定后构成制造模型。

②设定加工操作环境：单击“基准特征”的“基准坐标系”按键，创建加工坐标系（见图 6-32）。在 Steps 选择 Operation 设定机床环境。

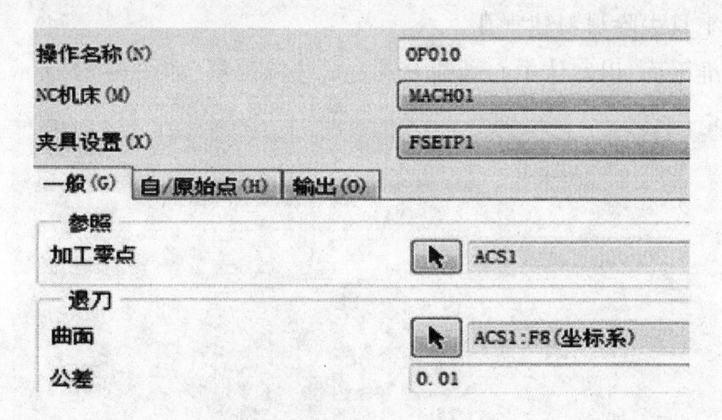

图 6-32　加工操作环境设定

（2）NC 序列

①工序一：平面铣削（见图 6-33）。在菜单管理器选择“Face”（表面）选项，设置相应的序列设置，设置刀具、序列参数，隐藏毛坯选择工件模型的上表面，确定后选择屏幕演示及 NC 检测模拟加工切削。

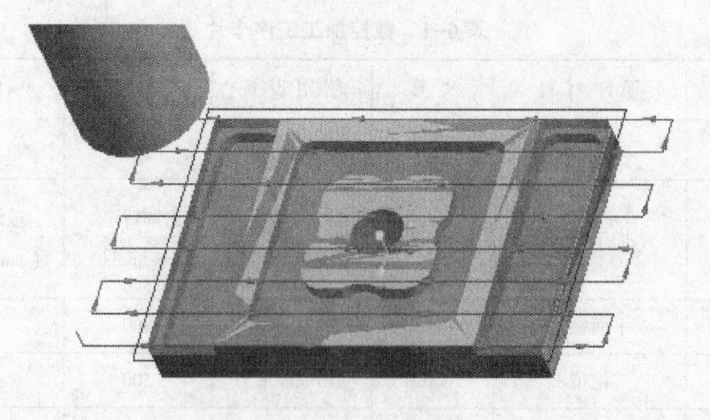

图 6-33　平面铣削模拟

②工序二：腔槽铣削（见图 6-34）。在菜单管理器中选择“Pocketing（腔槽铣削）”选项，设置刀

具、参数、曲面,选择腔槽所有表面,单击"完成"。

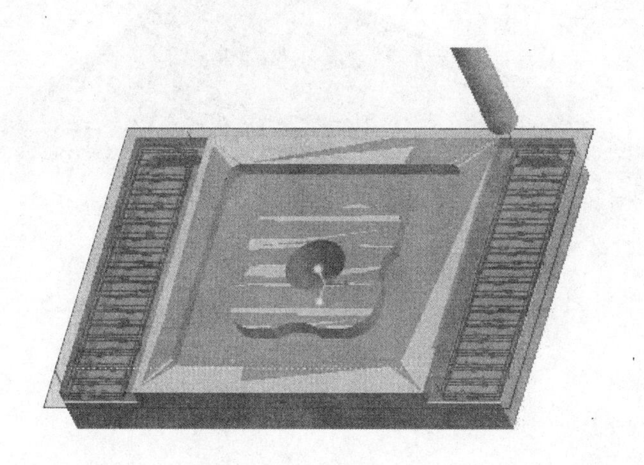

图6-34　腔槽铣削模拟

③工序三:中心凹槽铣削。在菜单管理器中选择"Surface Milling"(曲面铣削)选项,设置刀具、参数、曲面,完成操作后选择"底板圆角曲面"选项。

④工序四:打通孔。在菜单管理中选择"钻孔"选项,设置刀具、参数、完成操作后如图6-35所示。

图6-35　孔铣削模拟

(3)仿真

①使用斯沃软件机床HNC-21M卡具为平口钳,毛坯刀具放置按照工序卡安排,使用NC代码进行加工。

②确定零件设计原点与加工原点。对刀使用基准芯棒,对*XY*,试切*Z*轴,确定加工坐标系原点G54。原则与Pro/E原点设置一致。

③关闭舱门,进行自动加工。加工结果如图6-36所示。

图 6-36　加工结果图

习　　题

1. Pro/E NC 加工步骤有哪些？
2. 怎样建立加工模型？
3. 常见的工件分析与工艺规划有哪些？
4. 刀具路径由几部分组成？
5. Pro/E NC 加工法有哪些？
6. 数控加工机床如何选择？

附录　数控车技能测试题库

试　题　(1)

一、零件图

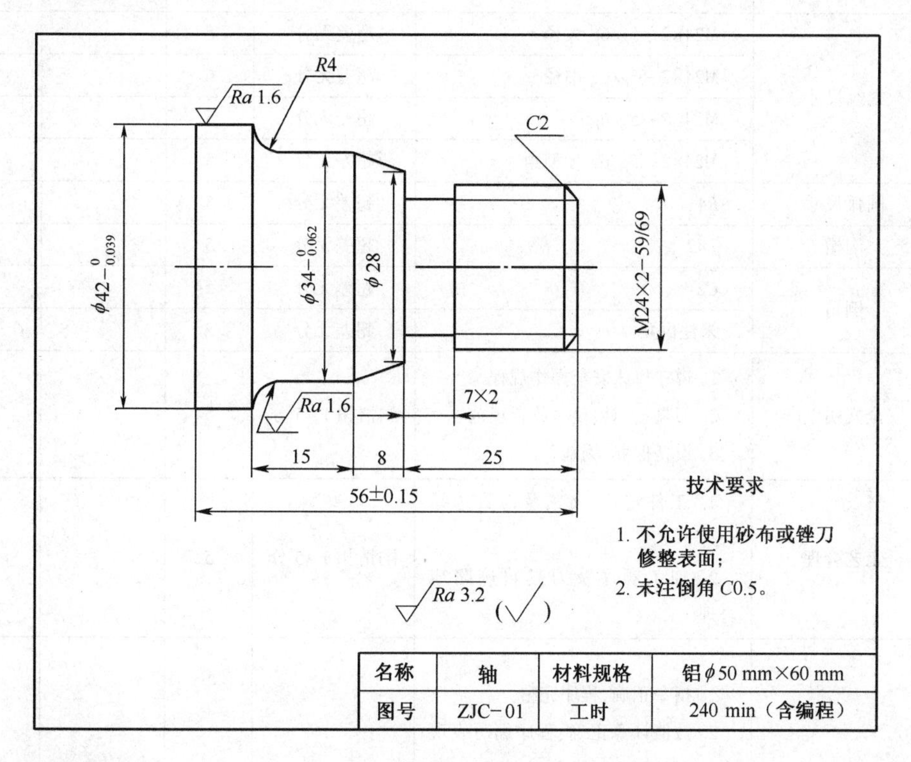

二、考核目的

①熟练掌握数控车车削普通螺纹的基本方法。

②掌握车削螺纹时的进刀方法及切削余量的合理分配方法。

③能对普通螺纹的加工质量进行分析。

三、编程操作加工时间

①编程时间：30 min（占总分 15%）。

②操作时间：210 min（占总分 85%）。

四、评分表

单位:mm

试题编号	技能测试题 1	操作时间	240 min	姓名		总分	

序号	考核项目	考核内容及要求	评分标准	配分	检测结果	得分	备注
1	外径尺寸	$\phi42_{-0.039}^{0}$	超差 0.01 扣 2 分	8			
2		$\phi34_{-0.062}^{0}$	超差 0.01 扣 2 分	8			
3		$\phi28$	超差 0.01 扣 2 分	4			
4	长度尺寸	56±0.15	超差无分	6			
5		25	超差无分	5			
6		15	超差无分	8			
7		8	超差无分	8			
8	螺纹尺寸	M24×2—5g/6g 大径	超差无分	5			
9		M24×2—5g/6g 中径	超差无分	6			
10		M24×2—5g/6g	超差无分	5			
11		M24×2—5g/6g 牙型角	超差无分	5			
12	圆弧尺寸	$R4$	超差无分	5			
13	沟槽	7×2	超差无分	5			
14	倒角	$C2$	超差无分	5			
15		未注倒角	超差无分	2			
16	安全文明生产	1. 遵守机床安全操作规程 2. 刀具、工具、量具放置规范 3. 设备保养、场地整洁	酌情扣 1~5 分	5			
17	工艺合理	1. 工件定位、夹紧及刀具选择合理 2. 加工顺序及刀具轨迹路线合理	酌情扣 1~5 分	5			
18	程序编制	1. 指令正确,程序完整 2. 数值计算正确、程序编写表现出一定的技巧,简化计算和加工程序 3. 刀具补偿功能运用正确、合理 4. 切削参数、坐标系选择正确、合理	酌情扣 1~5 分	5			
19	发生重大事故(人身和设备安全事故)、严重违反工艺原则和情节严重的野蛮操作等,由裁判长决定取消其实操资格						

记录员		监考人		检验员		考评员	

五、工、量具准备通知单

单位:mm

序号	名　称	规　格	数　量	备　注
1	千分尺	0~25	1	
2	千分尺	25~50	1	
3	游标卡尺	0~150	1	
4	螺纹千分尺	0~25	1	
5	半径规	$R1\sim R6.5$	1	
6	其他辅具	垫刀片若干、油石等	—	
7		铜皮(厚 0.2 mm,宽 25 mm×长 60 mm)	若干	
8		3. 其他车工常用辅具	若干	
9	材料	铝棒 ϕ50 mm×60 mm	1	
10	数控车床	CKA6140/ KA6132	1	
11	数控系统	华中数控世纪星	—	

六、刃具准备通知单

序　号	名　称	数　量	备　注
1	90°偏刀	1 把/人	
2	螺纹刀	1 把/人	
3	切槽刀	1 把/人	刀宽小于 5 mm

七、备料示意图

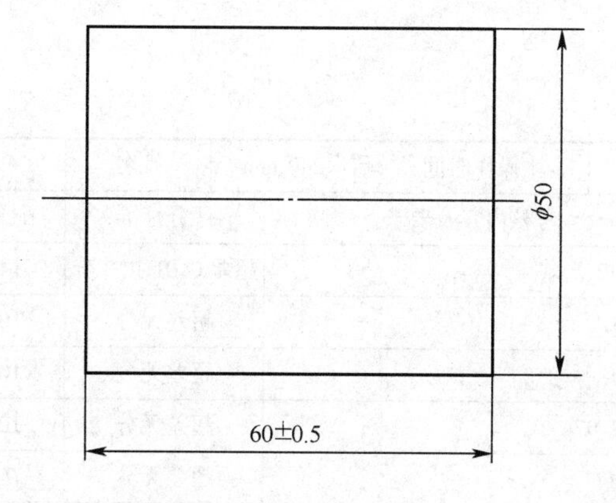

试　题　(2)

一、零件图

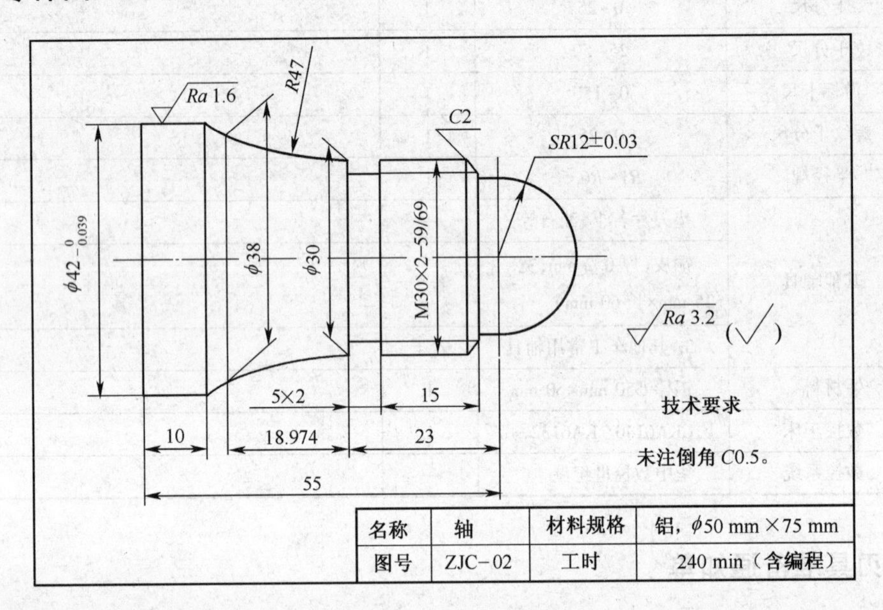

二、考核目的

①能根据零件图的要求,合理选择进刀路线及切削用量。

②会编制单线及多线圆柱螺纹的加工程序。

③能控制螺纹的尺寸精度和表面粗糙度。

三、编程操作加工时间

①编程时间:30 min(占总分 15%)。

②操作时间:210 min(占总分 85%)。

四、评分表

单位:mm

试题编号	技能测试 2	操作时间	240 min	姓名		总分	
序号	考核项目	考核内容及要求	评分标准	配分	检测结果	得分	备注
1	外径尺寸	$\phi42_{-0.039}^{0}$	超差 0.01 扣 3 分	14			
2	长度尺寸	15	超差无分	10			
3		10	超差无分	10			
4		18.974	超差无分	10			
5	圆弧尺寸	R47	超差无分	7			
6		SR12±0.03	超差无分	8			

续表

序号	考核项目	考核内容及要求	评分标准	配分	检测结果	得分	备注
7	槽宽	5×2	超差无分	5			
8	其他尺寸	*C*2	超差无分	2			
9		*Ra*1.6 μm	每降一级扣1分	7			
10		M30×2	超差无分	12			
11	安全文明生产	1. 遵守机床安全操作规程 2. 刀具、工具、量具放置规范 3. 设备保养、场地整洁	酌情扣1~5分	5			
12	工艺合理	1. 工件定位、夹紧及刀具选择合理 2. 加工顺序及刀具轨迹路线合理	酌情扣1~5分	5			
13	程序编制	1. 指令正确,程序完整 2. 数值计算正确、程序编写表现出一定的技巧,简化计算和加工程序 3. 刀具补偿功能运用正确、合理 4. 切削参数、坐标系选择正确、合理	酌情扣1~5分	5			
14	发生重大事故(人身和设备安全事故)、严重违反工艺原则和情节严重的野蛮操作等,由裁判长决定取消其实操资格						

记录员		监考人		检验员		考评员	

五、工、量具准备通知单

单位:mm

序号	名称	规格	数量	备注
1	游标卡尺	0~150	1	
2	千分尺	0~25	1	
3	千分尺	25~50	1	
4	卡盘扳手	—	1	
5	刀架扳手	—	1	
6	套管	—	1	
7	毛刷	—	1	
8	六角扳手	—	1	
9	螺纹通规	M30×2	1	
10	螺纹止规	M30×2	1	
11	其他辅具	垫刀片、油石等	若干	
12	数控车床	CK6132 CK6140	—	
13	数控系统	华中数控世纪星	—	

六、刃具准备通知单

序号	名称	数量	备注
1	90°偏刀	1把/人	
2	60°螺纹刀	1把/人	
3	切槽刀	1把/人	刀宽小于5 mm

七、备料示意图

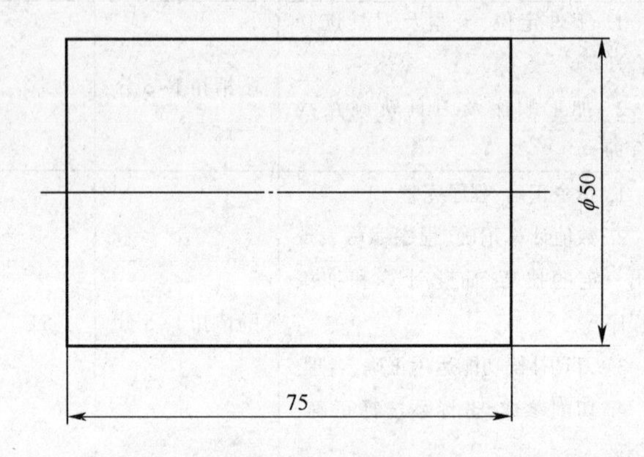

试　题　（3）

一、零件图

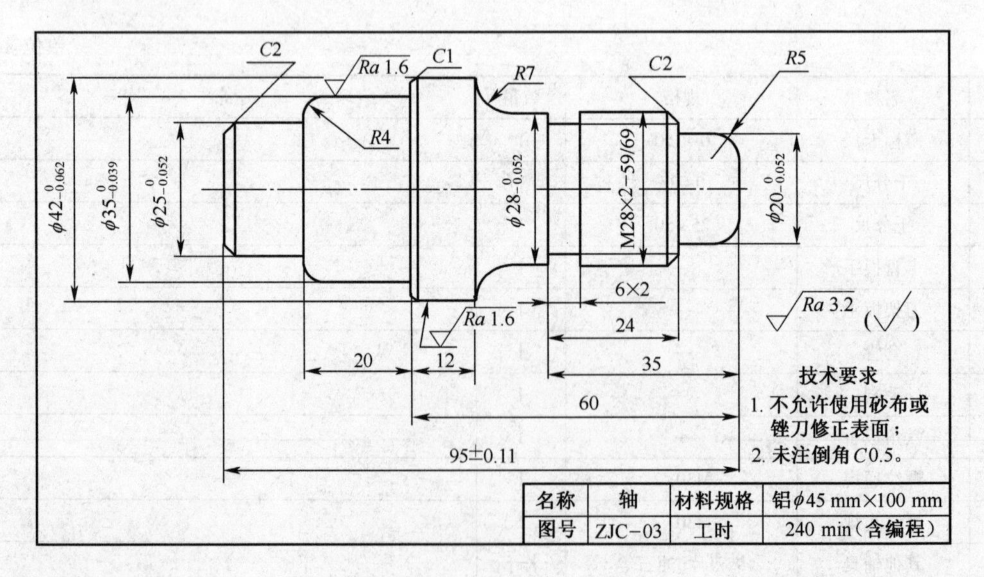

二、考核目的

①能根据零件要求，合理选择进刀路线及切削用量。

②掌握车削螺纹时的进刀方法及切削余量的合理分配。

③了解车削螺纹时中途对刀的方法。

三、编程操作加工时间

①编程时间:30 min(占总分 15%)。

②操作时间:210 min(占总分 85%)。

四、评分表

单位:mm

试题编号	技能测试 3	操作时间	240 min	姓名		总分		
序号	考核项目	考核内容及要求	评分标准	配分	检测结果	得分	备注	
1	外径尺寸	$\phi42_{-0.062}^{0}$	超差 0.01 扣 2 分	6				
2		$\phi35_{-0.039}^{0}$	超差 0.01 扣 2 分	6				
3		$\phi28_{-0.052}^{0}$	超差 0.01 扣 2 分	6				
4		$\phi25_{-0.052}^{0}$	超差 0.01 扣 2 分	6				
5		$\phi20_{-0.052}^{0}$	超差 0.01 扣 2 分	6				
6	长度尺寸	55	超差无分	3				
7		60	超差无分	3				
8		35	超差无分	3				
9		24	超差无分	3				
10		20	超差无分	3				
11	螺纹尺寸	M28×2—5g/6g 大径	超差无分	5				
12		M28×2—5g/6g 中径	超 0.01 扣 4 分	5				
13		M28×2—5g/6g	降级无分	5				
14		M28×2—5g/6g	不符无分	5				
15	圆弧尺寸	*R*7	超差无分	2				
16		*R*5	超差无分	2				
17		*R*4	超差无分	2				
18	沟槽	6×2	超差、降级无分	7				
19	倒角	*C*2	不符无分	3				
20		*C*1	不符无分	3				
21		未注倒角	不符无分	1				
22	安全文明生产	1. 遵守机床安全操作规程 2. 刀具、工具、量具放置规范 3. 设备保养、场地整洁	酌情扣 1~5 分	5				
23	工艺合理	1. 工件定位、夹紧及刀具选择合理 2. 加工顺序及刀具轨迹路线合理	酌情扣 1~5 分	5				

续表

序号	考核项目	考核内容及要求	评分标准	配分	检测结果	得分	备注
24	程序编制	1. 指令正确,程序完整 2. 数值计算正确、程序编写表现出一定的技巧,简化计算和加工程序 3. 刀具补偿功能运用正确、合理 4. 切削参数、坐标系选择正确、合理	酌情扣1~5分	5			
25	发生重大事故(人身和设备安全事故)、严重违反工艺原则和情节严重的野蛮操作等,由裁判长决定取消其实操资格						

记录员		监考人		检验员		考评员	

五、工、量具准备通知单

单位:mm

序号	名称	规　格	数量	备注
1	千分尺	0~25	1	
2	千分尺	25~50	1	
3	游标卡尺	0~150	1	
4	螺纹环规	M28×2	1	
5	半径规	$R1\sim R6.5$	1	
6	其他辅具	垫刀片若干、油石等	—	
7		铜皮(厚0.2,宽25×长60)	—	
8		其他车工常用辅具	—	
9	材料	铝棒 ϕ50×100	1/段	
10	数控车床	CKA6140 / CKA6132	1/台	
11	数控系统	华中数控世纪星	—	

六、刀具准备通知单

序号	名称	数量	备注
1	90°偏刀	1把/人	
2	切槽刀	1把/人	刀宽小于5 mm
3	螺纹刀	1把/人	

七、备料示意图

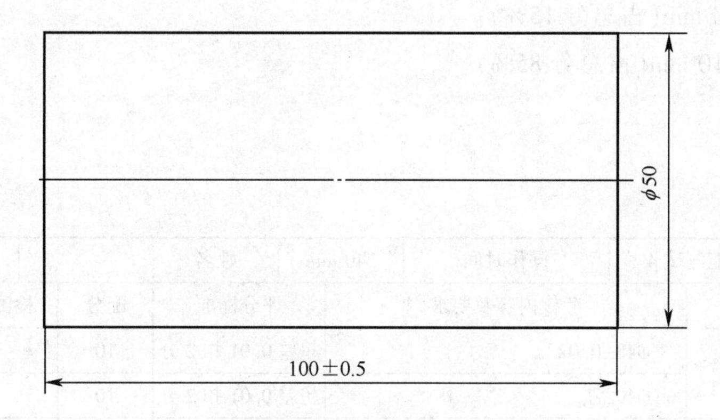

试 题 (4)

一、零件图

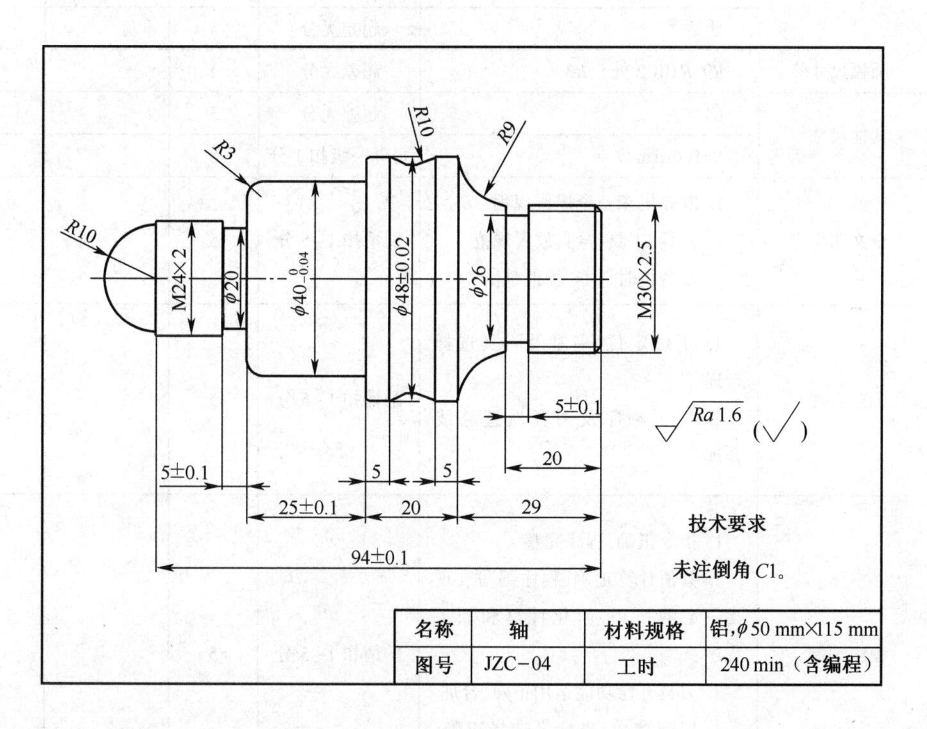

二、考核目的

①能根据零件图要求,合理选择进刀路线及切削用量。

②能控制螺纹加工的尺寸精度和表面粗糙度。

③掌握零件尺寸公差的变化对程序编制的要求。

三、编程操作加工时间

①编程时间:30 min(占总分 15%)。

②操作时间:210 min(占总分 85%)。

四、评分表

单位:mm

试题编号	技能测试 4	操作时间	240 min	姓名		总分		
序号	考核项目	考核内容及要求	评分标准	配分	检测结果	得分	备注	
1	外径尺寸	$\phi48\pm0.02$	超差 0.01 扣 2 分	10				
2		$\phi40_{-0.04}^{0}$	超差 0.01 扣 2 分	10				
3	长度尺寸	94±0.1	超差无分	10				
4		25±0.1	超差无分	10				
5		5±0.1(2 处)	超差无分	10				
6	螺纹尺寸	M30×2.5	超差 0.01 扣 3 分	10				
7		螺距	超差无分	5				
8		牙型	超差无分	5				
9	圆弧尺寸	$R9$、$R10$(2 处)、$R3$	超差无分	4				
10	其他尺寸	$C1$	超差无分	3				
11		$Ra1.6$ μm	每降一级扣 1 分	8				
12	安全文明生产	1. 遵守机床安全操作规程 2. 刀具、工具、量具放置规范 3. 设备按时保养、场地整洁	酌情扣 1~5 分	5				
13	工艺合理	1. 工件定位、夹紧及刀具选择合理 2. 加工顺序及刀具轨迹路线合理	酌情扣 1~5 分	5				
14	程序编制	1. 指令正确,程序完整 2. 数值计算正确、程序编写表现出一定的技巧,简化计算和加工程序 3. 刀具补偿功能运用正确、合理 4. 切削参数、坐标系选择正确、合理	酌情扣 1~5 分	5				
15	发生重大事故(人身和设备安全事故)、严重违反工艺原则和情节严重的野蛮操作等,由裁判长决定取消其实操资格							
记录员		监考人		检验员		考评员		

五、工、量具准备通知单

序号	名称	规格	数量	备注
1	游标卡尺	0~150	1	
2	千分尺	0~25	1	
3	千分尺	25~50	1	
4	卡盘扳手	—	1	
5	刀架扳手	—	1	
6	套管	—	1	
7	毛刷	—	1	
8	六角扳手	—	1	
9	螺纹通规	M30×2 M24×2	2	
10	螺纹止规	M30×2 M24×2	2	
11	其他辅具	垫刀片若干、油石等	—	
12	数控车床	CK6132 CK6140	—	
13	数控系统	华中数控世纪星	—	

六、刃具准备通知单

序号	名称	数量	备注
1	90°偏刀	1 把/人	
2	60°螺纹刀	1 把/人	
3	切槽刀	1 把/人	刀宽小于 5 mm

七、备料示意图

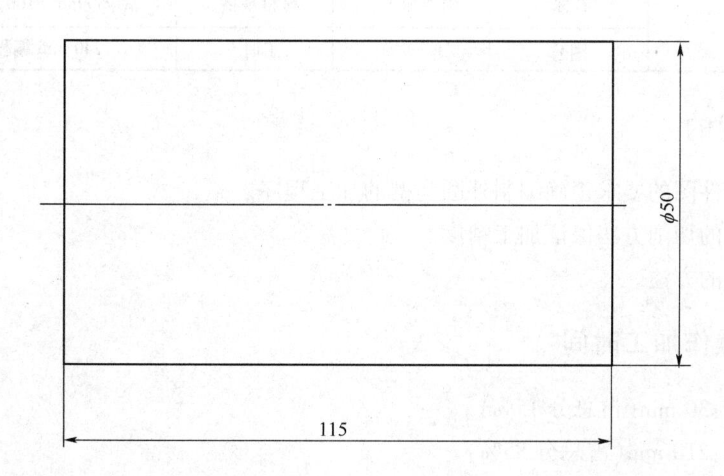

试　题　(5)

一、零件图

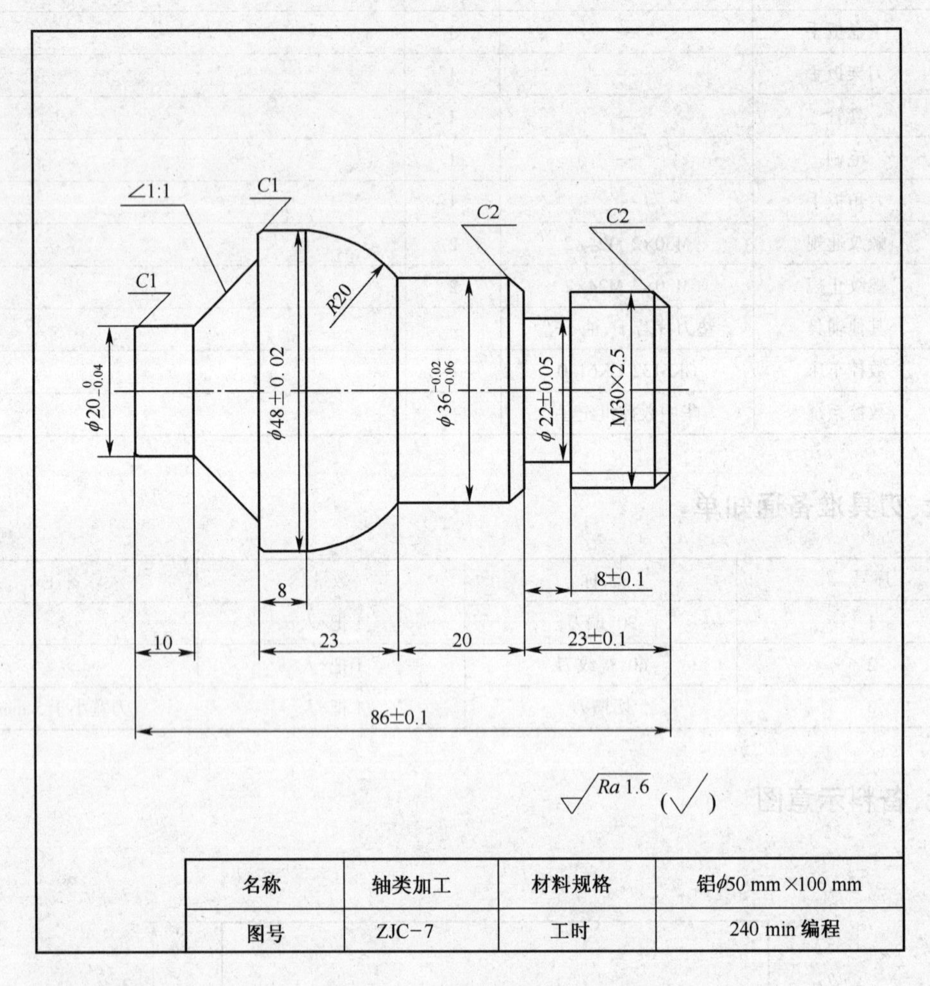

名称	轴类加工	材料规格	铝ϕ50 mm×100 mm
图号	ZJC−7	工时	240 min 编程

二、考核目的

①能根据零件图的要求正确编制外圆沟槽的加工程序。

②能用合理的切削方法保证加工精度。

③掌握切槽的方法。

三、编程操作加工时间

①编程时间:30 min(占总分 15%)。

②操作时间:210 min(占总分 85%)。

四、评分表

单位：mm

试题编号	技能测试 7	操作时间	240 min	姓名		总分	

序号	考核项目	考核内容及要求	评分标准	配分	检测结果	得分	备注
1	外径尺寸	$\phi48\pm0.02$	超差 0.01 扣 2 分	8			
2		$36_{-0.06}^{-0.02}$	超差 0.01 扣 2 分	8			
3		22 ± 0.05	超差 0.01 扣 2 分	8			
4		$20_{-0.04}^{0}$	超差 0.01 扣 2 分	8			
5	长度尺寸	86 ± 0.1	超差无分	8			
6		8 ± 0.1	超差无分	8			
7	螺纹尺寸	M30×2.5	超差无分	8			
8		螺距	超差无分	5			
9		牙型	超差无分	5			
10	圆弧尺寸	$R20$	超差无分	5			
11	其他尺寸	$C1$（2 处）	超差无分	2			
12		$C2$（2 处）	超差无分	2			
13		$Ra1.6$ μm	每降一级扣 1 分	10			
14	安全文明生产	1. 遵守机床安全操作规程 2. 刀具、工具、量具放置规范 3. 设备保养、场地整洁	酌情扣 1~5 分	5			
15	工艺合理	1. 工件定位、夹紧及刀具选择合理 2. 加工顺序及刀具轨迹路线合理	酌情扣 1~5 分	5			
16	程序编制	1. 指令正确，程序完整 2. 数值计算正确、程序编写表现出一定的技巧，简化计算和加工程序 3. 刀具补偿功能运用正确、合理 4. 切削参数、坐标系选择正确、合理	酌情扣 1~5 分	5			
17	发生重大事故（人身和设备安全事故）、严重违反工艺原则和情节严重的野蛮操作等，由裁判长决定取消其实操资格						

记录员		监考人		检验员		考评员	

五、工、量具准备通知单

单位:mm

序号	名称	规格	数量	备注
1	千分尺	0~25	1	
2	千分尺	25~50	1	
3	游标卡尺	0~150	1	
4	螺纹千分尺	25~50	1	
5	半径规	$R20$	1	
6	其他辅具	垫刀片若干、油石等	若干	
7		铜皮(厚0.2,宽25×长60)		
8		其他车工常用辅具		
9	材料	铝棒 $\phi50\times90$	1	
10	数控车床	CKA6140 / CKA6132	1	
11	数控系统	华中数控世纪星	—	

六、刃具准备通知单

序号	名称	数量	备注
1	90°偏刀	1把/人	
2	60°螺纹刀	1把/人	
3	切槽刀	1把/人	刀宽小于5 mm

七、备料示意图

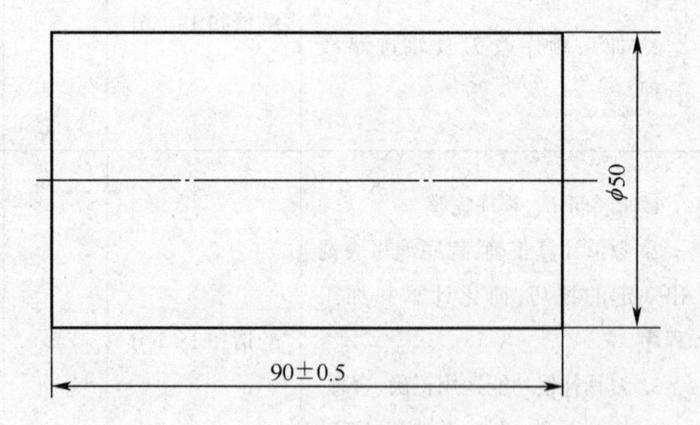

参 考 文 献

[1] 谷育红. 数控铣削加工技术[M]. 北京:北京理工大学出版社,2009.
[2] 刘英超. 数控铣床/加工中心编程与技能训练[M]. 北京:北京邮电大学出版社,2013.4.
[3] 巨江澜. 数控加工技术与实训[M]. 哈尔滨:哈尔滨工业大学出版社,2012.
[4] 严京滨. Pro/Engineer wildfire 制造基础教程[M]. 北京:清华大学出版社,2009.
[5] 刘仲海. 数控铣床编程与强化实训[M]. 北京:北京理工大学出版社,2008.
[6] 宋放之. 数控工艺培训教程[M]. 北京:清华大学出版社,2004.
[7] 袁锋. 数控车培训教程[M]. 北京:机械工业出版社,2007.
[8] 吴明友. 数控加工自动编程:Pro/E Wildfire+Cimatron E 详解[M]. 北京:清华大学出版社,2008.
[9] 张杰. 机械制造与应用[M]. 哈尔滨:哈尔滨工业大学出版社,2011.
[10] 巨江澜,张文灼数控加工技术与实训[M]. 哈尔滨:哈尔滨工业大学出版社,2012.
[11] 杨仲冈. 数控设备与编程[M]. 北京:高等教育出版社,2002.
[12] 王国业,王国军,胡仁喜,等. Pro/Engineer wildfire 5.0 中文版[M]. 北京:机械工业出版社,2009.
[13] 吴志强. 数控编程技术与实例[M]. 北京:北京邮电大学出版社,2012.
[14] 董建国,龙华,肖爱武. 数控编程与加工技术[M]. 北京:北京理工大学出版社,2011.
[15] 余蔚荔. CADCAM 技术——ProE 应用实训[M]. 北京:中国劳动社会保障出版社,2005.